高等教育理工类"十四五"系列规划教材

U0151700

智能视觉：

图像、特征与分割

何 坤 严斌宇◎编著

四川大学出版社

SICHUAN UNIVERSITY PRESS

图书在版编目（CIP）数据

智能视觉：图像、特征与分割 / 何坤，严斌宇编著
. — 成都：四川大学出版社，2023.2
ISBN 978-7-5690-5922-9

Ⅰ．①智… Ⅱ．①何… ②严… Ⅲ．①计算机视觉—高等学校—教材 Ⅳ．① TP302.7

中国国家版本馆 CIP 数据核字（2023）第 015602 号

书　　名：智能视觉：图像、特征与分割
　　　　　Zhineng Shijue：Tuxiang、Tezheng yu Fenge
编　　著：何　坤　严斌宇
丛 书 名：高等教育理工类"十四五"系列规划教材

丛书策划：庞国伟　蒋　玙
选题策划：毕　潜
责任编辑：毕　潜
责任校对：胡晓燕
装帧设计：墨创文化
责任印制：王　炜

出版发行：四川大学出版社有限责任公司
　　　　　地址：成都市一环路南一段 24 号（610065）
　　　　　电话：(028) 85408311（发行部）、85400276（总编室）
　　　　　电子邮箱：scupress@vip.163.com
　　　　　网址：https://press.scu.edu.cn
印前制作：四川胜翔数码印务设计有限公司
印刷装订：四川盛图彩色印刷有限公司

成品尺寸：185 mm×260 mm
印　　张：12
字　　数：306 千字

版　　次：2023 年 6 月 第 1 版
印　　次：2023 年 6 月 第 1 次印刷
定　　价：56.00 元

扫码获取数字资源

四川大学出版社
微信公众号

前　言

　　随着社会和科技的发展，图像和视频等结构化数据的采集成本日益下降，人们可随时随地采集大量的高清图像数据，并从海量的数据中捕获有用信息。不同的图像虽承载着丰富多彩的内容，但其表现形式均为几个视觉对象及其空间关系的有机组合，因此，视觉对象的提取、对象关系的分析是理解图像内容的关键。图像中不同的对象对人眼视觉贡献各不相同，观察者最关注的对象（即感兴趣对象）承载了图像的主要内容。依据贝叶斯后验概率理论可知，图像中哪些视知觉实体为感兴趣对象取决于观察者的先验知识或者期望获得的信息。例如，分别让骨科和肿瘤科医生观看脑部 CT 图像，骨科医生关注该 CT 图像所示的头骨是否受到损伤，因此脑部 CT 图像中的裂纹为其感兴趣对象；而肿瘤科医生关注该脑部是否存在肿瘤迹象，因此肿瘤块为其感兴趣对象。

　　学者们结合具体语义对象在各种环境下的光谱和结构信息共性，从海量数据中挖掘其特征，创建了深度学习算法。该算法主要运用机器学习算法从海量的训练集中提取对象不同尺度特征，并根据这些特征从图像中提取并识别对象。基于深度学习的图像分割结果突出了分割对象的语义意义，为面向对象的图像内容分析奠定了技术基础，弥补了传统图像区域分割的不足。然而运用深度学习提取的特征有效性受限于训练集容量，大容量训练集一方面有助于挖掘对象在不同环境、姿态和摄像角度下的结构信息及其共性，另一方面有利于提高对象特征模式的完备性和表达精度。不幸的是，过度精确的特征模式虽有助于提高对象提取的准确率，但其推广能力较低；反之，对象模式推广能力增加而准确度降低。可见，借助深度学习算法从训练集中捕捉的对象特征，一方面其准确率和推广能力遵守"没有免费的午餐"原则；另一方面，训练集容量在实际应用中常常是有限的，甚至缺乏对象的训练样本，如新型病毒类样本。有限的训练样本容易导致对象提取算法效能低下甚至失效。

　　图像是自然界场景的影像，可直接作用于人眼并产生视知觉实体，因此，图像是通信领域中常用的信息载体之一。自然界场景的视知觉实体通常定义为图像语义对象，该对象常常被人眼感知为空间相邻几个视觉区域，视觉区域的光谱描述了对象部件的表面光谱属性，相邻视觉区域及其空间关系直观地描述了对象几何属性。不同对象的光谱、几何形状和对象间空间位置的有机组成构建了丰富多彩的图像内容。

　　学者们模拟了视觉低级中枢神经系统功能，将图像像素作为分析基元，根据人眼对灰度/颜色的视觉效应（灰度/颜色的相似性、差异性、像素间的近邻性和连通性）设计了系列图像平滑、边缘检测和区域分割等算法。这些算法逐像素分析图像灰度/颜色的分布特性，实现了结构化数据的低层特征提取。例如，图像区域分割算法根据事先设计的视觉规则逐像素分析其类别，将视觉感知相似的像素划分为相同类别。该算法侧重于图像区域内灰度/颜色分布的内聚性，区域间具有显著差异性，忽略相邻区域间的潜在逻辑关系，使得分割结果不能有效反映视觉对象的语义性。因此，基于视觉低级中枢神经系统功能的图像处理算法是在人眼局部感受野的基础上分析图像灰度/颜色的共性和差异性，强调图像视觉再现和局部特征提取，弱化了图像内容的主要载体——对象语义性，使其处理结果与人类主观认知存在显著差异。

智能视觉是利用计算机模拟视觉各级中枢神经系统功能，旨在分析图像中对象的几何和物理属性以及对象间的关系，以实现对图像的感知、识别和解释。智能视觉的关键环节是从图像的光谱能量分布中提取特征，并运用特征对图像逐像素赋予语义标签，实现像素级别的精确分割——语义分割。本书以人眼视觉系统对图像的观察、分析和认知为生物依据，以图像像素—图像特征—语义分割为主线，深入地阐述了智能视觉的相关理论及算法。全书由三部分内容组成，共10章，其主要内容如下：

第一部分由第1~4章构成，介绍了图像的基础知识，以图像像素为研究对象，详细阐述了图像表示、颜色分析和图像质量评价，同时简单分析了图像视觉特征、图像分割现状及其难点。

第二部分由第5~7章构成，在第一部分的基础上介绍了图像特征提取。以像素为分析单元，结合人眼的感受野介绍了图像平滑、多尺度分析、图像边缘检测、图像区域及表示。其内容包括：①不同平滑算子的共性和差异性，结合目前平滑算法存在的局限性讲解了基于线性和非线性平滑的图像多尺度分析方法；②不同边缘检测算子的共性和差异性，总结归纳了图像边缘类型，启发性地讲述了图像边缘检测的"两难"问题，引领学生创新设计新的特征提取算法；③以人眼视觉为基础讲述了图像区域分割、区域表示和区域间的低层特征关系。

第三部分由第8~10章构成，介绍了图像语义分割，内容包括：①结合语义对象的几何特性，讲述了基于活动轮廓的图像分割，分析总结了不同活动轮廓模型的共性和差异，意在指导学生创新设计鲁棒的对象几何特征提取及表示；②以语义对象的光学和几何特性为基础，阐述了基于图论的对象提取框架，比较了不同模型的差异性，分析总结了基于图论的对象提取模型的局限性，旨在激发学生构建新的对象低层特征表示模式；③在大脑多特征融合技能的驱使下，以多尺度特征为出发点，介绍了基于神经网络的图像语义分割。

传统的图像处理教材大多数模拟了视觉低级中枢神经系统功能，侧重于介绍图像处理的基本算法。其主要内容大致由像素处理、块处理和图像变换等知识模块构成，教学内容主要涉及图像去噪、增强、复原、分割、压缩等面向像素的处理技术，难以培养学生在图像处理领域的创新实践能力。本书以视觉各级中枢神经系统功能为生物依托，按照图像像素—图像特征—语义分割循序渐进地阐述了图像处理的相关理论及算法。相对于传统的图像处理教材，本书的新颖性主要体现在以下几方面：

（1）突破了陈旧的教学内容。传统的图像处理教材以像素为研究对象，侧重于讲述图像局部特征提取及其应用，与工程实践要求的图像分析理解相差甚远。同时教学内容趋向于图像处理技术介绍，致力于培养学生的编程技能，未有效体现图像处理技术的发展动态，不利于将视觉各级中枢神经系统功能迁移到图像处理领域，激发学生的创新思维。

（2）融会贯通了图像分析的各个知识模块，弥补了知识模块分散化的不足。传统的图像处理侧重于知识模块的独立传授和模型的离散求解，在介绍模型求解过程时侧重于连续目标函数的离散求解，弱化了模型构建的数学、物理或生物依据分析，易于导致学生被动、机械地接受知识，限制了学生主观能动性的发挥；独立阐述知识模块忽略了模块间的内在联系性，导致学生面对实际应用问题时陷入束手无策的局面。

（3）结合了交叉学科的相关知识。传统的图像处理的课程实验多以验证性或演示性为主，难以培养学生的创新能力，实践环节薄弱。本书侧重于信息科学、生命科学、模式识别和数理科学的交叉。

本书取材新颖，内容全面。编写本书的主要目的是引导读者学习智能视觉的相关理论，也为大学本科生学习图像处理奠定必要的理论基础。本书提供了图像处理基本算法的源代码，为初学者提供必要的技术帮助，使得初学者在掌握基础知识的前提下，综合运用知识和技术开拓新的智能视觉模型。本书也可供计算机视觉、对象追踪领域的技术人员参考使用。

本书第 1～6 章由四川大学计算机学院严斌宇编写，第 7～10 章由四川大学计算机学院何坤编写，全书由何坤统稿。本书为四川大学立项建设教材，在编写过程中，参阅了大量的计算机图像处理技术和多媒体基础等书籍和资料，在此向有关作者表示衷心的感谢。本书的编写也得到了课程组各位老师的大力支持，在此向他们表示诚挚感谢。

编　者
2023 年 1 月

目　录

第1章 绪 论

人们主要借助嗅觉、听觉、视觉、触觉等方式获取外界信息，信息获取的途径大致可分为直接法和间接法。直接法是通过眼、耳、鼻、舌等感官直接获取外界信息，间接法主要从文本、语音、图像和视频等信号中捕捉信息。不同信号承载信息的方式各不相同，其中文本是个人认知的再现，内容在一定程度上受撰写者思想的影响和引导，不利于读者独立、多角度地分析和理解内容；语音承载的信息敏感于生产者的声调、声色和语气；图像是自然场景的影像，可直接作用于人眼感知，经大脑皮层对感知信号分析处理形成视知觉。图像一方面提供亲临其境的视觉效果；另一方面，其内容取决于观察者的先验知识和个人兴趣，独立于采集者的个人爱好和认知。随着社会和科技的发展，图像采集成本日益下降，这使得人们能随时随地以较低成本采集到高质量的图像，因此，图像已逐步成为人们日常传播信息的首选载体。

图像为人们提供了一种可随时随地、快速、高效、多角度地分析认知场景信息的有效途径，它不仅提供了场景中具体对象和整体概貌的直观视觉，而且描述了特定场景中对象的位置、形状和结构等几何特性。这些特性常常隐藏于图像论域内的光谱能量分布中，它们是认知场景内容的基本单元。无论图像表示的场景多么复杂，大脑均可准确而快速地辨识出哪些区域体现内容，哪些对象承载关键信息，并根据对象及其空间的上下文关系分析和理解图像的内容。

图像区域分割是根据低层特征将图像划分为互不重叠的区域，区域内的特征具有同质性，区域间的特征存在显著差异。该分割方法本质上是根据亮度/颜色的视觉相似性和空间近邻性对图像像素进行分组，实现了图像内容表示方式上的分解。语义分割是将图像分割成各个语义对象，旨在以对象为基元分析图像内容，实现图像内容组成要素的分离。区域分割与语义分割均是对像素赋予标签，但两者存在本质区别。前者模拟了视觉中枢的低层特性——视感知，侧重于图像像素亮度/颜色的视觉相似性和空间近邻性，忽略了区域间的潜在关系；后者在前者的基础上倾向于模拟视觉中枢的高层特性——视知觉，强调图像中各对象的语义性、对象间的上下文联系。图像语义分割是分析和理解图像内容的重要环节，不适当的语义分割对后续图像分析处理会造成负面影响，甚至导致分析错误和失败。智能视觉是利用计算机模拟人类视觉各级中枢神经系统功能，旨在分析图像中对象的几何和物理属性以及对象间的相互关系，以实现对场景的感知、识别和解释。其关键环节是从光谱能量分布中提取特征，并运用特征对图像逐像素赋予语义标签，实现像素级别的精确分割，即图像语义分割。

随着科技的发展，图像的容量日益增加，仅仅运用人眼视觉很难从海量图像集中高效地提取信息。对此，人们必须借助智能视觉的相关技术分析和提取具体任务所需的有用信息。

1.1 图像视觉特征

视觉系统捕获信息的生物过程可分为光学、化学和神经处理三个子过程。其中光学子过程主要通过瞳孔接收光谱刺激，并在视网膜上形成视觉图像。视网膜表面分布着成千上万的光接受细胞，不同细胞对光谱的响应各不相同。依据光接受细胞对不同光线的响应，光接受细胞可分为锥细胞和柱细胞，其中锥细胞主要分布在视网膜的中心区域，对亮光线产生光谱响应；柱细胞工作于暗光线环境中形成适暗视觉，丢失了外界刺激的颜色信息。例如，在日光下物体绚丽的颜色，在月光下却变得无色，这主要是因为日光下光线较强，锥细胞较活跃，而在月光下只有柱细胞能正常工作。每个锥细胞都有各自独立的神经末梢，因此可对颜色的细微变化产生响应，人眼借助这些细胞可感知外界微小的颜色变化。然而几个柱细胞共享同一个神经末梢，这表明柱细胞获取的信息分辨率比较低，但可对人眼视野景象产生整体视效，忽略了局部细节变化。锥细胞和柱细胞将接收到的光谱通过化学反应转换成生物信号，其强弱刻画了场景的光谱能量特征。在图像处理领域，学者们常常模拟人眼的化学子过程构建图像特征提取模型。

神经处理子过程是大脑皮层对视网膜上生物信号的处理过程。视网膜上的光接受细胞与神经元细胞相连，神经元细胞连接于其他神经元，逐级连接构成光神经网络。生物信号经光神经网络传送到大脑皮层，大脑皮层在先验知识的指导下对其进行分析处理，形成视知觉，如亮度知觉、颜色知觉、形状知觉、空间知觉和运动知觉。这些知觉分别从不同的角度描述了外界光谱的物理属性及其变化，如亮度知觉表示了景物反射光谱强度。在图像分析处理领域，学者们常常通过模拟视知觉形成过程建立图像分析理解框架。

视觉是人眼视觉系统在外界光刺激作用下产生的主观感觉。从视觉的心理角度来看，视觉可表示为亮度、主波长和纯度等物理量；从视觉的主观响应来看，可分为明度、色度和饱和度。视觉物理量与主观响应间存在一定的潜在关系，物体表面或光源亮度越高，视觉系统感觉到的明度就越高。光谱由不同波长的光组成，视觉系统对不同波长的光产生不同的主观感觉——色度。纯度测度了可见光中包含的不同波长的光的混合程度。纯色是指单一波长的光的窄带单色光，光谱中各种单色光是最饱和的，白光的饱和度最低。可见，光谱随着与白光近似而饱和度下降。

人类视觉系统积累了在不同条件下识别物体的大量经验，同时人眼和大脑已经形成了识别图像与物体的对应关系。因此，图像系统设计、图像质量评定都依赖于视觉特性，这些特性包括人眼对亮度的适应特性、对比度特性、空间频率特性和多尺度特性。

1.1.1 亮度感知

眼睛在观察景物时所得到的亮度感觉称为视亮度，它不仅取决于景物本身，还与环境的亮度有关。在白天正常光照下，人眼对光的敏感程度称为明视觉响应。该响应主要由视网膜上的锥状细胞形成，它既产生明暗感又产生彩色感。当光线暗到一定程度时，柱细胞被激活形成暗视觉，此时人眼只能判断景物的明暗程度，而不能分辨其颜色。暗视觉主要描述人眼在夜晚或微弱光线下对光线的敏感程度。不同波长的光谱的明、暗视觉曲线如图1-1所示。

在一定环境亮度下，眼睛的视觉范围相对于可见光谱范围是非常小的，例如，白天人眼视觉范围为每平方米200～20000坎德拉，而在傍晚时仅为1～200坎德拉。眼睛在指定环境下亮度响应的均值称为亮度适应级，人眼感受的主观亮度是以适应级为中心的一个较小范围，其范围大小因不同适应级而异。当环境平均亮度适中时，人眼可分辨的最大亮度和最小亮度之比为1000：1；当环境平均亮度较低时，其值为10：1。人类视觉系统可以通过调整亮度适应级来适应从暗视觉门限到炫目极限之间的亮度范围。

人眼觉察亮度变化的能力是有限的，实验表明：在暗环境下，人眼对亮度变化的分辨能力较低；随着亮度的增加，其分辨能力逐步提高。在最优明视条件下，人眼可以区分的亮度变化等级最大，这表明人眼的亮度感受适用于中等强度的刺激。人眼对不同环境亮度（L）下可觉察的最小亮度（$\Delta L_{\min}$）变化称为可见度阈值，最小亮度是人眼刚好能区分视觉中心和环境的亮度差别。实验表明：当环境亮度一定时，人眼可觉察的最小相对亮度变化（$\xi = \Delta L_{\min}/L$）近似为一常数，该常数称为费赫涅尔系数（0.005～0.02）。人眼的亮度感觉 S 可表示为亮度对数的线性函数，即 $S = k \lg L + k_0$，这一规律称为韦勃-费赫涅尔定律（Weber-Fechner Law）。人眼对不同物理亮度的主观感知曲线如图1-2所示，图中虚线表示人眼适应了某亮度后的视觉范围，实线为人眼可视觉范围。

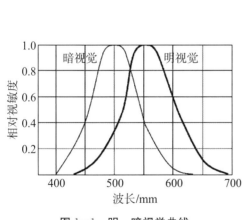

图1-1 明、暗视觉曲线

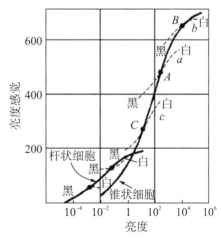

图1-2 人眼的亮度感觉

灰度图像的灰度值刻画了光谱能量大小，灰度值较大表示该像素邻域内光谱较亮，反之较暗。若视觉对象为暗灰色，人眼在该环境下亮度分辨能力较低，其亮度仅仅需较少的灰度等级就足以描述其视觉亮度信息；若视觉对象为明亮区域，则要求较多的灰度等级才能表征对象内部亮度的变化。当人眼遍历图像时，其感受野的亮度区分能力随图像空间位置的变化而变化，使得人眼可区分图像论域中所有的灰度等级。人眼对亮度刺激响应的实验结果表明：可见光照下的灰度图像常常表示为 256 个灰度等级，这些灰度等级足以描述人眼对任意场景亮度的响应。相对于人眼视觉，这种表示对图像中的暗像素存在冗余，比如灰度等级为 0～16 的图像像素被视为黑色。

人眼亮度视觉感知效应不仅与环境亮度有关，还取决于亮度变化。图像中对象表面的亮度视觉感知是该对象表面亮度和环境的综合响应，如果场景中存在两个表面亮度不同的物体，但它们与各自背景亮度的差异相同，那么人眼对这两个物体具有相同的亮度感知响应。如果亮度相同的两个物体搁置在不同环境中，一个放在暗背景中，另一个放在亮背景中，则在视觉上暗背景中的物体会比亮背景中的物体主观感觉更亮。由此可知，人类视觉系统更加敏感于亮度变化而不是亮度值本身。

1.1.2 对象轮廓

自然场景中任意实体对象具有有限的面积/体积，所以对象外接曲面应为闭曲面。图像是自然场景的二维影像，图像中任意对象占据有限的区域，围成该区域的闭曲线称为轮廓，其闭曲线所围成的区域形成了对象的几何形状。

对象轮廓的感知主要取决于两方面刺激因素，即像素亮度/颜色的显著差异和观察者的个人心理。前者依赖于空间相邻对象表面亮度/颜色的差异。假设图像中存在空间紧靠两对象，如果对象交接处亮度/颜色存在突然变化，此时易于确定对象间的分界线。后者取决于个人的先验知识和个人心理，当人眼在观察亮度/颜色无显著差异的空间紧靠对象时，借助个人的先验知识形成对象分界线，即对象的主观轮廓。

图像边缘常常定义为图像亮度/颜色发生巨变的像素集合。亮度/颜色的变化常常表现为邻域像素的亮度/颜色差异，由此可知，图像边缘仅仅刻画了图像的局部特性，不能有效描述图像亮度/颜色的全局变化。相对于对象轮廓，虽然图像边缘与轮廓是两个不同的概念，但在图像处理领域常常运用图像边缘来描述轮廓，主要根据边缘和轮廓的共性——近邻像素亮度/颜色的突变。

在数学上描述对象的几何属性常常采用对象轮廓和形状，对象形状是对象几何属性的整体描述，对象轮廓仅仅反映了对象几何区域的边界。从对象轮廓到形状知觉称为形状构成，形状构成过程中人们倾向于将轮廓所包围的内部空间认知为形状，而忽略其外围区域。

1.1.3 对象形状

对象轮廓是包围对象的最短曲线，它提供了对象形状感知所需的必要信息。图像中对象常常是指由一个或多个视觉区域按照一定规律构成的有机整体，其视觉区域是空间近邻，具有相似亮度、颜色和纹理等特征的像素集合。对象形状可表示为各个视觉区域分界线构成的封闭曲线。例如，从图像中辨认宠物不仅要确定其头部、身体和腿等各个部位，还需要确定这些部位在图像中的位置关系。人眼可直接借助形状识别出对象，比如简笔画。

在 20 世纪早期，德国心理学家及其研究小组通过观察人脑对实体对象和图案的认知解释了人类视觉的工作原理并提出了格式塔（Gestalt）理论。该理论指出人脑能够在任意视觉环境下根据对象形状、位置以及对象间的相互联系认知环境概貌以及对象的具体特性。人脑对图像和点线图形的认知常常遵守接近原则、相似原则、封闭原则、连续原则和简单原则。

（1）接近原则。

接近原则从感受野角度诠释了人眼的空间注意力。感受野是指人眼的可视范围，人眼在不同方向的可视范围分别为：垂直方向人眼的视角大约为 150°；水平方向单眼的视角约为 156°，其舒适视域为 60°；双眼视角最大可达 188°，且两眼重合视域约为 124°。这表明人眼只能对水平方向 124°视角范围内的物体形成立体感。实际上人眼视觉敏感区仅仅只有 10°，可正确识别区域为 10°～20°，对 20°～30°范围内的动态对象比较敏感。研究发现人脑仅对图像中位于人眼视觉垂直方向 20°内、水平方向 36°内的对象呈现较好的视觉临场感。根据接近原则，图像处理工程的学者常常运用高斯函数逼近人眼对图像空间像素的关注程度。该函数体现了人眼注意力与中心点距离的非线性关系，其方差参数控制感受野的大小。

（2）相似原则。

相似原则表明人脑通常把具有共同特性（如亮度、颜色和纹理等）的区域作为整体分析而不是独立对待，即将具有相似特性的区域在知觉中形成分析基元。结合人眼对颜色/亮度的分辨能力，学者们常常运用高斯函数模拟其对亮度/颜色的相似性，其参数控制亮度/颜色的分辨能力。相似原则和接近原则广泛用于图像处理领域，它们从不同的角度模拟了人眼视觉响应，前者强调亮度/颜色的光谱分布，后者强调图像像素间的空间视觉效应。

（3）封闭原则。

大脑皮层具有自动修补点、线段或者缺损的对象表面使其成为完整的封闭图形的能力。当人眼观察点线构成的非封闭图形时，大脑常常利用先验知识和视知觉的整体意愿，自动将点连接为线段，小间隙的线段补充为连续曲线，缺损的图形修补为完整形状。

（4）连续原则。

连续原则是指人类视觉倾向于感知连续形状而不是零散碎片，即凡具有连续性或共同运动方向的部分在视觉上容易被看成一个整体。

（5）简单原则。

人脑常常将复杂图形简单化，易于将具有对称性、规则性和平滑性等特性的简单图形视为分析基元，并探索基元分布规律以达到认知其内容的目的。格式塔理论分析了大脑视觉皮层对光谱刺激的响应，认为大脑思维是整体的、有意义的知觉，而不是几个图形、区域或对象的简单聚集。由该理论可知，大脑对图像内容的分析和理解过程大致是首先依据接近原则、相似原则、封闭原则和连续原则将图像像素形成视觉区域，其次将视觉区域综合为对象，最后认知理解图像概貌和对象属性。视觉对象的形成主要依赖于以下因素：

①观察距离。人眼近距离观察图像时，关注的像素点个数较少，此时侧重于提取图像

的局部特征；反之，感受野内像素点个数较多，此时侧重于分析图像的整体概貌。在图像处理中，关注像素个数称为图像分析尺度，不同分析尺度得到的图像区域的大小和内容各不相同。

②像素亮度/颜色分布。人眼将亮度和颜色相同或相似的像素视为整体，并构成区域或对象。

③区域图形的良好性。具备封闭性、连续性和对称性的图形具有确切意义，形成良好图形。从信息论角度来看，良好图形表示的内容可由组成形状表示出来，因此良好图形承载的信息量较少。视觉感知图形信息量可运用香农信息论进行解释，其封闭性、连续性和对称性是可被预测的，具有大量冗余性；没有任何规律的点和线包含了大量的信息。人眼视觉最易感知的是大量冗余的信息，其次是较少冗余的信息。图像视觉冗余信息主要产生于两个方面：一方面来源于亮度或颜色相似的区域；另一方面来源于形状规则性，如对称性和不变性。图像中较少冗余的信息一般聚焦在对象轮廓处，如光谱刺激的突变。

1.1.4　对象视觉感知

人们观察图像时能快速地将注意力集中到某对象上，该对象是体现图像内容的核心，而其他部分统称背景。由心理和认知学可知，图像中的对象和背景辨识是视觉系统自发形成的。对象和背景的主要区别在于：

（1）对象几何属性常常是有限的。一方面，对象具有封闭的轮廓和形状，而背景一般没有明确形状；另一方面，对象在论域中占据的面积是有限的，并且常常位于图像的中心区域，而背景位于图像边界处。

（2）人眼在观察图像时不可能将注意力同时集中在对象和背景上，但可通过移动关注点依次进行分辨。

图像均是几个对象以及空间关系的有机结合，但不同观察者对其内容的分析和理解各不相同，主要原因是图像的分析和理解过程包含了大量的心理因素。从心理的角度来看，人眼面对复杂的场景时常常选择性地将注意力集中在少数几个语义对象上。对象的选择因环境而异：①如果图像中所有对象均熟悉，则人眼将注意力集中在图像中心且面积较大的对象上；②如果存在一个陌生对象，则注意力就集中在该对象上；③如果每个对象均是陌生的，则人们常常将位于图像中心且颜色清晰的对象作为关注对象。

1.2　图像分割研究现状

图像是自然界中物体或场景的影像，可直接作用于人眼捕捉其感知信息，由人脑对感知信息进行分析处理形成视觉认知，给观察者提供亲临其境的视觉效果。从信息载体的角度来看，图像信号具有标准的、统一的表示方式，弥补了语言信号敏感于声调和声色的不足，填补了文本信号受限于撰写者的先验指导，不利于独立、多角度地提取文本内容。随着社会和科技的发展，人们可随时随地以较低成本采集海量的图像。

为了分析海量图像并获取信息，学者们利用计算机来模拟人眼视觉功能，从图像中提取各个语义对象及其空间关联，从而实现对场景的感知和判断。图像区域分割、感兴趣对象提取和图像语义分割都是根据图像低层特征，按照不同准则将图像的像素进行分类。从分割结果来看，图像区域分割旨在依据图像低层特征的一致性，将其分为互不重叠的区域。感兴趣对象提取将观察者关注的语义对象从背景中分离出来，强调指定对象的语义性。图像语义分割将图像中所有语义对象分割出来，侧重于分割的完备性。

1.2.1　图像区域分割

图像区域分割是智能视觉的基础环节，为了从不同层次上分析和理解图像内容，人们根据图像亮度/颜色的相似性和差异性，结合具体规则提出了一系列图像区域分割算法。分割算法将亮度/颜色看作随机分布样本，运用数理统计方法分析其分布规律，结合简单的视觉特性将像素聚类为彼此不相交的区域。分割结果满足区域内亮度/颜色具有高度视觉相似性，而区域间存在显著差异。K-means 算法是经典的聚类分析方法，该算法事先假设图像区域个数已知，利用均值表示区域亮度/颜色，依据像素亮度/颜色与区域均值间的最小距离建立分割目标函数，运用迭代算法更新区域均值直至收敛。聚类算法存在以下缺陷：

（1）该算法要求人为给出区域个数，不适当的个数会对分割造成负面影响。

（2）分割结果敏感于聚类准则，不同聚类准则的结果可能大相径庭。

（3）聚类算法常常需要逐像素分析和迭代更新，其运算成本较高。

基于聚类的区域分割算法强调区域亮度/颜色的相似性，忽略了区域间的差异性，该差异在像素级别上表现为邻域像素亮度/颜色的突变。对此，学者们借助微分算子计算亮度/颜色变化，结合阈值衡量变化程度，提出了系列基于边缘的区域分割模型。该模型不需要已知区域个数，但其分割结果存在以下不足：

（1）微分算子是分析连续可导函数变化趋势的有效工具，采用该算子计算亮度/颜色变化需进行离散处理，其离散间隔易引起边缘定位误差。

（2）基于微分算子的边缘检测均建立在"阶跃性"边缘基础上，可有效检测亮度/颜色的突变，而失效于缓慢变化的判断。

（3）该区域分割算法敏感于噪声和纹理，对内容复杂的图像分割效果较差。

区域分割主要依据低层特征（像素亮度/颜色）对图像进行区域划分，其结果突出了人眼对亮度/颜色的视觉效应，有效地描述了人眼对图像的视觉基元。但由于未结合人类认知世界的先验知识，导致分割结果缺乏语义意义。

1.2.2　感兴趣对象提取

感兴趣对象提取将图像像素集划分为感兴趣对象和背景两个语义对象。感兴趣对象的语义性取决于观察者的先验知识，因此图像中感兴趣对象因人而异。为了从图像中提取不同用户的感兴趣对象，学者们在对象先验知识的指导下结合图像亮度/颜色的相似性、差异性或者混合特征建立对象提取模型。其对象先验知识大致为区域、边缘和几何结构特性，该特性获取的主要途径有：一是通过学习方法获得具体对象特征；二是通过人机交互方法从图像中标注感兴趣对象部分像素，如像素标注或区域标注。相对于学习方法，人机交互方法不需要事先知道感兴趣对象的任何信息，适合于新对象的提取。

"魔术棒"是最简单的感兴趣对象提取技术，该技术假设感兴趣对象的灰度/颜色具有同质性，且感兴趣对象和背景的亮度/颜色存在显著差异。在人机交互标注感兴趣对象部分像素的指导下，分析未标注像素与标注像素亮度/颜色的相似性，计算一组相似性满足给定阈值的像素集合，该集合为感兴趣对象。由于该模型侧重于分析图像像素与感兴趣对象的亮度/颜色相似性，所以"魔术棒"技术对感兴趣对象和背景间具有显著差异的卡通图像提取效果较好，而对自然图像中的感兴趣对象提取效果受限于以下因素：

（1）自然图像中的感兴趣对象常常由多个区域构成，区域内像素灰度/颜色具有高度相似性，而区域间存在显著差异。区域间灰度/颜色的差异恶化了感兴趣对象的同质性，导致"魔术棒"技术提取结果质量较差。

（2）"魔术棒"技术假设图像中感兴趣对象与背景亮度/颜色存在显著差异，运用线性分类技术逐像素分类。在自然图像中，感兴趣对象和背景常常存在亮度/颜色相似的像素或区域，这会破坏线性可分的条件，从而导致提取结果不理想。

（3）"魔术棒"技术逐像素分类规则是未标注像素与标注像素的灰度/颜色相似测度是否满足给定阈值。该技术提取结果敏感于阈值，若阈值过小，易导致部分感兴趣对象的像素划分为背景；反之，提取的感兴趣对象包含了背景像素。传统的阈值选取通常为用户设定或借助大量实验给出，然而对海量图像进行指定对象提取时，一方面，用户设定的阈值难以实现对所有图像中的对象进行有效提取；另一方面，通过大量实验选取阈值的人工开销较大，难以应用于工程实践中。目前如何选择最佳阈值仍缺乏理论支撑。

为了减少固定阈值对感兴趣对象提取的负面影响，学者们通过附加图像背景像素标注，将随机游走引入对象提取模型中，提出了基于随机游走的感兴趣对象提取模型。该模型将像素的相似性分析转化为未标注像素跳跃到感兴趣对象和背景标注像素的概率计算，依据最大概率准则实现未标注像素的二分类。随机游走方法克服了"魔术棒"技术固定阈值的负面影响，但该模型要求事先标注感兴趣对象和背景的部分像素，其标注像素个数取决于对象（感兴趣对象和背景）的结构复杂性和区域亮度/颜色分布的一致性。为了提高感兴趣对象的提取效果，标注的像素一方面必须来源于感兴趣对象和背景的所有视觉区域，另一方面区域内标注种子点数取决于其亮度/颜色分布。如果区域亮度/颜色均匀分布，则该区域内标注一个种子像素即可，反之应标注多个像素。对于自然图像，感兴趣对象常常由多个区域构成，并且其区域亮度/颜色分布是非均匀的，这增加了人机交互量。

"魔术棒"和随机游走算法逐像素依据其亮度/颜色视觉效应实现感兴趣对象提取，忽略了人眼视觉的接近法则、边缘感知和对象轮廓等对感兴趣对象提取的贡献。学者们根据对象轮廓的封闭性，提出了基于活动轮廓的感兴趣对象提取模型，该模型在人机交互的初始闭曲线前提下，结合曲线演化理论，将对象提取问题转变为曲线能量泛函最小化问题。该能量泛函由曲线内部能量和外部能量构成，其内部能量以曲线几何测度（曲率和法矢量）为参数，促使曲线收缩约束其形状变化；外部能量驱使曲线收敛于对象轮廓。相对于"魔术棒"和随机游走算法，基于曲线演化的对象提取模型融入了感兴趣对象的高层信息——几何测度，改善了提取效果。

从轮廓表示角度来看，基于活动轮廓的感兴趣对象提取可分为参数活动轮廓模型和几何活动轮廓模型。Snake 模型是经典的参数活动轮廓模型，该模型将演化曲线表示为弧长的参数方程，根据曲线的光滑性和图像梯度建立感兴趣对象提取能量泛函。为了抑制图像纹理和噪声对图像梯度的负面影响，对图像进行高斯平滑预处理，以平滑图像的梯度设计边缘指示函数并驱使曲线演化收敛到感兴趣对象轮廓。该模型弥补了"魔术棒"和随机游走算法逐像素分类的不足，但仍存在以下缺陷：

（1）曲线演化过程中不能有效表示曲线拓扑结构变形。曲线的参数方程不能表示曲线的分裂和合并，所以参数活动轮廓模型不能根据一条封闭曲线提取图像中的多个对象。

（2）该模型假设感兴趣对象具有光滑的轮廓线，对非光滑轮廓的对象提取效果较差。

（3）该模型的提取结果敏感于初始曲线。Snake 模型以图像边缘指示函数作为曲线演化的外部力量逐点更新曲线位置。图像边缘驱动范围较小导致演化结果依赖于初始曲线，若初始曲线毗邻于对象轮廓，则提取质量较高；反之，轮廓定位精度较低。

为了弥补 Snake 模型的第一个缺陷，学者们将平面上的闭曲线表示为曲面函数和水平面的交集——水平集，并将曲线演化转化为曲面函数演化，提出了几何活动轮廓演化模型。该模型利用曲面函数的几何度量（曲率和法矢量）代替曲线光滑性，虽然增加了演化曲线的维数，但有效解决了演化过程中拓扑结构分裂和合并的问题。根据约束曲面函数演化的外部能量，几何活动轮廓模型可分为基于边缘和区域的对象提取模型。Chan 等将图像感兴趣对象表示亮度/颜色均值提出了基于区域的几何活动轮廓模型（CV Model）。该模型假设感兴趣对象、背景灰度/颜色来自不同总体，两者灰度/颜色均值具有显著性差异。感兴趣对象的均值表示在一定程度上抑制了噪声和纹理对感兴趣对象提取的负面影响。然而图像中感兴趣对象常常由多个区域构成，每个区域亮度/颜色具有高度相似性，而区域间亮度/颜色存在显著差异。这导致 CV 模型对多区域构成的对象提取效果较差。对此，Tsai 和 Yezzi 等将感兴趣对象的各个区域拟合为平滑函数，设计了分段平滑逼近（Piece-Smooth，PS）能量泛函，在此基础上结合水平集提出了分段逼近对象提取模型。该模型在理论上改善了感兴趣对象提取效果，但分段平滑逼近能量泛函求解涉及高阶偏微分方程，计算成本较高。

Li 等分析了对象轮廓和图像边缘在像素级别上的共性——灰度/颜色的突变，设计了边缘指示函数，并提出了基于边缘的几何轮廓模型（Li Model）。该模型假设对象轮廓邻域像素灰度/颜色处处突变，运用图像边缘指示函数作为水平集演化的外部能量驱使其收敛于对象轮廓。但边缘指示函数以图像局部特征（梯度）为变量，敏感于噪声和纹理。为了去除噪声和纹理对边缘指示函数的负面影响，学者们常常对图像进行高斯平滑，平滑图像的边缘指示函数在一定程度上改善了感兴趣对象提取质量。但高斯平滑存在以下局限：

（1）高斯平滑抑制噪声和纹理能力依赖于高斯函数的方差。如果方差较大，则高斯函数分析处理的像素个数较多，平滑后图像残余噪声和纹理较少，视觉上图像区域越平滑；反之，存在大量的残余噪声和纹理，这些残余噪声和纹理形成弱边缘，易导致水平集曲线过早收敛。

（2）高斯平滑本质上是对图像像素处处各向同性扩散处理，在去除噪声和纹理的同时模糊了对象轮廓，降低了水平集曲线的定位精度。

（3）固定方差的高斯核不可能平滑图像中所有噪声和纹理。

感兴趣对象的均值表示忽略了其灰度/颜色的分布特性，失效于相同均值不同分布的可区分性。为此，学者们借助人机交互在图像中标注的少许感兴趣对象像素，根据标注像素的亮度/颜色统计分布建立感兴趣对象模式；分析图像像素与感兴趣对象模式的匹配概率，设计基于图论的对象提取能量泛函，运用图论的最大流/最小割算法提取感兴趣对象。最大流/最小割算法直接对图像像素进行离散化处理，避免了基于像素聚类和活动轮廓模型的离散误差。基于图论的感兴趣对象提取模型具有以下优点：

（1）该模型将对象提取转化为像素的二分类问题。在对象提取图模型中除了有效地表示像素亮度/颜色和纹理信息，还结合了观察者的先验知识——对象亮度/颜色的统计分布。

（2）对象提取图模型既描述了图像像素的空间近邻性、亮度/颜色的相似性，又刻画了图像像素属性。

（3）能量泛函采用图论的最大流/最小割算法进行优化计算。最大流/最小割算法具有完备的理论基础，可直接处理离散数据，不存在数据量化误差。

（4）最大流/最小割算法具有多种优化处理，计算具有高效性。

Boykov 和 Jolly 在 2001 年将图论的最大流/最小割算法引入图像分割领域，并提出了 GraphCuts 算法。该算法将感兴趣对象亮度分布表示为局部直方图，对象亮度的直方图表示易于理解，计算简单，但其准确性敏感于用户标注数量，如果标注像素点较少，则感兴趣对象模式的准确率较低；反之，模式泛化能力较低且标注成本较大。对此，学者们从感兴趣对象区域出发，将区域像素看作来自同一总体分布的样本，结合大数定理和中心极限定理设计区域亮度/颜色分布的统计模型，将感兴趣对象亮度/颜色表示为高斯混合模型。学者们用高斯混合模型代替局部直方图提出了 GrabCut 算法。该算法仅仅要求用户在感兴趣对象外围标注一个外接矩形，减少了人机交互量。但由于标注方法过于简单，其标注的感兴趣对象包含了少量背景像素，在提取过程中需要运用迭代方法联合优化对象提取能量函数和高斯混合模型参数，其分割的时间成本相对于 GraphCuts 算法较高。高斯混合模型假设感兴趣对象由有限个亮度/颜色一致性分布的区域构成，根据区域的面积比重对高斯函数进行加权求和。理论上，高斯分布不能有效地表示非均匀区域亮度/颜色分布，因此该模型不能准确表示具有丰富纹理的对象。为了抑制非均匀区域对高斯混合模型的负面影响，学者们提出了许多优化高斯混合模型的方法，例如，Chen 在使用 GrabCut 算法前利用聚类算法估计出最优的区域数量，降低了高斯混合模型中不合适高斯分布数量对目标提取的负面影响；SuperCut 引入了超像素外观模型，根据超像素外观模型的参数表示对象和背景区域，从而提高对象提取效果。

基于图论的对象提取模型结合图像边缘和亮度/颜色的分布等混合特征，将对象提取转化为依据图像边缘和亮度/颜色分布的推理问题，综合考虑了图像局部和全局信息，其提取效果优于其他方法。但该模型主要依据亮度/颜色进行逐像素推理，未考虑图像边缘和亮度/颜色分布的尺度因素。

1.2.3 图像语义分割

图像语义分割是把图像分割、对象识别和图像理解结合起来赋予每个像素一个语义标签。目前计算机视觉步入深度学习时代。深度学习具有强大的学习能力、高效的特征表达能力，是近年来机器学习的新领域。将深度学习引入图像特征提取领域，实现了图像像素级到抽象级的语义概念逐层提取，并构建了卷积神经网络。卷积神经网络具有根据具体任务自动提取解决问题的特征，弥补了人为结构化特征（灰度/颜色相似性、图像边缘和区域灰度/颜色的统计分布）对语义分割的不足。图像的视觉特征主要表现为不同方向和感受野内灰度/颜色的差异性和相似性，为了提取这些特性，常常运用卷积运算对图像像素进行分析处理，同时采用卷积层的级联结构，该结构有利于从不同局部感受野的灰度/颜色中提取不同尺度特征。低层卷积只能对图像局部像素灰度/颜色的差异性和相似性进行描述；而高层卷积能对较大感受野像素灰度/颜色进行分析，获取位置和方向鲁棒的抽象特征。卷积神经网络继承了传统神经网络的分类识别能力，在传统神经网络的输入端增加了系列卷积和池化结构，实现了不同尺度特征自动提取，并减少了特征表示环节。该网络有机融合了特征提取和分类识别，前者为后者提供了分类识别的依据，后者为前者根据具体任务约束特征属性。

为了继承卷积神经网络强大的特征提取和分类识别能力，同时实现图像逐像素分类标签识别，2015 年，Jonathan Long 等分析了卷积神经网络在图像分割上的局限性，提出了全卷积神经网络（Fully Convolutional Networks，FCN）。该网络保留了卷积神经网络的卷积层和池化层，继承了特征提取和组织能力，同时将反卷积层替换为卷积神经网络的全连接层。

1.3　图像语义分割难点

大脑视觉皮层根据人眼捕获整体信息快速地辨识图像内容，结合图像的局部信息实现图像像素级别的分割精度。目前，图像语义分割模型常常在先验信息的指导下，依据图像像素灰度/颜色的相似性、图像边缘、视觉区域灰度/颜色的统计特征或分布密度等，结合从下到上的框架设计分割能量泛函。其分割效果不仅依赖于算法本身，还取决于图像特征和对象先验信息。

1.3.1　先验信息

不同的图像虽然承载着丰富多彩的内容，但其内容的表现形式均为几个视觉对象及其空间关系的有机组合，因此，语义对象是图像分析理解的关键。为了从图像中提取用户感知的语义对象，常常需要用户提供必要的先验信息。先验信息主要是指构成对象各个部件内部亮度/颜色分布的相似性、部件间的差异和不同部件在空间的组合规律。目前，先验信息主要包括对象知识、学习特征和对象视觉模型。

（1）对象知识。

对象知识是专业人员分析和总结在不同环境下亮度/颜色的差异性和分布特性形成的普适知识，这些知识不仅能有效地刻画具体对象共性，还包含了与其他语义对象的差异信息。该知识获取途径存在以下局限性：

①对象知识获取需要大量专业人员观察、分析和总结其在不同环境下的共性，但目前

专业人员的选择缺乏统一准则。

②每个专业人员从不同角度分析、认知对象所形成的信息具有片面性，从片面信息升华为知识缺乏必要的方法指导。

③对象知识的获取费时费力，同时对象的有些知识难以进行数学描述。

（2）学习特征。

为了弥补对象知识获取的周期长和片面性等缺陷，人们运用深度学习算法从海量训练集中提取具体对象的共性和不同对象的差异性，弥补了对象知识数学表示的缺陷。深度学习算法可从图像像素级到抽象级的语义概念逐层提取特性，具有强大的学习能力和高效的特征表达能力，但其特征受限于以下因素：

①学习特征的分类能力依赖于训练集中的对象类别数，训练集包含的对象类别数越多，该特征可准确分类识别的对象就越多。

②学习特征准确性敏感于训练集容量，训练集容量越大，特征准确性越高，可充分表述同类对象样本间的差异。在现实生活中，语义对象的采集和挑选常常需要大量人力和物力，并且训练集容量常常是有限的。

（3）对象视觉模型。

对象先验信息可表示对象亮度颜色分布的视觉模型。该模型不需要训练样本，适合于新对象分割。但视觉模型的准确性和复杂性受限于以下因素：

①视觉模型的准确性依赖于人机交互量。标注像素越多，其模型参数估计的有效性越高，视觉模型的准确性就越高。

②视觉模型的复杂性取决于对象结构。视觉模型通常为对象亮度/颜色的分布模型，并借助数理统计方法估计模型参数。语义对象常常由多个区域构成，区域越多，亮度/颜色分布函数个数越多，视觉模型就越复杂。同时，区域像素个数较少，参数估计的有效性较低，从而降低了视觉模型的准确性。

1.3.2 分割框架

图像语义分割是利用图像特征提取观察者感兴趣对象而建立的数学模型。从图像特征的角度来看，分割框架大致可分为基于人为特征和基于学习特征两种。人为特征主要是运用人为设计的固定卷积核提取图像像素灰度/颜色的相似性、差异性（边缘）和分布特性（高斯混合模型）。学习特征是运用人工神经网络从训练集中学习的图像语义分割特性。

（1）基于人为特征的分割框架。

"魔术棒"、随机游走和图模型均假设对象亮度/颜色在视觉上具有一致性，其分割框架可表示为在图像点阵图的基础上附加对象视觉模式。其中，"魔术棒"算法以标注像素的灰度/颜色作为对象模式，将点阵图中的任意点与对象模式相连接，其连接权重为像素与对象视觉模式的相似性。该算法对象视觉模式简单，未考虑对象轮廓和区域等视觉特征。随机游走在"魔术棒"的基础上增加了点阵图中相邻节点的边缘权重，根据像素亮度/颜色的相似性建立了随机游走图模型。图模型用对象的亮度/颜色分布代替了标注像素的亮度/颜色，改善了对象视觉模型精度。上述分割框架构建简单，易于理解，但分割效果依赖于对象视觉模式。由于对象缺乏明确的定义，其视觉模式的数学表示难度较大。为了解决对象视觉模式表示的难点，学者们依据对象轮廓或区域视觉特性，结合曲线演化提出了基于活动轮廓的感兴趣对象提取模型。该模型利用对象轮廓与图像边缘的共性，将对象轮廓表示为图像边缘指示函数。然而边缘指示函数敏感于噪声和纹理，同时不能表示对象的主观轮廓。对此，学者们从对象区域的视觉特性出发，将对象表示为亮度/颜色分布均值，但均值为对象整体特性，忽略了对象的局部细节信息。

基于人为特征的分割框架有利于依据用户标注从图像中提取不同的语义对象，但分割效果取决于人为特征的表达能力。

（2）基于学习特征的分割框架。

学习特征是利用深度学习方法对海量训练样本进行学习得到的，其特征泛化能力强于人为特征。学习特征常常运用卷积神经网络进行自动提取，该网络通过对海量样本进行训练学习，提取同类样本的共性和不同样本的差异性。该网络将特征提取和语义分割有机融合，使得卷积神经网络具有处理不明确的推理规则的能力。

人类对外界新事物的认知可简要概括为从局部到整体的分析理解过程。卷积神经网络模拟了人类对新事物的认知机理，构建了多层卷积结构，该结构采用级联的形式提取不同尺度特征信息：

①低层卷积层对图像局部邻域亮度/颜色进行加工处理，获取其低尺度的局部信息，该信息除图像本征信息外，还包含了大量的细节信息，如纹理、弱边缘等灰度/颜色的微小变化。

②中间卷积层对低尺度信息进行分析处理，提取较大尺度的特性信息。该特征信息去除了上一层特征的细节，保留了主体特性。

③高层卷积层主要是对上一卷积层的输出特征进行整合，得到图像全局信息并执行分类。

卷积神经网络的单个卷积层本质是对局部感受野的数据进行分析处理，所以低层和中间卷积层的神经元连接采用局部连接。网络中间卷积层分析的局部数据来源于前一卷积层的分析结果，各卷积层提取的特征尺度大于前一层的尺度，随着卷积层层数的增加，网络可以从图像中提取不同尺度的特征。因此，基于学习特征的语义分割效果优于人为特征，但学习特征获取需要大量的训练样本。在现实应用场景中，样本容量是有限的，对于小样本特征稳定性和可区分性仍需进一步研究。

习题与讨论

1-1 目前信息载体主要有文本、语音和图像，从接受者从不同载体中捕捉信息的角度分析讨论图像作为信息载体的优点。

1-2 图像在表示方面常常以像素为基本单元，人眼视觉在分析图像内容时的基本单元是什么？该单元如何表示？

1-3 从定义出发分析图像视觉边缘和对象轮廓两者的共性和差异性。图像处理工程运用什么数学运算描述其共性？

1-4 分析图像区域分割、感兴趣对象提取和语义分割间的共性和差异性。

1-5 在图像分割中，对象视觉模型决定了分割质量，恰当的对象视觉模式可有效提高分割效果，分小组讨论对象视觉模式构建因素以及表示方式，为后续图像处理做准备。

1-6 分析讨论对象轮廓与图像边缘之间的关系。

1-7 分析讨论对象主观轮廓的数据表示，并构建相应的数学模型。

参考文献

[1] Roberts M，Spencer J．Chan-Vese reformulation for selective image segmentation [J]．Journal of Mathematical Imaging and Vision，2019，61（8）：1173-1196．

[2] Cheng D S，Shi D M，Tian F，et al．A level set method for image segmentation based on Bregman divergence and multi-scale local binary fitting [J]．Multimedia Tools and Applications，2019：1-24．

[3] Feng B，He K．Improved Grab Cut with human visual perception [C] //2019 IEEE 4th International Conference on Image，Vision and Computing（ICIVC）．IEEE，2019：50-54．

[4] Maninis K K，Caelles S，Pont-Tuset J，et al．Deep Extreme Cut：From extreme points to object segmentation [J]．Computer Vision and Pattern Recognition（CVPR），2018：1-10．

[5] 郭娟，何坤，周激流．基于卡通提取的自然图像分割 [J]．计算机技术与发展，2016（2）：12-16．

[6] He K，Wang D，Tong M，et al．Interactive image segmentation on multiscale appearances [J]．IEEE ACCESS，2018（6）：67732-67741．

[7] Zhang L，Peng X，Li G．A novel active contour model for image segmentation using local and global region-based information [J]．Machine Vision and Applications，2016，28（1-2）：1-15．

[8] Li G，Li H，Zhang L．Novel model using kernel function and local intensity information for noise image segmentation [J]．Tsinghua Science and Technology，2018，23（3）：83-94．

[9] He K，Wang D，Wang B，et al．Foreground extraction combining graph cut and histogram shape analysis [J]．IEEE ACCESS，2019：1-9．

[10] Zhang Y，He K．Multi-scale gaussian segmentation via Graph Cuts [C]．2017 International Conference Computer Science and Application Engineering（CASE 2017），2017：767-773．

[11] Wu S，Nakao M，Matsuda T．SuperCut：Superpixel based foreground extraction with loose bounding boxes in one cutting [J]．IEEE Signal Process Letters，2017，24（12）：1803-1807．

[12] Zhe G，Li X，Huang H，et al．Deep learning-based image segmentation on multi-modal medical imaging [J]．IEEE Transactions on Radiation and Plasma Medical Sciences，2019，3（2）：162-169．

[13] 何坤，郑秀清，谢沁岑．基于水平集的自适应保边平滑分割 [J]．电子科技大学学报，2017，46（4）：579-584．

[14] Bampis C G，Maragos P，Bovik A C．Graph-driven diffusion and random walk schemes for image segmentation [J]．IEEE Transactions on Image Processing，2017，26（1）：35-50．

[15] 高敏，李怀胜，周玉龙，等．背景约束的红外复杂背景下坦克目标分割方法 [J]．自动化学报，2016，42（3）：416-430．

[16] Niu S，Chen Q，Sisternes L D，et al．Robust noise region-based active contour model via local similarity factor for image segmentation [J]．Pattern Recognition，2017，61：104-119．

[17] Lai Y，Chen C，He K．Image segmentation via GrabCut and linear multi-scale smoothing [C]．Proceeding of 2017 the 3rd International Conference on Commuication an information processing

(ICCIP)，2017：474－478.

[18] Xu N，Price B，Cohen S，et al. Deep GrabCut for object selection [C]. The British Machine Vision Conference (BMVC)，2017：1－12.

[19] He K，Wang D，Tong M，et al. An improved GrabCut on multiscale features [J]. Pattern Recognition，2020，103：1－13.

[20] Zong J，Qiu T，Li W，et al. Automatic ultrasound image segmentation based on local entropy and active contour model [J]. Computers and Mathematics with Applications，2019，78 (3)：929－943.

[21] Han B，Wu Y. A novel active contour model based on modified symmetric cross entropy for remote sensing river image segmentation [J]. Pattern Recognition，2017，67 (7)：396－409.

[22] Zhu Y，Qiu T. Automated segmentation method for ultrasound image based on improved LGDF model [J]. Journal of Dalian University of Technology，2016，56 (1)：28－34.

[23] Zhang H L，Tang L M，He C J. A variational level set model for multiscale image segmentation [J]. Information Sciences，2019，493：152－175.

[24] Li Y F，Feng X. A multiscale image segmentation method [J]. Pattern Recognition，2016，52：332－345.

[25] Borjigin S，Sahoo P K. Color image segmentation based on multi-level Tsallis-Havrda-Charvát entropy and 2D histogram using PSO algorithms [J]. Pattern Recognition，2019，92 (8)：107－118.

[26] He K，Wang D，Zhang X. Image segmentation using the level set and improved-variation smoothing [J]. Computer Vision and Image Understanding，2016，152：29－40.

[27] Zhao Y，Deng H，Zhang L，et al. Weight-self adjustment active contour model based on maximum classes square error [J]. Computer Engineering and Design，2018，39 (2)：486－491.

[28] Miao J，Huang T Z，Zhou X，et al. Image segmentation based on an active contour model of partial image restoration with local cosine fitting energy [J]. Information Sciences，2018，447：52－71.

[29] Li Y P，Cao G，Wang T，et al. A novel local region-based active contour model for image segmentation using Bayes theorem [J]. Information Sciences，2020，506：443－456.

[30] Heimowitz A，Keller Y. Image segmentation via probabilistic graph matching [J]. IEEE Transactions on Image Processing，2016，25 (10)：4743－4752.

[31] Shelhamer E，Long J，Darrell T. Fully convolutional networks for semantic segmentation [J]. IEEE Transactions on Pattern Analysis and Machine Intelligence，2017，39 (4)：640－651.

[32] Zhan Q，Yang L T，Chen Z，et al. A survey on deep learning for big data [J]. Information Fusion，2018，42：146－157.

[33] Chen X，Wang Y，Wu X. Local image intensity fitting model combining global image information [J]. Computer Application，2018，38 (12)：3574－3579.

[34] Gan J，Wang W Q，Lu K. A new perspective：Recognizing online handwritten Chinese characters via 1-dimensional CNN [J]. Information Sciences，2019，478：375－390.

[35] He K，Wang D，Zheng X. Image segmentation on adaptive edge-preserving smoothing [J]. Journal of Electronic Imaging，2016，25 (5)：1－15.

[36] Guo L，Ding S. A hybrid deep learning CNN-ELM model and its application in handwritten numeral recognition [J]. Journal of Computational Information Systems，2018，275 (1)：2673－2680.

[37] Liu C，Chi T，Li C. A novel LIF level set image segmentation method with global information [J]. Journal of Northeast Normal University (Natural Science Edition)，2018，50 (2)：66－74.

第 2 章　图像及其类型

人们日常所见的图像均是自然场景的简单影像，它们主要是借助成像设备获取的自然景象。自然光照下所采集的图像/图像序列可表示为场景反射环境光的光谱能量分布函数 $f(x,y,z,t,\lambda)$，其中 x,y,z 表示三维空间坐标，t 表示时间，λ 表示光谱频谱。如果 $z=0$，则 $f(x,y,t,\lambda)$ 表示时序图像集的光谱能量。场景在某时刻的光谱能量具有以下性质：

（1）连续有界论域。自然界中任意实体对象的面积和体积均是有限的，这些有限的几何属性使得光谱能量分布函数在论域内连续且有界。

（2）连续有限的光谱能量。依据可见光照下物体表面颜色形成的光学机理，可知物体表面的光辐射频谱能量是连续有限的。例如，蓝色物体表面仅仅反射波长为 $0.40\sim0.48~\mu m$ 的光，而吸收其他波长的能量；绿色物体表面只反射波长为 $0.48\sim0.57~\mu m$ 的光；红色物体表面反射波长为 $0.57\sim0.70~\mu m$ 的光。

综上所述，场景中任意对象在空间、反射光谱能量和设备采集范围均是有限的，因此，任意时刻场景表面的反射光谱能量可表示为连续有界的二维函数。

2.1　图像数字表示

智能视觉是利用计算机模拟视觉各级中枢神经系统功能，对图像进行分析、处理和理解。为了使计算机能高效地分析处理图像——光谱能量函数，人们常常将 xOy 坐标系下的连续函数 $f(x,y,\lambda)$ 进行采样和量化形成数字图像。从图像的数字化表示来看，图像是场景光谱能量离散化、数值化的简单表示。由于图像论域的有限性，数字图像可表示为以下矩阵：

$$u = \begin{bmatrix} u_{11} & \cdots & u_{1j} & \cdots & u_{1N} \\ \vdots & & \vdots & & \vdots \\ u_{i1} & \cdots & u_{ij} & \cdots & u_{iN} \\ \vdots & & \vdots & & \vdots \\ u_{M1} & \cdots & u_{Mj} & \cdots & u_{MN} \end{bmatrix}_{M \times N} \tag{2-1}$$

该矩阵的列数 N 表示在 x 方向上的采样点数,即图像宽度 W;行数 M 表示在 y 方向上的采样点数,即图像高度 H。矩阵元素在图像处理领域常常称为像素,像素 u_{ij} 表示场景在 (i,j) 位置 $(\triangle w, \triangle h)$ 邻域内的平均光谱能量,其中 $\triangle w$ 和 $\triangle h$ 分别表示在 x,y 方向上的空间采样间隔。若采样间隔 $(\triangle w, \triangle h)$ 较大,则该光谱能量值仅仅表示了较大邻域的平均光谱能量,忽略了其邻域内的光谱能量变化。当忽略的光谱能量超过一定范围时,该矩阵表示的图像在视觉上呈现块状效应,导致视觉清晰度较低;反之,较小的采样间隔可有效提高视觉清晰度。对于给定场景的反射光谱能量,若采用较小的采样间隔对连续论域进行离散化,则获得的图像高度和宽度较大,反之较小。因此,图像的宽度和高度可分别表示图像在水平方向或竖直方向上的空间分辨率,它们是衡量图像清晰度的指标之一。在图像数字化过程中,空间采样间隔的选择常常遵循奈奎斯特采样定理,该定理在信号处理的相关书籍中均有详细的介绍和理论分析。

2.2 图像类型

图像数字化矩阵的每个元素 u_{ij} 描述对象在 (i,j) 位置邻域内的光谱反射能量。依据 u_{ij} 的表示方式,图像大致可分为二值图像、灰度图像和彩色图像三种类型。

2.2.1 二值图像

二值图像像素 u_{ij} 仅仅刻画了场景在 (i,j) 邻域内的辐射能量是否高于某一阈值(如胶片曝光的最低能量)。若高于阈值,则该像素取值为 1,反之为 0。因此,该图像像素的取值范围为 $u_{ij} \in \{0,1\}$,它是最简单的数字化图像。目前,二值图像广泛用于图形和文本图片,如图 2-1 所示。二值图像忽略了对象表面光谱能量的微小变化,但可有效地描述对象形状,且对象间分界线明确。

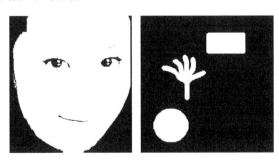

图 2-1 二值图像

2.2.2 灰度图像

二值图像可有效表示对象形状,有利于分析图像中对象的几何属性,如面积、周长和形状。但由于对辐射能量的量化间隔较大,因此不能描绘对象表面能量的微小变化。为了表示对象表面的微小变化，学者们将光谱能量量化等级扩展为 256 级，使其像素 u_{ij} 的取值范围扩展为 0~255 的整数，此图像称为灰度图像。如图 2-2（a）所示的灰度图像对应的矩阵如图 2-2（b）所示，该矩阵元素表示了像素灰度。

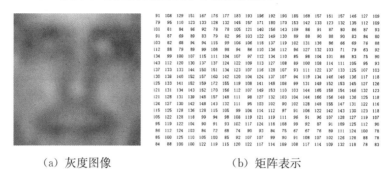

（a）灰度图像　　　　　　　　　　　（b）矩阵表示

图 2-2　灰度图像的表示

在计算机存储过程中，灰度图像像素 u_{ij} 常常为 8 位二进制数，因此灰度图像可分解为 8 幅位平面（bitplace）。每幅位平面的像素不是 0 就是 1，因此位平面可看作二值图像。根据人眼对亮度的敏感性，灰度图像的位平面又分为高位位平面和低位位平面，一般将第 4~7 位看作高位位平面，0~4 位看作低位位平面。高位位平面中任何位平面的像素变化，其对应的灰度图像亮度值至少变化 16；低位位平面的像素改变最多引起亮度增大或减小 16。根据人眼亮度分辨的特点，低位位平面的像素更改不易引起人眼对图像视觉效果的显著变化。在如图 2-3 所示的灰度图像及其对应的位平面中，每幅高位位平面均可以辨识出图像中各个对象，特别是第 7 位位平面可以分辨目标和背景区域，因此高位位平面可有效表示图像的整体信息。低位位平面反映了图像的细节信息，观察低位位平面几乎不能分辨出原始图像的目标和背景区域。特别是第 0 位和第 1 位位平面，几乎与图像内容无关。

灰度图像可有效描述可见光下对象表面亮度的微小变化，这些微小变化有利于刻画场景纹理信息。在观察灰度图像时，视觉系统常常将空间近邻、亮度相似的像素集合视为视觉区域，相邻视觉区域的亮度存在显著差异。图像中几个空间近邻的视觉区域依据一定规则构成有意义的对象。对象的外接封闭曲线称为对象轮廓，该轮廓可表示为灰度突变的像素集合。

（a）灰度图像

（b）第 7 位位平面　　（c）第 6 位位平面　　（d）第 5 位位平面　　（e）第 4 位位平面

（f）第 3 位位平面　　（g）第 2 位位平面　　（h）第 1 位位平面　　（i）第 0 位位平面

图 2-3　灰度图像及其对应的位平面

2.2.3　彩色图像

灰度图像不仅可描述对象表面纹理、视觉区域，还可表示不同对象的视觉分界线。但由于灰度图像仅仅根据光谱能量大小描述场景信息，忽略了对象表面对不同波长光的反射能力，因此它不能有效表示自然景物的颜色信息。为了描述自然景物在光照下的视觉颜色信息，学者们将光谱表示为三维矢量 $\boldsymbol{u}_{ij} = (u_{ij}(R), u_{ij}(G), u_{ij}(B))$，各分量分别表示红色、绿色和蓝色，每个分量的取值范围为 0~255 的整数。彩色图像将可见光照下景物表面颜色以红、绿、蓝三基色的混合形式表示出来，它可以表示 256×256×256 种不同颜色组合。相对于灰度图像，彩色图像的存储容量较大。

人眼不可能完全分辨 256×256×256 种颜色差异，为了在不影响颜色视觉差异的条件下减少彩色图像存储容量，人们将 256×256×256 种颜色组合分为 256 种颜色。256 种颜色组合表示为颜色查找表，该表的地址编码一般根据人眼对红色、绿色和蓝色的敏感度来设置。实验表明，人眼对蓝色的敏感性低于红色和绿色。学者们根据这一视觉特性，分别将红色和绿色表示为 3 位二进制数，而将蓝色表示为 2 位二进制数。不同颜色组合在查找表中的地址表示为 8 位二进制数，如图 2-4 所示。0 号对应黑色，255 号对应白色。将彩色图像颜色转化为彩色查找表的地址构成了伪彩色图像，若伪彩色为 25，该值在颜色查找表中对应的 RGB 值分别为 30，190 和 60。

图 2-4　颜色查找

在观察彩色图像时，视觉系统常常将空间近邻、颜色相似的像素视为视觉区域，相邻视觉区域的颜色存在显著差异。

2.2.4 不同类型之比较

根据场景反射光谱能量的量化方式，自然场景影像大致可分为二值图像、灰度图像和彩色图像三种类型。它们对图像内容的表示各有优缺点，其中二值图像提供了场景的区域形状且分界线明确，有利于图像区域分割和简单对象的几何测度。但二值图像仅能表示对象或区域位置信息，不能表征区域灰度/颜色的缓慢变化。灰度图像扩展了二值图像像素的量化等级，有助于刻画区域内灰度的微小变化，改善了二值图像视觉效果的粗糙度。彩色图像运用红、绿、蓝三基色表示自然场景对不同波长的反射能力，有利于人眼对场景颜色的分辨，但牺牲了存储容量换取人眼的视觉颜色信息。

图 2-5 表示一幅自然场景的不同数字化表示方式，该场景的空间分辨率为 480×320，其中彩色图像（如图 2-5（a）所示）不仅表述了场景中各个位置的亮度，还能给出不同区域的颜色变化。结合亮度和颜色，人们不仅能感知场景中的主要对象（两匹马和两片不同颜色的草地），还能分辨出对象内部区域颜色的微小变化（草地内部的变化）。如图 2-5（b）所示的灰度图像刻画了该场景中的亮度信息，但忽略了颜色信息。从该图像中，人眼仍可感知图中对象，但不能洞察颜色差异，图 2-5（b）中远处草地的亮度几乎处处相等。如图 2-5（c）所示的二值图像仅能表示马和草地在图像中的区域，且分界线明确，但各对象的颜色和亮度及其差异完全消失。

（a）彩色图像　　　　　　　　（b）灰度图像　　　　　　　　（c）二值图像

图 2-5　场景的数字化表示

在适当的环境中，人眼对颜色的分辨能力和敏感程度均比亮度强，可以分辨几千种不同的颜色，而只能辨别大约 64 种亮度差异。根据人类视觉系统对颜色的视觉感知能力，彩色图像对场景具有更强的表达能力。人们通常喜欢观看彩色图像，并从中认知场景概貌，分析和鉴别场景对象的几何或物理属性。随着技术的发展，彩色图像采集设备得到普及和广泛应用，人们可以随时随地采集、下载彩色图像，因此，本书侧重于彩色图像的处理分析。

2.3　灰度直方图

在图像分析中，如果只关注光谱能量分布而忽略空间位置，那么图像可看作离散光谱能量的随机分布，其灰度图像可认为是 256 个灰度等级的随机分布。为了表示每个灰度等级在图像论域内出现的频率，学者们将灰度等级看作随机事件，统计分析每个灰度等级在图像论域中出现的频率——直方图（Histogram）。设一幅含有 N 个像素点的灰度图像，其直方图定义为

$$p(u) = \frac{n_u}{N} \tag{2-2}$$

式中，n_u 表示灰度等级为 u 的像素个数。灰度图像直方图的计算代码见程序 2-1。

程序 2-1　灰度图像直方图

```
BYTE IntensityHistogram (BYTE * lpData, LONG Width, LONG Height, double * Hist) {
/ * 计算灰度图像直方图，lpData 表示图像灰度，Width 表示图像宽度，Height 表示图像高度，Hist
表示直方图 * /
int Temj; memset (Hist, 0, sizeof (double) * 256);
for (Temi=0; Temi<Height * Width; Temi++)    Hist [lpdata [Temi] +=1;
for (Temi=0; Temi<256; Temi++)    Hist [Temi] /= (Width * Height); return FUN _ OK;}
```

如图 2-6（a）所示的灰度图像的直方图如图 2-6（b）所示。

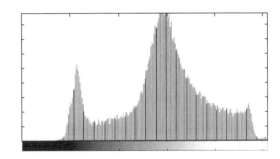

（a）灰度图像　　　　　　　　　　　　　（b）直方图

图 2-6　灰度图像的直方图

灰度图像的直方图具有以下性质：

（1）直方图的横坐标表示图像灰度等级的取值范围，该范围可以直接判断图像整体亮度视觉感受。如果一幅图像的直方图位于左侧，则该图像的整体视觉效果偏暗；如果位于右侧，则视觉效果偏亮；如果位于中间，则图像的整体视觉表现为灰色。视觉效果较好的图像的灰度等级取值范围一般较大。

（2）直方图的纵坐标表示各灰度等级在图像论域内出现的频率。从信息论的角度来看，如果图像的直方图呈近似均匀分布，则该图像包含的信息量最大；从视觉效果来看，近似高斯分布的直方图对应的图像视觉效果较好。

（3）直方图仅仅表征了图像灰度等级分布信息，从整体上描述了图像中不同灰度等级出现的次数（频率），忽略了各灰度等级在图像中的空间位置，因此直方图是图像整体信息描述的方法之一。

（4）直方图与图像之间的关系是一对多的映射关系。一幅图像唯一确定与之对应的直方图，但不同的图像可能具有相同的直方图。

2.3.1 直方图均衡化

直方图在一定程度上反映图像的清晰度：灰暗图像的直方图主要分布在左侧；明亮图像的直方图倾向于在右侧；对比度高的图像灰度分布均匀，且范围较宽。当图像的直方图呈近似均匀分布时，图像包含的信息量最大，且具有较理想的视觉效果。根据这一特点，学者们运用直方图均衡化技术使任意图像灰度服从均匀分布，从而提高图像的视觉效果。

直方图均衡化就是将任意分布转换为均匀分布，设 r 和 s 分别表示直方图均衡化前、后的归一化灰度，即 $0 \leqslant r \leqslant 1$，$0 \leqslant s \leqslant 1$。$T(r)$ 为均衡化变换函数，即 $s = T(r)$。为了保证均衡化前后图像灰度从黑到白顺序不变，要求 $T(r)$ 具有保序性；为了保证均衡化后图像灰度分布位于允许范围内，要求 $T(r)$ 具有封闭性。

由概率理论可知，已知随机变量 ξ 的概率密度函数为 $P_r(r)$，而随机变量 η 是 ξ 的函数，即 $\eta = f(\xi)$，则随机变量 η 的概率密度函数 $P_s(s)$ 可由 $P_r(r)$ 求出。假定随机变量 s 的分布函数为 $F_s(s)$，根据分布函数的定义，有

$$F_s(s) = \int_{-\infty}^{s} P_s(s)\mathrm{d}s = \int_{-\infty}^{r} P_r(r)\mathrm{d}r \tag{2-3}$$

根据概率密度函数和分布函数之间的关系，（2-3）式两边对 s 求导，得

$$P_s(s) = P_r(r) \frac{\mathrm{d}r}{\mathrm{d}s}\bigg|_{r=T^{-1}(s)} \tag{2-4}$$

由（2-4）式可以看出，通过变换函数 $T(r)$ 可以控制图像灰度的概率密度函数。由直方图均衡化后满足 $P_s(s)=1$，可知

$$\mathrm{d}s = P_r(r)\mathrm{d}r = \mathrm{d}\big[T(r)\big] \tag{2-5}$$

对（2-5）式两边积分，得

$$s = T(r) = \int_0^r P_r(r)\mathrm{d}r \tag{2-6}$$

（2-6）式表明变换函数 $T(r)$ 为原图像直方图的累积分布函数。

在工程上，图像直方图均衡化一般运用频率代替（2-6）式中的概率密度，则变换函数 $T(r)$ 的离散形式可以表示为

$$s_k = T(r_k) = \sum_{i=0}^{k} P_r(r_i) = \sum_{i=0}^{k} \frac{n_i}{N} \tag{2-7}$$

式中，$0 \leqslant r_k \leqslant 1$，$k=0, 1, 2, \cdots, L-1$，$L$ 为亮度等级。

直方图均衡化的计算代码见程序 2-2。

程序 2-2　直方图均衡化

```
BOOL HistogramEqualize (BYTE * lpData, LONG Width, LONG Height, BYTE * TempData) {
//lpData 表示均衡化前的直方图，TempData 表示均衡化后的直方图
BYTE * byMap=new BYTE [256]; int Temi, Temj; double  nTemp, * nCount=new double [256];
IntensityHistogram (lpData, Width, Height, nCount) //原始图像直方图
for (Temi=0; Temi<256; Temi++) {nTemp=0;
for (Temj=0; Tem j<=Temi; Temj++)    nTemp+=nCount [Temj];
byMap [Temi] = (BYTE) (nTemp * 255);}
for (Temi=0; Temi<Height * Width; Temi++) TempData [Temi] =byMap [lpData [Temi]];
delete [] byMap; delete [] nCount; return FUN _ OK;}
```

直方图均衡化旨在调整图像灰度等级分布，从而改善图像整体视觉效果。对图 2-6 的图像进行直方图均衡化后的结果如图 2-7 所示，均衡化后图像灰度等级分布范围扩大，并且其分布近似服从均匀分布，使图像的细节变得清晰。

（a）均衡化后的图像

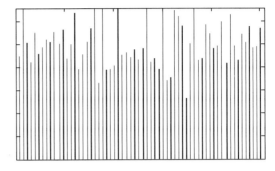

（b）均衡化后的直方图

图 2-7　直方图均衡化

直方图均衡化处理虽然有助于改善图像的视觉效果，但仍存在以下不足：

（1）变换函数 $T(r)$ 将近似灰度等级 r 同一化，使得均衡化后图像亮度等级减少，导致图像细节损失。

（2）变换函数过分增强了原图像直方图的波峰。

（3）均衡化处理对图像数据不加选择，降低了有用信号的对比度。

直方图均衡化使任意图像的直方图服从均匀分布，虽然能改善图像的清晰度，但效果不容易控制。对此可在均衡化过程中增加人机交互，使均衡化后的直方图满足给定要求，从而有选择地提高图像的清晰度，即直方图规范化。直方图规范化是通过一个灰度映像函数，将原直方图变换为特定的形状。图像直方图规范化一般有以下两种方式：

（1）将直方图转化为给定参考图像的直方图，从而改善图像视觉效果。

（2）将直方图转化为特定的函数，使得图像直方图波形与该函数一致。

2.3.2　直方图形状分析

直方图形状从灰度分布的角度描述了图像区域，即位于同一个波峰下的像素可看作来自同一个区域。假设图像由两个区域构成，即黑灰色区域和灰白色区域，则该图像对应的灰度直方图形状呈现两个波峰：一个波峰对应黑灰色区域，另一个波峰对应灰白色区域。两个波峰间的谷点为区域分割的最佳灰度值。

灰度图像的纹理使得其直方图 $h(z)$ 呈现许多局部波峰，为了去除局部波峰对区域分割的负面影响，同时保护直方图的整体形状，工程上常常对直方图进行中值滤波得到 $\widetilde{h}_s(z)$，结合波谷点邻域处 $\widetilde{h}_s(z)$ 一阶导数的符号变化检测谷点：

$$v_m = \begin{cases} \dfrac{z_i + z_j}{2}, \delta(\widetilde{h}_s(z_i)) < 0, \delta(\widetilde{h}_s(z_j)) > 0, \delta(\widetilde{h}_s(z_l)) = 0, l \in \{i+1, \cdots, j-1\} \\ z_m, \qquad \delta(\widetilde{h}_s(z_{m-1})) < 0, \delta(\widetilde{h}_s(z_{m+1})) > 0 \end{cases}$$

(2-8)

式中，$\delta(\cdot)$ 表示导数的离散运算，即差分运算。

在某直方图中检测到序列波谷，其对应的灰度序列 $\boldsymbol{v} = \{v_0, \cdots, v_{m-1}, v_m, \cdots, v_K\}$。利用序列波谷可将图像灰度取值范围划分为 K 段，每一段对应直方图的 个波峰，其波峰对应像素划分为区域。图 2-8 为基于直方图形状分析的图像区域分割，如图 2-8（a）所示的直方图具有多个波峰，且不同波峰对应于不同的区域，运用相邻波峰间的谷点（如图 2-8（b）所示）将图像分割为各个区域（如图 2-8（c）所示）。

 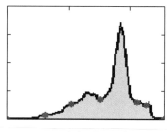 

（a）原始图像　　　　　　　　（b）直方图及谷点　　　　　　　（c）区域分割

图 2-8　基于直方图形状分析的图像区域分割

2.3.3　基于直方图的图像二值化

二值图像具有目标和背景分界线明确的优点，有利于图像目标提取和分割。为了继承二值图像的这一优点，学者们常常将灰度图像转化为二值图像，从而提取灰度图像中的对象。由于二值图像中像素取值只有两种状态，所以灰度图像转化为二值图像的关键是阈值选取。如果某灰度图像直方图波形只有两个峰值，则波峰间的波谷为该图像二值化的最佳阈值。实际上灰度图像直方图呈现许多局部波峰，原因在于：①对象常常由多个区域构成，区域间灰度存在显著差异，其直方图呈现多个波峰；②背景会因噪声呈现多个峰值。上述因素导致利用直方图形状分析易选取不适当的阈值。同时，灰度图像中对象和背景常常存在灰度等级重叠的现象，这容易导致灰度图像二值表示错误甚至失败。

在二值图像中，对象或背景区域灰度均为恒值，且两者差异最大。日本学者大津根据二值图像的灰度等级分布特点，提出了全局动态二值化算法，简称大津法（OTSU）。该算法的基本思想是灰度图像二值化的最佳阈值应满足二值化后对象或背景内灰度波动最小，且两者间差异最大。

假设一幅 $M \times N$ 灰度图像 $\boldsymbol{u}$ 中的目标区域较亮，而背景相对较暗，该图像的直方图为 $p(u)$，则图像整体灰度均值 μ 为

$$\mu = \int_0^{255} u p(u) \mathrm{d}u \tag{2-9}$$

若在某阈值 T 下，背景区域与图像面积之比为 ω_0，即

$$\omega_0 = \int_0^T p(u) \mathrm{d}u \tag{2-10}$$

且该阈值下图像背景区域的均值 μ_0 为

$$\mu_0 = \frac{1}{\omega_0} \int_0^T u p(u) \mathrm{d}u \tag{2-11}$$

对象区域与图像面积之比为 $\omega_1 = 1 - \omega_0$，对象灰度均值 μ_1 为

$$\mu_1 = \frac{1}{\omega_1} \int_{T+1}^{255} u p(u)\,\mathrm{d}u = \frac{1}{\omega_1}\left[\int_0^{255} u p(u)\,\mathrm{d}u - \int_0^T u p(u)\,\mathrm{d}u\right]$$

$$= \frac{\mu}{\omega_1} - \frac{\omega_0}{\omega_1}\frac{1}{\omega_0}\int_0^T u p(u)\,\mathrm{d}u = \frac{\mu - \omega_0 \mu_0}{1 - \omega_0} \tag{2-12}$$

背景和对象间的类间方差 σ 可计算为

$$\sigma = \omega_0 (\mu_0 - \mu)^2 + \omega_1 (\mu_1 - \mu)^2 = \frac{\omega_0}{1 - \omega_0}(\mu_0 - \mu)^2 \tag{2-13}$$

从最小灰度值到最大灰度值遍历 T，当 T 使得（2-13）式最大时，即为分割的最佳阈值。运用枚举法计算（2-13）式的代码见程序 2-3。

程序 2-3　灰度图像二值化阈值计算

```
int ThresholdCompute（BYTE * lpData，LONG Width，LONG Height）{
int Temi，Temj，threshold=0；//基于 OTSU 的阈值选取
double u0，w0，averge=0；double * pixelnumber=new double [256]；
IntensityHistogram（lpData，Width，Height，pixelnumber）//原始图像直方图
for（Temi=0；Temi<256；Temi++）averge+=Temi * pixelnumbert [Temi] //图像亮度均值
double * vary=new double [254]；
for（Temi=1；Temi<255；Temi++）{ u0=0；w0=0；for（Temj=0；Temj<=Temi；Temj++）{
w0+=pixelnumber [Temj]；u0+=Temj * pixelnumber [Temj]；}
u0/=w0；//背景亮度均值
vary [Temi-1] =w0 * （u0-averge）* （u0-averge）/ （1-w0）；} double Tempdata=vary [0]；
for（emi=1；Temi<254；Temj++）
if（vary [Temj] >Tempdata）{ threshold=Temj；Tempdata=vary [Temj]；}
delete [] vary；delete [] pixelnumber；return thresh；}
```

大津法是根据灰度等级分布将图像分为对象和背景两个区域。该算法根据对象和背景间的方差建立灰度图像二值化模型，两个区域间灰度方差越大，图像二值化效果越好。对图 2-6（a）运用大津法确定阈值进行二值化的结果如图 2-9 所示。大津法中对象和背景间的方差敏感于噪音及其两者的面积，该算法对近似卡通图像且对象和背景面积相近的二值化效果较理想。当目标与背景面积相差较大时，运用大津法选取的阈值对图像进行二值化效果不理想。

图 2-9　灰度图像二值化

习题与讨论

2—1 根据图像光谱能量的数据表示，同一场景影像可表示为二值图像、灰度图像和彩色图像三种类型，试分析不同类型图像在人眼视觉中的优缺点。

2—2 从光谱能量分布来看，图像可看作离散光谱能量的随机分布。灰度图像的直方图从整体上描述了图像灰度分布的统计信息，其直方图在水平方向的分布范围和波形可以反映图像的视觉效果。彩色图像的直方图可否看作其颜色的统计分布，如果能，请编写程序计算彩色图像的直方图，并从实验结果分析可否根据直方图波形分析图像颜色的视觉感知效果。

2—3 从信息论的角度出发，设计一种衡量灰度图像直方图与高斯分布的相似度测度，并给出设计思路和技术路线。

2—4 彩色图像表示自然场景的颜色信息，二值图像便于分析图像中对象的几何测度，如周长和面积。试设计一种算法将彩色图像二值化，并给出该算法的理论依据和部分实验结果。

2—5 彩色图像可表示为伪彩色的视觉依据是什么？

2—6 可否利用大津法将图像分为多个区域？如果不能，请说明原因；如果能，请给出算法的具体技术路线，并运用实验验证其有效性。

2—7 根据人眼对灰度图像高、低位位平面的视觉感知，讨论：①如何利用低位位平面进行信息隐藏；②如何根据高位位平面对图像内容进行篡改。

参考文献

［1］Miano J. Compressed Image File Formats：JPEG，PNG，GIF，XBM，BMP［M］. MA：Addison-Wesley，1999.

［2］Foley J D，van Dam A，Feiner S K，et al. Computer Graphics：Principles and Practice in C［M］. 2nd ed. MA：Addison-Wesley，1996.

［3］Sonka M，Hlavac V，Boyle R. Image Processing，Analysis，and Machine Vision［M］. Boston：PWS Publishing，1999.

［4］Arbogast E，Mohr R. 3D structure inference from image sequences［J］. Journal of Pattern Recognition and Artificial Intelligence，1991，5（5）：150—159.

第3章 图像颜色分析

颜色学科涉及物理学、生物学、心理学和材料学等多种学科。颜色是人脑对物体表面的一种主观感觉，该主观感觉难以用数学方法进行描述。到目前为止，学者们虽然提出了许多有关颜色的理论、测量技术和标准，但似乎没有一种可被人们普遍接受。

RGB 模型采用物理三基色表示颜色，其物理意义明确，但它是一种与设备相关的颜色模型。为了定义一种与设备无关的颜色模型，CIE 颜色科学家们在 RGB 模型的基础上推导出三基色，创建颜色系统。

3.1 CIE 色度学系统

在 CIE 第八次会议上，颜色科学家们提出并推荐 CIE1931 标准色度学系统，该系统主要由 1931CIE-RGB 和 1931CIE-XYZ 两个子系统构成。其中 1931CIE-RGB 子系统定义了三原色及其波长，它们分别为 700 nm（红光）、546.1 nm（绿光）和 438.5 nm（蓝光）。该子系统模拟了人眼锥状细胞对光亮的主观反应，用色彩表示不同强度的三原色组合，但这种表示不能圆满解释色盲现象。对此，在颜色研究和量度中，学者们不直接使用三原色，而运用三原色各自在 $R+G+B$ 中所占的比例，即色品。三原色的色品分别为 r，g，b，即

$$r=\frac{R}{R+G+B}, \ g=\frac{G}{R+G+B}, \ b=\frac{B}{R+G+B} \tag{3-1}$$

在（3-1）式中，由于 $b=1-r-g$，所以人们常常选用 r，g 构成色品图。1928 年，莱特（W. D. Wright）以波长 650 nm（红色）、530 nm（绿色）和 460 nm（蓝色）为三原色，由 10 名观察者在 2°的视场范围内观察各种光谱颜色。实验结果表明：在相等强度的红绿光刺激下，可形成波长为 582.5 nm 的黄色光；在相等强度的蓝绿光刺激下，可形成波长为 494.0 nm 的蓝绿色。统计各种光谱形成的颜色构成了 CIE-RGB 色品图，如图 3-1所示，该图又称为莱特色品图。在莱特色品图中，R，G，B 为色品点，连接色品点构成一个三角形（如实线三角形）。该三角形内任意点可表示由不同比例的三原色混合产生的可见颜色，此三角形为麦克斯韦颜色三角形。各光谱的色品点连线形成了一条马蹄

形曲线，该曲线称为光谱色品轨迹。由于莱特没有用规定白色为三原色的等量关系，所以白色色品点 W 远离三角形中心。

为了进一步分析莱特色品是否可匹配所有可见光的颜色，1931 年，国际照明委员会综合了不同实验者的实验结果，得到了 rgb 颜色匹配函数，如图 3-2 所示。该匹配函数以光谱波长为论域，揭示了匹配所有可见光的颜色所需要的色品值。从图中可见，在匹配 438.1 nm 和 546.1 nm 之间的光谱色时，色品 r 分量为负值，这就意味着运用莱特色品匹配该段光谱色需要补色。

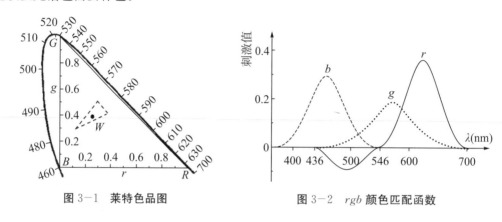

图 3-1　莱特色品图　　　　　　　　图 3-2　rgb 颜色匹配函数

3.1.1　CIE-XYZ 系统

1931CIE-RGB 子系统使用红、绿和蓝三原色匹配可见光谱颜色时会出现某些色品分量为负的情况，这与实际应用中不存在光强度为负的现象相矛盾。为了避免色品分量出现负值，1931 年国际照明委员会采用假想的标准原色 X，Y，Z 构造了 CIE-XYZ 颜色系统。该颜色系统遵循以下原则：

(1) 当 X，Y，Z 表示等能量光谱色时，其刺激值不为负值。

(2) 色品图中包含实际不存在的颜色的面积应尽量小。

(3) Y 既表示亮度，又表示色度，而 X 和 Z 只表示色度。

为了实现前两项原则，X，Y，Z 三原色形成的三角形应包括全部光谱轨迹，并且使位于三角形内、色品轨迹外的非真实颜色区域最小。为了达到这一目的，学者们根据莱特色品图中波长 540～700 nm 的光谱轨迹基本上为直线，将该直线作为三角形 XYZ 的 XY 边。该边表示了 R 和 G 分量的混合光谱，其色品方程式可表示为

$$r + 0.99g - 1 = 0 \tag{3-2}$$

为了使光谱轨迹内的真实颜色尽量在三角形 XYZ 内，减少三角形内假象颜色的面积，学者们将三角形 XYZ 的 YZ 边定义为在色品轨迹 503 nm 处相切于红色光谱轨迹直线，该边的色品方程式为

$$1.45r + 0.55g + 1 = 0 \tag{3-3}$$

为了满足第三个原则，学者们分析了 1931CIE-RGB 子系统中当三刺激值相等时，三原色的光亮度比 $r : g : b = 1 : 4.5907 : 0.0601$，其相对亮度 $L(C)$ 可表示为

$$L(C) = r + 4.5907g + 0.0601b \tag{3-4}$$

当 $L(C)=0$ 时，此点恰好在无亮度线上，则有

$$0 = r + 4.5907g + 0.0601b \tag{3-5}$$

把 $b = 1-r-g$ 代入（3-5）式，得

$$0.9399r + 4.5306g + 0.0601 = 0 \tag{3-6}$$

（3-6）式为 1931CIE-RGB 色品图上的无亮度方程。该方程表示的直线为三角形 XYZ 的 XZ 边。

直线（3-2）、（3-3）和（3-6）构成的三角形如图 3-3 所示。三角形的顶点为 CIE-XYZ 颜色系统的色品点，色品点 X，Y，Z 的坐标分别为（1.275，-0.2778，0.0028），（-1.7392，2.7671，-0.0279），（-0.7431，0.1409，1.6022）。色品点虽然保证光谱刺激值均为正，但存在位于 1931CIE-RGB 系统的马蹄形光谱轨迹之外的色品点，这表明三角形 XYZ 内表示的颜色可能与实际颜色不匹配。

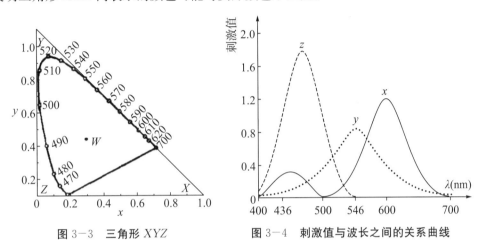

图 3-3　三角形 XYZ　　　　图 3-4　刺激值与波长之间的关系曲线

X，Y，Z 的刺激值与波长之间的关系曲线如图 3-4 所示。该曲线表示了匹配可见光谱颜色所需的 X，Y，Z 三基色的刺激值。例如，匹配波长为 450 nm 的颜色（蓝/紫），只需要 0.33 单位的 X 基色、0.04 单位的 Y 基色和 1.77 单位的 Z 基色。

根据色品定义，1931CIE-XYZ 系统的色品 x，y，z 为

$$x = \frac{X}{X+Y+Z}, \quad y = \frac{Y}{X+Y+Z}, \quad z = \frac{Z}{X+Y+Z} \tag{3-7}$$

由于 $z = 1-x-y$，人们选用 x，y 构成颜色平面，该平面称为 1931CIE-XYZ 色品图，如图 3-5 所示。在该色品图中，波长为 380~540 nm 的光谱色色品轨迹为曲线；波长为 540~700 nm 的光谱色色品轨迹为直线；波长为 700~770 nm 的色品点重合在一起，表明它们有相同的色品坐标；波长为 770 nm（红）和 380 nm（紫）的色品点连线上各点表示的颜色不是光谱色。

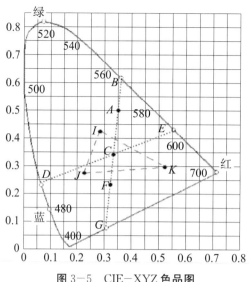

图 3—5　CIE—XYZ 色品图

CIE—XYZ 色品图具有以下特点：

（1）该色品图中，每个点都对应物理颜色。其中光谱轨迹末端 700～780 nm 的光谱色的色品坐标是一个定值，$x = 0.7347$，$y = 2653$，所以色品图上表现为 1 个点。光谱轨迹 540～700 nm 是一条几乎与 XY 边重合的直线，该段光谱范围内的光谱色都可以由 540 nm 和 700 nm 两种波长的光匹配而成。光谱轨迹 380～540 nm 为曲线，该曲线上任意一种光谱色不能由这一段曲线上的两个光谱色混合而成，只能混合出光谱轨迹包围面积内的颜色。连接 400 nm 和 700 nm 的直线称为紫红轨迹。由于短波长引起的亮度感知很低，光谱轨迹短波长部分紧靠 XZ 边是无亮度直线，这表明短波长光能够引起标准观察者的反应，但是视觉上亮度感知很低。

（2）色品图边界上的点代表纯颜色，中心点 C（白光）表示各种光的能量相等，光谱轨迹上的颜色饱和度最高，越远离轨迹的颜色饱和度越低，白光色品点的饱和度最低。

（3）在色度图中，过点 C 线段端点的两彩色为互补色，如点 E 的颜色的补色为点 G 的颜色。

（4）边界上各点具有不同色调，连接中心点和边界点直线上各点具有相同色调。

（5）RGB 得到的三角形不能覆盖 CIE—XYZ 所有色品，可见 RGB 三基色并不能表示所有可视颜色。

3.1.2　CIELUV 均匀颜色空间

图像工程不同的应用领域对颜色的描述要求不同，彩色图像的感知、分类和鉴别要求对彩色描述越准确越好；彩色图像的处理要求对彩色描述与人类视觉感知一致，即颜色的视觉感知的差异应该与它们在颜色空间中的距离成比例。换句话说，如果在一个颜色空间中人眼所观察到的颜色差异与该彩色空间中两点间的欧式距离对应，则称该空间为均匀颜色空间。

1931CIE—RGB 和 1931CIE—XYZ 色度学系统的基本数据均来源于莱特和吉尔德 2° 视

场实验数据，它们只适用于小视场（$w < 4°$）颜色标定。为了适应大视场颜色的测量和标定，CIE 在 1964 年公布了 CIE 1964 补充色度。

1931CIE-XYZ 色度学系统中 Y 刺激值和明度值是非线性关系。Y 刺激值不是视觉均匀的，其色品图也不是均匀的颜色平面。实验表明色品图的不同位置上相同颜色的视觉变化与对应色品变化不一致，因此，XYZ 颜色空间不是均匀颜色空间，在该空间中不能利用色品点的距离表示颜色主观差异。

西尔伯斯坦（L. Silberstein）证明了均匀颜色空间不是欧几里得空间，且均匀色品图也不是平面的。他利用明度指数 W^* 及色度指数 U^* 建立了近似均匀颜色空间。明度指数 W^* 定义为

$$W^* = 25Y^{\frac{1}{3}} - 17 \quad (1 \leqslant Y \leqslant 100) \tag{3-8}$$

色度指数 U^* 和 V^* 分别定义为

$$\begin{cases} U^* = 13W^*(u - u_0) \\ V^* = 13W^*(v - v_0) \end{cases} \tag{3-9}$$

式中，

$$\begin{cases} u = \dfrac{4X}{X + 15Y + 3Z} \\ v = \dfrac{6Y}{X + 15Y + 3Z} \end{cases}, \quad \begin{cases} u_0 = \dfrac{4X_0}{X_0 + 15Y_0 + 3Z_0} \\ v_0 = \dfrac{6Y_0}{X_0 + 15Y_0 + 3Z_0} \end{cases}$$

X，Y，Z 和 X_0，Y_0，Z_0 分别为颜色和标准照明体的三刺激值。

均匀颜色空间中两颜色点之间的距离可表示为颜色视觉差异。设颜色 1 和颜色 2 在均匀颜色空间的坐标分别为（W_1^*, U_1^*, V_1^*）和（W_2^*, U_2^*, V_2^*），其颜色差（$\Delta W^*, \Delta U^*, \Delta V^*$）为

$$\begin{cases} \Delta W^* = W_2^* - W_1^* \\ \Delta U^* = U_2^* - U_1^* \\ \Delta V^* = V_2^* - V_1^* \end{cases} \tag{3-10}$$

色差为

$$\Delta E = \sqrt{\Delta W^{*2} + \Delta U^{*2} + \Delta V^{*2}} \tag{3-11}$$

为了使颜色空间具有感知一致性，学者们对 1931CIE-XYZ 系统进行了非线性变换。针对自照明制定了一个均匀颜色空间——CIELUV。在该空间中，颜色表示为米制明度（L^*）和米制色度（u^* 和 v^*）。各参数定义为

$$\begin{cases} L^* = 116(Y/Y_0)^{\frac{1}{3}} - 16 \quad (Y/Y_0 > 0.01) \\ u^* = 13L^*(u' - u_0') \\ v^* = 13L^*(v' - v_0') \end{cases} \tag{3-12}$$

式中，

$$u' = \frac{4X}{X + 15Y + 3Z}, v' = \frac{9Y}{X + 15Y + 3Z}$$

$$u_0' = \frac{4X_0}{X_0 + 15Y_0 + 3Z_0}, v_0' = \frac{9Y_0}{X_0 + 15Y_0 + 3Z_0}$$

式中，X_0，Y_0，Z_0 是完全漫反射体的三刺激值，并规定 $Y_0 = 100$。该颜色空间提供了客

观评估两种颜色近似程度的方法。假设在 CIELUV 颜色空间中存在两种颜色 (L_1^*, u_1^*, v_1^*) 和 (L_2^*, u_2^*, v_2^*)，其颜色差 $(\Delta L^*, \Delta u^*, \Delta v^*)$ 为

$$\Delta L^* = L_2^* - L_1^*, \quad \Delta u^* = u_2^* - u_1^*, \quad \Delta v^* = v_2^* - v_1^* \tag{3-13}$$

色差为

$$\Delta E = \sqrt{\Delta L^{*2} + \Delta u^{*2} + \Delta v^{*2}} \tag{3-14}$$

3.1.3 CIELab 均匀颜色空间

在 RGB 色彩空间中，任意色光 F 都可以用 R，G，B 三原色的线性组合表示。R，G，B 三原色分量分别对应于三维空间坐标轴，原点对应于黑色，离原点最远的顶点则对应于白色，其他颜色位于立方体内。R，G，B 分量不仅代表颜色，还表征了亮度，所以 RGB 空间有助于彩色图像的显示。但由于三原色分量间相关性较大，所以 RGB 空间不能很好地解释图像颜色的视觉感知。

学者们研究发现，视网膜上的锥状细胞是一种三颜色机制，而颜色信息在向大脑的传导通路中变成了三对颜色机制，即光的强弱反应、红—绿反应和黄—蓝反应。根据人眼的这种视觉机制，专家们制定了 CIELab 颜色模型。该模型与 CIELUV 一样，也是一种均匀颜色空间模型。CIELab 颜色模型由亮度（L）和两种颜色（a，b）组成，其中 L 表示亮度，其值域由 0（黑色）到 100（白色）；a 表示从红色到绿色的变化范围，其数值从 -120 到 120；b 表示从黄色到蓝色的变化范围，其数值从 -120 到 120。

CIELab 模型是在对立色理论和参考白点的基础上，将 RGB 彩色空间转换为 XYZ 空间：

$$\begin{bmatrix} X \\ Y \\ Z \end{bmatrix} = \begin{bmatrix} 0.3935 & 0.3653 & 0.1916 \\ 0.2124 & 0.7011 & 0.0866 \\ 0.0187 & 0.1119 & 0.9582 \end{bmatrix} \begin{bmatrix} R \\ G \\ B \end{bmatrix} \tag{3-15}$$

结合参考白点，亮度 L 可计算为

$$L = \begin{cases} 116 (Y/Y_0)^2 - 16, & Y/Y_0 > 0.008856 \\ 903.3 (Y/Y_0)^{\frac{1}{3}}, & Y/Y_0 \leqslant 0.008856 \end{cases} \tag{3-16}$$

a，b 分量分别为

$$\begin{cases} a = 500[f(X/X_0) - f(Y/Y_0)] \\ b = 200[f(Y/Y_0) - f(Z/Z_0)] \end{cases} \tag{3-17}$$

式中，X_0, Y_0, Z_0 为参考白色。

$$f(t) = \begin{cases} t^{\frac{1}{3}}, & t > 0.008856 \\ 7.787t + 16/116, & t \leqslant 0.008856 \end{cases} \tag{3-18}$$

将 RGB 转化为 CIELab 分量的计算代码见程序 3-1。

程序 3-1　RGB 转化为 CIELab

```
BOOLRGBToCIELab (BYTE * lpData, LONG Width, LONG Height, double * lpCIELab) {
int Temj; //输入为原图像数据 [0, 255], 输出为 [0, 1]
double TempX, TempY, TempZ, fx, fy, fz;
for (Temi=0; Temi<Height * Width; Temi++) {fx=fy=fz=0;
TempX= (0.1804 * lpData [3 * Temi] +0.3576 * lpData [3 * Temi+1] +0.4125 * lpData [3 * Temi
+2]) / (255 * 0.9504);
TempY= (0.072 * lpData [3 * Temi] +0.7152 * lpData [3 * Temi+1] +0.2127 * lpData [3 * Temi
+2]) /255;
TempZ= (0.9502 * lpData [3 * Temi] +0.1192 * lpData [3 * Temi+1] +0.0193 * lpData [3 * Temi
+2]) / (255 * 1.089);
if (TempX>0.008856) fx=pow (TempX, (1.0/3)); else fx=7.787 * TempX+16.0/116;
if (TempY>0.008856) {fy=pow (TempY, (1.0/3)); lpCIELab [3 * (Temi) =116 * fy−16.0;}
else {fy=7.787 * TempY+16.0/116; lpCIELab [3 * (Temi) =903.3 * TempY;}
if (TempZ>0.008856) fz=pow (TempZ, (1.0/3)); else fz=7.787 * TempZ+16.0/116;
lpCIELab [3 * Temi+1] =500 * (fx−fy); lpCIELab [3 * Temi+2] =200 * (fy−fz);}
for (Temi=0; Temi<Height * Width; Temi++) {lpCIELab [3 * Temi] =lpCIELab [3 * Temi] /100.0;
lpCIELab [3 * Temi+1] = (lpCIELab [3 * Temi+1] +120) /240.0;
lpCIELab [3 * Temi+2] = (lpCIELab [3 * Temi+2] +120) /240.0;} return FUN _ OK;}
```

彩色图像（如图 3-6（a）所示）转化为 CIELab。图像亮度 L 如图 3-6（b）所示，其值域由 0 到 100；红色到绿色的变化 a 如图 3-6（c）所示；黄色到蓝色的变化 b 如图 3-6（d）所示。

　（a）彩色图像　　　　　　（b）L 分量　　　　　　（c）a 分量　　　　　　（d）b 分量

图 3-6　RGB 转化为 CIELab

CIELab 模型不仅包含了 RGB 的所有色域，还能体现人眼色彩感知。CIELab 模型具有以下优点：

（1）CIELab 模型接近人类生理视觉，致力于感知均匀性，其 L 分量匹配人类亮度感知。在该色彩空间中，一方面可通过修改 a，b 分量调节图像的视觉颜色平衡，另一方面可通过修改 L 分量调整亮度对比。

（2）CIELab 模型侧重于颜色分析方式，是与设备无关的颜色模型。

（3）CIELab 模型具有宽阔的色域，能表示人眼感知的所有色彩，不仅包含了 RGB 的所有色域，还可表示 RGB 不能表示的色彩。

（4）RGB 模型描述从蓝色到绿色的色彩过多，而在绿色到红色间又缺少黄色和其他色彩，所以 RGB 模型不能有效分析自然场景色彩。CIELab 模型弥补了 RGB 色彩模型色彩分布不均的不足。

3.2 视频颜色模型

视频颜色模型大致分为 YUV、YIQ 和 YCbCr 三类。其中 YUV 模型主要用于 PAL 制式的电视系统，Y 表示亮度，U 和 V 分量表示色度信息。YIQ 模型与 YUV 模型类似，主要用于 NTSC 制式的电视系统。YIQ 颜色空间中的 I 和 Q 分量相当于将 YUV 空间中的 U 和 V 分量旋转 33°，主要用于北美和日本的电视信号传输。YCbCr 颜色空间是 YUV 派生的一种颜色空间。

3.2.1 YUV 颜色模型

YUV 是欧洲电视系统所采用的一种颜色编码方法。在现代电视通信系统中，通常将 RGB 变换为亮度 Y 和两个色差 $R-Y$（U）、$B-Y$（V），并分别编码亮度和色差。亮度和色差分离有利于电视信号同时满足彩色电视机与黑白电视机的信号需求，如黑白电视机只能接收 Y 分量而不能接收 U，V 分量，其电视画面呈现灰度。YUV 优化彩色视频信号的传输，并与黑白电视兼容。在模拟 PLA 电视信号中仅分配了 1.8 MHz 的带宽给 U 和 V 信号，而将 5.5 MHz 的带宽留给 Y 信号。与 RGB 信号相比，YUV 最大的优点在于只需占用极少的带宽（RGB 要求三个独立的视频信号同时传输）。RGB 转换为 YUV 的公式如下：

$$\begin{bmatrix} Y \\ U \\ V \end{bmatrix} = \begin{bmatrix} 0.299 & 0.587 & 0.114 \\ -0.299 & -0.587 & 0.886 \\ 0.701 & -0.587 & -0.114 \end{bmatrix} \begin{bmatrix} R \\ G \\ B \end{bmatrix} \tag{3-19}$$

由（3-19）式可知 U 为

$$\begin{aligned} U &= -0.299R - 0.587G + 0.866B \\ &= -0.299R - 0.587G + (1-0.114)B \\ &= B - Y \end{aligned} \tag{3-20}$$

V 为

$$\begin{aligned} V &= 0.701R - 0.587G + 0.114B \\ &= (1-0.299)R - 0.587G + 0.114B \\ &= R - Y \end{aligned} \tag{3-21}$$

当 $R = G = B = C$ 时，由于（3-19）式中 0.299+0.587+0.114=1.0，所以亮度 $Y=C$，此时 U，V 色度分量均为 0。将 RGB 转化为 YUV 的计算代码见程序 3-2。

程序 3-2　RGB 转化为 YUV

```
BOOL RGBToYUV (BYTE * lpData, LONG Width, LONG Height, double * lpCIELab) {
int Temi; //输入图像数据 [0, 255]，输出区间 [0, 1]
for (Temi=0; Temi<Height * Width; Temi++) {
lpCIELab [3 * Temi] = (0.299 * lpData [3 * Temi+2] +0.587 * lpData [3 * Temi+1] +0.114 *
lpData [3 * Temi]) /255.0;
lpCIELab [3 * Temi+1] = ((-0.299 * lpData [3 * Temi+2] -0.587 * lpData [3 * Temi+1] +
0.866 * lpData [3 * Temi]) +127.5) /255.0;
lpCIELab [3 * Temi+2] = ((0.701 * lpData [3 * Temi+2] -0.587 * lpData [3 * Temi+1] -0.114
* lpData [3 * Temi]) +127.5) /255.0;} return FUN _ OK;}
```

图 3-7（a）的 Y，U，V 分量分别如图 3-7（b）、（c）、（d）所示。图 3-7（b）为 YUV 彩色空间的 Y 分量，表示彩色图像的亮度信息。图 3-7（c）为 YUV 彩色空间的 U 分量，图 3-7（d）为 YCbCr 彩色空间的 V 分量，U 和 V 表示图像色度。

（a）RGB 色彩空间　　　（b）Y 分量　　　（c）U 分量　　　（d）V 分量

图 3-7　RGB 色彩空间转换到 YUV 色彩空间

3.2.2　YIQ 颜色模型

YIQ 色彩空间用于北美电视系统，属于 NTSC 制式。在 YIQ 系统中，Y 分量表示亮度，I 分量表示从橙色到青色的颜色变化，Q 分量表示从紫色到黄绿色的颜色变化。在 YUV 色彩空间中，U 和 V 分量虽然定义了色差，但不能有效表示人眼对颜色感知的灵敏度。对此，将 YUV 空间中的 U 和 V 分量旋转 $33°$，得到 I 和 Q 分量，即

$$\begin{cases} I = 0.877283V\cos 33° - 0.492111U\sin 33° \\ Q = 0.877283V\sin 33° + 0.492111U\cos 33° \end{cases} \tag{3-22}$$

RGB 转换为 YIQ 的公式如下：

$$\begin{bmatrix} Y \\ I \\ Q \end{bmatrix} = \begin{bmatrix} 0.299 & 0.587 & 0.144 \\ 0.595879 & -0.274133 & -0.321746 \\ 0.211205 & -0.523083 & -0.311878 \end{bmatrix} \begin{bmatrix} R \\ G \\ B \end{bmatrix} \tag{3-23}$$

RGB 转化为 YIQ 的计算代码见程序 3-3。

程序 3-3　RGB 转化为 YIQ

```
RGBToYIQ（BYTE * lpData，LONG Width，LONG Height，double * lpCIELab）{
int Temj；//输入图像数据［0，255］，输出区间［0，1］
for（Temi=0；Temi<Height * Width；Temi++）{
lpCIELab［3 * Temi］=（0.299 * lpData［3 * Temi+2］+0.587 * lpData［3 * Temi+1］+0.114 *
lpData［3 * Temi］）/255.0；
lpCIELab［3 * Temi+1］=（0.596 * lpData［3 * Temi+2］-0.274 * lpData［3 * Temi+1］-0.322
* lpData［3 * Temi］+152）/304.0；
lpCIELab［3 * Temi+2］=（（0.212 * lpData［3 * Temi+2］-0.523 * lpData［3 * Temi+1］-0.311
* lpData［3 * Temi］）+34）/268.0；} return FUN _ OK；}
```

图 3-7（a）的 Y，I，Q 分量分别如图 3-8（a）、（b）、（c）所示，其中，Y 分量表示亮度信息，I 和 Q 表示图像色度。

(a) Y 分量　　　　　　(b) I 分量　　　　　　(c) Q 分量

图 3-8　图 3-7 (a) 的 Y, I, Q 分量

3.2.3　YCbCr 颜色模型

ITU-RBT.601-4 是数字视频官方推荐的国际标准，该标准运用 YCbCr 表示视频颜色信息。YCbCr 颜色空间中的 Y 分量表示亮度，C_r 分量表示从紫色到黄绿色的颜色变化，C_b 分量表示从橙色到青色的颜色变化。YCbCr 将 YUV 的 U 分量表示为 C_b 和 C_r 分量，即

$$\begin{cases} C_b = U/1.772 + 0.5 \\ C_r = U/1.402 + 0.5 \end{cases} \tag{3-24}$$

RGB 转换为 YCbCr 的公式如下：

$$\begin{bmatrix} Y \\ C_b \\ C_r \end{bmatrix} = \begin{bmatrix} 0.299 & 0.587 & 0.144 \\ 0.168736 & -0.331264 & -0.5 \\ 0.5 & -0.418688 & -0.081312 \end{bmatrix} \begin{bmatrix} R \\ G \\ B \end{bmatrix} + \begin{bmatrix} 0 \\ 127.5 \\ 127.5 \end{bmatrix} \tag{3-25}$$

RGB 转化为 YCbCr 的计算代码见程序 3-4。

程序 3-4　RGB 转化为 YCbCr

```
RGBToYIQ (BYTE * lpData, LONG Width, LONG Height, double * lpCIELab) {
int Temj; //输入图像数据 [0, 255]，输出区间 [0, 1]
for (Temi=0; Temi<Height * Width; Temi++) {
lpCIELab [3 * Temi] = (0.299 * lpData [3 * Temi+2] +0.587 * lpData [3 * Temi+1]
+0.114 * lpData [3 * Temi]) /255.0;
lpCIELab [3 * Temi+1] = (0.1687 * lpData [3 * Temi+2] -0.3313 * lpData [3 * Temi+1]
-0.52 * lpData [3 * Temi] +127.5) /304.0;
lpCIELab [3 * Temi+2] = (0.5 * lpData [3 * Temi+2] -0.4187 * lpData [3 * Temi+1]
-0.0813 * lpData [3 * Temi]) +127.5) /268.0;} return FUN _ OK;}
```

3.3　视觉颜色模型

RGB 在数学上可以用直角坐标系来表示，三个坐标轴分别代表红、绿、蓝三色的色值。RGB 彩色模型易于硬件实现，但 RGB 表示颜色的变化对于人眼视觉系统来说并不直

观。人眼观察一个彩色物体时常常采用色调、饱和度和亮度等分量描述该物体的内容及颜色信息，其中色调和饱和度主要反映了图像的颜色信息；亮度主要反映了图像的内容，即 HSV（Hue，Saturation，Value）颜色模型。该模型的亮度（Value）、色调（Hue）和饱和度（Saturation）分量间的关系呈倒圆锥体，如图 3-9（a）所示，该圆锥体的竖直方向表示亮度，由下到上越来越明亮。圆锥体顶面中心处（$S=0$，$V=1$，H 无定义）为白色，顶面圆周上的颜色均为 $V=1$，$S=1$，表示纯色。色调 H 表示绕 V 轴旋转的角度，取值范围为 0°～360°，从红色开始逆时针旋转一次：红色为 0°，绿色为 120°，蓝色为 240°。它们的补色分别是黄色为 60°，青色为 180°，紫色为 300°。饱和度 S 表示颜色接近光谱色的程度。颜色可以看成是某种光谱色与白色混合的结果。光谱色所占的比例越大，颜色越接近纯色光谱，其饱和度就越高。当光谱色为白光时，饱和度最低。

HSV 颜色空间模型的横纵切面图如图 3-9（b）所示，纵切面描述了同一色调的不同亮度与饱和度的关系，横切面表示色调 H 为绕着圆锥截面度量的色环，圆周为完全饱和的纯色。在 HSV 色彩空间中，亮度、色调和饱和度构成的平面垂直，因此，HSV 色彩空间中的色调、饱和度与亮度无关。HSV 彩色空间更接近人眼视觉对彩色的感知，所以在该彩色空间中进行图像分析和处理。

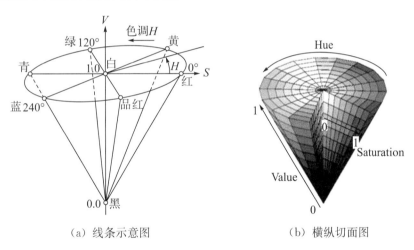

（a）线条示意图   （b）横纵切面图

图 3-9 HSV 色彩模型

色调 H 可计算如下：

$$H = \begin{cases} \theta, & B \leqslant G \\ 360 - \theta, & B > G \end{cases} \tag{3-26}$$

式中，

$$\theta = \arccos\left\{ \frac{\frac{1}{2}\left[(R-G) + (R-B)\right]}{\left[(R-G)^2 + (R-G)(R-B)\right]^{\frac{1}{2}}} \right\}$$

饱和度 S 为

$$S = 1 - \frac{3}{R+G+B}\left[\min(R,G,B)\right] \tag{3-27}$$

亮度 V 为

$$V = \frac{R + G + B}{3} \tag{3-28}$$

将 RGB 转化为 HSV 的计算代码见程序 3-5。图 3-7（a）的 H，S，V 分量分别如图 3-10（a）、（b）和（c）所示。

程序 3-5　RGB 转化为 HSV

```
BYTE RGBToHSV (BYTE * lpData, LONG Width, LONG Height, double * lpCIELab) {
int Temi; //输入区间为原数据 [0, 255]，输出后两个分量 [0, 1]，第一个分量 [0, 360]
double * Temp=new double [3 * Width * Height];
for (Temi=0; Temi<3 * Width * Height; Temi++) Temp [Temi] =lpData [Temi] /255.0;
for (Temi=0; Temi<Height * Width; Temi++) {double dmax, dmin;
double b=Temp [3 * Temi]; double g=Temp [3 * Temi+1]; double r=Temp [3 * Temi+2];
dmax=max (b, g); dmax=max (dmax, r); dmin=min (b, g); dmin=min (dmin, r);
if (dmax=dmin) {lpCIELab [3 * Temi+0] =0; lpCIELab [3 * Temi+1] =0;
lpCIELab [3 * Temi+2] =dmax;}
else {lpCIELab [3 * Temi+1] = (dmax−dmin) /dmax; lpCIELab [3 * Temi+2] =dmax;
if (dmax=r) lpCIELab [3 * Temi] = (g−b) / (dmax−dmin);
else if (dmax=g) lpCIELab [3 * Temi] =2.0+ (b−r) / (dmax−dmin);
else if (dmax=b) lpCIELab [3 * Temi] =4.0+ (r−g) / (dmax−dmin);
lpCIELab [3 * Temi * ] =lpCIELab [3 * emi] * 60.0;
if (lpCIELab [3 * Temi] <0) lpCIELab [3 * Temi] =lpCIELab [3 * Temi] +360.0;}}
return FUN _ OK;}
```

（a）V 分量　　　　　　（b）H 分量　　　　　　（c）S 分量

图 3-10　图 3-7（a）的 H，S，V 分量

习题与讨论

3-1　目前人们习惯于观看彩色图像，但灰度图像则摒弃了颜色干扰，有利于专注图像内容。试编程实现下列功能：①将彩色图像的 RGB 分量显示出来，并分析各分量在表达图像内容方面是否存在相似性；②将彩色图像转化为灰度图像，从视觉上观察两者在表达图像内容方法是否存在差异；③分别计算彩色图像及其对应灰度图像在计算机中的存储容量。

3-2　YUV 和 YIQ 均是电视颜色编码，分析 YUV 和 YIQ 颜色模型间的联系。

3-3　分析 YCbCr 和 YIQ 两种颜色模型之间的区别。

3-4　CIELab 模型表示颜色空间具有哪些优点?

3-5　分析 HSV 颜色模型侧重人眼视觉的什么特性。

3-6　YUV 和 YIQ 是从电视颜色编码衍生而来的，电视信号发送端需要将 RGB 模式表示的图像转化为便于压缩传输的亮度和色度分量，而接收端需将亮度和色度分量转化为 RGB 模式用于显示图像。试推导接收端的变换矩阵，同时在不考虑图像信号传输过程中噪声干扰和信道编解码损失的情况下，通过实验仿真分析电视机接收端与发送端图像是否存在差异。如果存在差异，分析其原因。

参考文献

[1]　Iain E. G. Richardon. H. 264 and MPEG-4 Video Compression: Video Coding for Next Generation Multimedia [M]. Chichester: Wiley Press，2003.

[2]　孙景鳌，蔡安妮. 彩色电视基础 [M]. 北京：人民邮电出版社，1996.

[3]　许志祥. 数字电视与图像通信 [M]. 上海：上海大学出版社，2000.

[4]　张兆扬，陈加卿，徐在方. 数字电视原理 [M]. 北京：科学出版社，1987.

[5]　Color Correction for Image Sensors. Kodak Image Sensor Solution，2003.

[6]　钟志光，卢君，刘伟荣. Visual C++. NET 数字图像处理实例与解析 [M]. 北京：清华大学出版社，2003.

[7]　胡波，林青，陈光梦. 基于先验知识的自动白平衡 [J]. 电路与系统学报，2001，6 (2)：25-28.

第4章　图像质量评价

图像在采集、传输和存储过程中不可避免会受到各种攻击而造成质量下降，出现伪边缘、区域分界线模糊和语义对象细节信息损失等现象，这些现象会对后续处理和分析产生负面影响。为了评估图像质量，研究者分析了人眼视觉系统的相关功能，结合生理和心理特性提出了系列评估算法。图像质量评价大致可分为主观评价和客观评价。然而，由于目前对人类视觉特性缺乏充分认知和理解，特别是对其主观特性还难以实现定量描述，所以图像质量评价还有待深入研究。

4.1　主观评价

图像主要为观察者提供视觉感知，因此，最可靠、直接的质量评价方法是观察者对图像逼真度的分析，即主观评价。主观评价方法是在特定受控环境下，由一批观察者依据一定评分规则对待测图像进行评分，其平均分值为最终质量测度。该方法实施简单，易于接受，但最终分值敏感于观察环境、观察者距离、观察时间、观察顺序和观察者的个人认知等因素。

主观评价是假设观察者独立地评定质量的前提下，任意观察者给出的分值可以认为是来自同一总体、相互独立的随机样本，根据数理统计中样本均值逼近总体期望的无偏性图像质量评价。例如，选择 m 个观察者对图像 $\boldsymbol{u}_0$ 进行质量评价，观察者们依据规定的评价尺度给出的质量分值为 $s_i(\boldsymbol{u}_0)$，$i=1, 2, \cdots, m$，该图像质量的最终分值为

$$m(\boldsymbol{u}_0) = \frac{1}{n} \sum_{i=1}^{n} s_i(\boldsymbol{u}_0) \tag{4-1}$$

依据评定的侧重点不同，主观评价可以分为以下三种：

（1）损伤测试。该测试主要依据受损程度评定图像质量，若信息损失较多，则分值较低；反之，分值较高。

（2）主观逼真测试。该测试方法旨在分析待测图像与假想场景之间的相似性，假想场景是观察者根据待测图像内容结合个人认知想象的场景。该测试方法侧重于图像与观察者假想场景间的整体逼真度。

（3）对比测试。将待测图像与参考图像进行对比，根据对比结果给出相应的整体主观分值。

从评估方法是否需要参考图像来看，主观评价可分为绝对评价和相对评价。绝对评价按照视觉感受将图像直接分为不同的等级，不需要与其他等级图像进行比较。相对评价是对给定的图像集进行排序，并给出相应分值。两种评价方法均需要在一定的评价尺度上进行，其评价尺度如表 4−1 所示。

表 4−1 相对评价尺度和绝对评价尺度

相对评价尺度		绝对评价尺度	
说明	评价质量尺度	说明	评价质量尺度
该组中最好的图像	7 分	非常好的图像	5 分
比该组中平均水平好的图像	6 分	好的图像	4 分
稍好于该组中平均水平的图像	5 分	中等图像	3 分
该组中平均水平的图像	4 分	差的图像	2 分
稍差于该组中平均水平的图像	3 分	非常差的图像	1 分
比该组中平均水平差的图像	2 分		
该组中最差的图像	1 分		

根据观察环境，主观评价大致分为双激励损伤度评价、双激励连续质量尺度评价和单激励连续质量评价。双激励损伤度评价要求观察者在特定的受控环境内，先观察一组参考图像，再按顺序观察失真图像，以妨碍尺度（CCIR500 推荐标准，如表 4−2 所示）为依据对失真图像进行评分。双激励连续质量尺度评价方法与双激励损伤度评价方法类似，区别在于前者随机观察失真图像，后者依一定顺序观察待评图像。

表 4−2 CCIR500 推荐标准

等级	妨碍尺度	质量尺度
5	看不出图像任何质量好坏	非常好（Perfect）
4	能看出图像质量变化，但不妨碍观看	好（Good）
3	清楚看出图像质量变化，对观看稍有妨碍	一般（Fair）
2	对观看有妨碍	差（Poor）
1	非常严重地妨碍观看	非常差（Unusable）

双激励连续质量尺度评价是以随机方式将参考图像和失真图像组成测试序列，并独立显示。不同观察者在受控环境下随机播放图像序列，并按照一定规则对每幅图像给出质量分数。按照具体实现方式，单激励连续质量评价可以分为两种：一种是不重复放映测试序列；另一种是重复放映测试序列。单激励连续质量评价最常用的评分等级是 5 分制。当要求评分精度更高时，可以采用 9 分制以及扩展的 11 分制，还可以采用连续评分等级。单激励连续质量评价只显示失真图像序列，且选取序列段持续时间较长，大约 10~20 分钟，最短的也有 5 分钟。观察者在受控环境下持续对观测序列进行打分，最终得到所有评分的

一个统计值。

双激励连续质量尺度评价反映了图像序列间的细微质量差别，参考图像和测试图像的质量差别决定了评价结果的好坏。双激励损伤度评价适用于评价由特殊效应引起的失真图像，它和双激励连续质量尺度评价的结果较多地取决于最后 20~30 秒的图像质量，且主观评价由于测试环境的限制往往具有一定的局限性。

单刺激连续质量评价与主观评价类似，两者均是在一定连续时间内，观察待测图像并根据评分表连续地给待测图像评分。单激励连续质量评价虽然能够解决双激励损伤度评价和双激励连续质量尺度评价的不足，但评价结果受测试序列内容的影响，且难以找到参考图像。

图像的主观评价能够真实地反映图像的人眼视觉质量，其评价结果符合图像视觉质量，无技术障碍，但在评价过程中存在以下缺陷：

（1）评价结果具有主观性和不可移植性。主观评价要求观察者根据个人认知对图像进行质量评分，观察者给出的分值敏感于其知识背景、心理因素、观测目的和环境等因素，结果具有主观意识性和不可重复性。

（2）评价过程烦琐，实时性低。为了真实地反映图像质量，主观评价常常要求选取众多不同专业背景的观察者，程序较复杂，时间成本较高，因此，主观评价难以对图像质量进行实时性评估。

（3）主观评价分数只能从统计角度反映图像整体质量，不能描述局部缺陷。

（4）主观评价难以建立数学模型，这主要是由于人的视觉心理尚未定量描述。

4.2 参考的客观评价

图像质量客观评价是根据人眼视觉系统建立数学模型，并通过具体公式计算图像质量。相比主观评价，客观评价具有可批量处理、结果可重现等特点，不会因为人为因素出现偏差。客观评价算法根据对参考图像的依赖程度，可分成全参考、半参考和无参考。全参考需要和参考图像逐像素比较，半参考只需要和参考图像上的部分特征进行比较，无参考直接根据图像特征评估图像质量。

全参考、半参考客观评价均是分析待测图像与参考图像在亮度、颜色和其他感知特征方面的相似性，具有相同的评价框架，如图 4-1 所示。

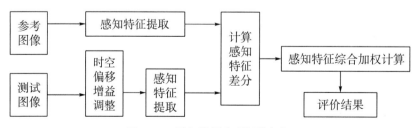

图 4-1 图像质量客观评价框架

4.2.1　基于颜色损失的评价

图像可看作场景的数字信号。在采集、传播和存储过程中，图像常常受到攻击而质量下降，攻击信号更改了图像的灰度/颜色。研究者从攻击信号出发，提出了基于灰度/颜色损失的质量评价框架，如图 4-2 所示。

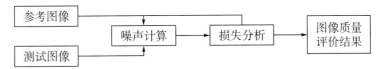

图 4-2　基于灰度/颜色损失的质量评价框架

假设某场景（参考图像 $\boldsymbol{u}$）经采集或传播得到一幅 $M \times N$ 的图像 $\boldsymbol{u}_0$，在采集或传播过程中受到加性攻击，其攻击信号表示为 $\boldsymbol{n}$，则图像 $\boldsymbol{u}_0$ 可表示为

$$\boldsymbol{u}_0 = \boldsymbol{u} + \boldsymbol{n} \tag{4-2}$$

测试图像和参考图像的整体差异（Total Squared Error，TSE）为

$$TSE = \sum_{i=0}^{M-1} \sum_{j=0}^{N-1} n^2(i,j) = \sum_{i=0}^{M-1} \sum_{j=0}^{N-1} \left[\boldsymbol{u}_0(i,j) - \boldsymbol{u}(i,j) \right]^2 \tag{4-3}$$

平均差异（Mean Squared Error，MSE）为

$$MSE = \frac{1}{M \times N} TSE \tag{4-4}$$

MSE 逐像素计算测试图像和参考图像之间的绝对差别，衡量测试图像和参考图像之间的平均差异。MSE 的取值范围为 0～255，当 $MSE=0$ 时，表示失真图像与参考图像完全相同。MSE 取值越小，表示图像的失真度越小；反之，失真度越大。

为了克服像素取值范围对 MSE 参数的影响，将像素取值范围作为质量评价的一个因素，提出了相对像素取值范围的质量评价参数 SNR，即

$$SNR = 10 \lg \left[\frac{1}{M \times N \times MSE} \sum_{i=0}^{M} \sum_{j=0}^{N} \boldsymbol{u}^2(i,j) \right] \tag{4-5}$$

SNR 克服了像素取值范围对图像质量评价的影响，但是当图像发生严重失真时，对于任意像素 $u(i,j) \leqslant n(i,j)$，$TSE \leqslant 1$，SNR 为负。为了克服 SNR 可能为负的不足，考虑到图像灰度最大值为 255，将（4-5）式中的 $\boldsymbol{u}(i,j)$ 表示为 255，得到评价参数 PSNR，即

$$PSNR = 10 \lg \left(\frac{255^2}{MSE} \right) \tag{4-6}$$

由 PSNR 的定义可见，由于 $|u_0(i,j) - u(i,j)| \leqslant 255$，$PSNR$ 恒为正，这弥补了 SNR 可能为负的不足。（4-5）和（4-6）式的分母 MSE 中均含有 $\boldsymbol{u}$ 分量，说明通过 SNR 和 PSNR 的图像评价参数均要求参考图像存在，但实际生活中并不存在。（4-6）式的分母中含有 MSE，说明 $PSNR$ 仅反映图像的整体质量，与局部质量无关。图像 PSNR 的计算代码见程序 4-1。

程序 4-1　图像 PSNR 的计算

```
BOOL ImagePSNR (BYTE * lpData, LONG Width, LONG Height) {//lpData 失真图像
int error, Temi; double ratiodensity=0, psnr=0; Object. OpenFile (); /＊参考图像＊/
filename=Object. filename;
for (Temi=0; Temi<Height * Width; Temi++) error=lpData [Temi] -Object. lpBmpData [Temi];
if (error! =0) { ratiodensity+=1; psnr+=1.0 * error * error;
ratiodensity=ratiodensity/ (Height * Width);
if (psnr=0) psnr=60; //未失真
else { snr=psnr/ (Width * Height); psnr=10 * log ( (255 * 255) /psnr) /log (10);}
string. Format (" PSNR=%f ", psnr);
return FUN _ OK;}
```

MSE、SNR 和 PSNR 均是全参考图像质量评价方法，具有直观、可量化的特点，且物理意义清晰明确，但是它们仅仅从整体上估计参考图像和失真图像之间的误差，忽略了局部差异，评价结果往往与人的主观视觉效果不相吻合，不能很好地反映人眼对图像纹理、边缘等特征的视觉感应，并且忽略了观测条件对失真可见度的影响和视觉掩盖效应。例如，MSE 不能有效地反映纹理掩蔽效应，准确性相对较差；PSNR 平等对待图像的每个像素，不能真实地反映细节部分的降质。究其原因，主要是 MSE 和 PSNR 把图像看成像素集合，忽略了像素间的相关性，只能从总体上反映图像质量，并不能描述局部甚至单个像素差别。

MSE、SNR 和 PSNR 独立对待图像中的每个像素，无法反映人眼的掩蔽效应。它们在评价图像质量时要求参考图像存在，但实际生活中是不存在的，因此，无法适应和满足当前图像技术发展的需求。

4.2.2　基于结构相似性的评价

图像中相邻像素关联性反映了实际场景中物体的结构，因此图像具有高度结构化信息。学者们从图像结构相似性出发提出了基于结构相似性指标（Structural Similarity Index，SSIM）的客观评价方法。该指标以亮度、对比度和结构等因素为变量，用均值作为亮度估计，标准差作为对比度估计，协方差作为结构相似程度的度量。SSIM 评估框架如图 4-3 所示。

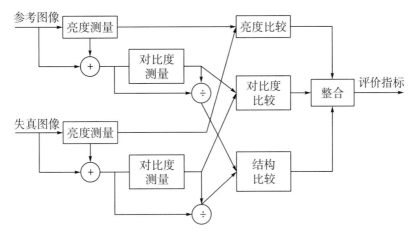

图 4-3　SSIM 评估框架

设 μ_x 和 μ_y 分别表示参考图像和失真图像的整体均值，两图像的亮度分量之比为

$$l(x,y) = \frac{2\mu_x\mu_y + C_1}{\mu_x^2 + \mu_y^2 + C_1} \tag{4-7}$$

设 σ_x 和 σ_y 分别表示参考图像和失真图像的标准方差，两图像的对比度分量之比为

$$c(x,y) = \frac{2\sigma_x\sigma_y + C_2}{\sigma_x^2 + \sigma_y^2 + C_2} \tag{4-8}$$

设 σ_{xy} 表示参考图像和失真图像之间的协方差，两图像的结构分量之比为

$$s(x,y) = \frac{\sigma_{xy} + C_3}{\sigma_x\sigma_y + C_3} \tag{4-9}$$

以亮度、对比度和结构等因素的组合式评估图像的失真度，本算法中参数 α，β，γ 分别是亮度、对比度、结构的权重系数，且 $\alpha>0$，$\beta>0$，$\gamma>0$；将亮度、对比度和结构进行整合，得到图像质量的总体度量如下：

$$SSIM(x,y) = [l(x,y)]^\alpha \cdot [c(x,y)]^\beta \cdot [s(x,y)]^\gamma \tag{4-10}$$

实际使用中，常常将图像划分为系列图像子块，所有子块的结构相似性指标的平均值 $MSSIM$ 作为整体图像质量的评价指标，即

$$MSSIM(x,y) = \frac{1}{M}\sum_{j=1}^{M} SSIM(x_j,y_j) \tag{4-11}$$

式中，M 为图像中块的个数，x_j 和 y_j 分别为参考图像和失真图像对应的第 j 块图像内容。

SSIM 算法从高层视觉出发，以图像内容为依据进行质量评估。该算法回避了底层视觉建模的复杂性，弥补了传统的基于像素的质量评价算法的不足。但该算法对相同的结构变化给予相同的质量评价，忽略了人眼视觉系统的亮度掩蔽和对比度掩蔽效应。

4.2.3　基于感兴趣区域的评价

由于光敏细胞主要集中在视网膜的黄斑区，所以黄斑区中心人眼的分辨率最高；杆状细胞主要分布在视网膜周围，视力分辨率低，一般不能看清图像细节。因此，人眼观看一幅图像时，只能对某区域（位于黄斑区中心）具有良好的分辨能力，而不能同时分辨其他

区域（位于黄斑区周围）。人眼视觉系统具有局部对比敏感性，即人眼观察一幅图像时存在"视觉感兴趣区"，只对显著变化的区域发生兴趣，而忽略那些亮度均匀的平滑区域或空间频率相近的纹理区。学者们将人眼的选择特性融入图像质量评价方法中，提出了基于感兴趣区域的图像质量评价算法。该算法评价的图像质量不仅与人眼视觉的生理特性有关，而且在某种程度上还取决于心理特性。该算法首先从测试图像中提取出人眼关注的区域，其次对关注的区域进行分析，挖掘其显著特征，最后根据显著特征进行评估。基于视觉感兴趣区域的客观评价框架如图 4-4 所示。

图 4-4　基于视觉感兴趣区域的客观评价框架

人眼对图像的某区域是否感兴趣通常取决于该区域的亮度、灰度和面积等因素，因此，感兴趣区域提取主要考虑以下因素：

（1）亮度对 ROI 的影响：由韦伯-费希纳（Weber-Fechner）法则可知，亮度的主观感觉与对象和周围背景亮度比值的对数成比例，即

$$s = k \lg \frac{I}{I_0} \tag{4-12}$$

式中，k 为常数，I 为对象亮度，I_0 为背景亮度。

设图像中某一区域 A_i 的亮度均值为 I_i，该区域周围背景亮度均值为 I_{0i}，由亮度变化导致该区域的视觉权重因子为 s_i，由（4-12）式可推出该区域的亮度权重因子 s_i 为

$$s_i = k \left| \lg \frac{I_i}{I_{0i}} \right| \tag{4-13}$$

（2）面积对 ROI 的影响：里波定律认为图像中对象的视觉感知与该对象的面积成反比，则有

$$I_0 \sqrt{A} = 常数 \tag{4-14}$$

为了分析区域的主观感受，常常将区域的面积进行相应处理，得到该区域面积的权重因子 t_i，即

$$t_i = j \lg \frac{\sqrt{s}}{\sqrt{s - s_i}} \tag{4-15}$$

（3）灰度对 ROI 的影响：人眼对图像灰度突变较敏感，为了描述灰度变化对 ROI 的影响，首先利用邻域平均法提取 ROI 的边界，其次计算边界像素的灰度平均值 r_i 以及边界外邻域像素的灰度平均值 r_{0i}，最后分析灰度值变化对视觉的权重因子 w_i 的影响，即

$$w_i = h \lg \frac{r_i}{r_{0i}} \tag{4-16}$$

（4）权重系数的确定：人眼对区域的兴趣取决于该区域的亮度、灰度和面积等因素，利用（4-13）、（4-15）和（4-16）式可以模拟人眼的 ROI 指标 p_i'，即

$$p_i' = \sqrt{s_i^2 + t_i^2 + w_i^2} \tag{4-17}$$

由于非 ROI 通常是比较均匀的平滑区域，亮度、灰度变化较小，可以只考虑视觉面积的影响，所以非 ROI 的评价可用 p_i' 表示，即

$$p'_l = j \lg \frac{\sqrt{s}}{\sqrt{s - s_l}} \tag{4-18}$$

分别对 p'_i, p'_l 进行归一化处理，得到加权系数 p_i, p_l，即

$$\begin{cases} p_i = \dfrac{p'_i}{\sqrt{\displaystyle\sum_{i=1}^{N} p'^2_i + p'^2_l}} \\[4mm] p_l = \dfrac{p'_l}{\sqrt{\displaystyle\sum_{i=1}^{N} p'^2_i + p'^2_l}} \end{cases} \tag{4-19}$$

设图像存在 N 个 ROI A_i（$i = 1, 2, \cdots, N$），A_i 区域面积为 S_i；非 ROI 为 A_l，其面积为 S_l。ROI 和非 ROI 的面积权重分别为 p_i 和 p_l，则图像质量指标为

$$SMSE = \frac{\displaystyle\sum_{i=1}^{N} \left\{ p_i \sum_{A_i} \left[\boldsymbol{u}_0(i,j) - \boldsymbol{u}(i,j) \right]^2 + p_l \sum_{A_l} \left[\boldsymbol{u}_0(i,j) - \boldsymbol{u}(i,j) \right]^2 \right\}}{\displaystyle\sum_{A_i + A_l} \left[\boldsymbol{u}_0(i,j) - \boldsymbol{u}(i,j) \right]^2} \tag{4-20}$$

考虑到图像灰度的最大值为 255，所以将 255^2 代替（4-20）式中的分子，同时只考虑感兴趣区域的图像质量，得到 SPSNR 质量评价指标为

$$SPSNR = 10 \lg \frac{255 \times 255}{\dfrac{1}{s} \displaystyle\sum_{A_i} \left[\boldsymbol{u}_0(i,j) - \boldsymbol{u}(i,j) \right]^2} \tag{4-21}$$

基于感兴趣区域的图像质量评价方法充分考虑了人眼视觉的心理特性，较好地反映了人眼主观视觉效果，但该方法侧重于感兴趣区域的质量，而忽略了其他区域的失真。

4.3 无参考的客观评价

全参考和半参考的图像客观评价算法旨在分析两幅图像（待测图像和参考图像）在亮度/颜色或特征之间的相对差异，若相对差异较小，则表示待测图像越逼近参考图像，质量较好；反之，质量较差。该算法在实验环境中可得到较好的评价效果，然而在工程应用环境中无法得到参考图像，使得此类评价算法失效。对此，学者们提出了无参考的图像质量评价。

4.3.1 基于视觉掩盖的评价

近年来，随着人们对人眼视觉系统的深入研究，大量基于视觉掩盖特性的图像质量评价模型涌现出来。该模型主要模拟了视觉感知的非线性、带通性、多通道及视觉掩盖效应等特性，利用图像的时频特性对图像质量进行评价。该模型主要由预处理、对比敏感度（Contrast Sensitivity Function，CSF）滤波、多通道分解、误差掩盖和误差合并等构成，如图 4-5 所示。

图4-5　基于视觉掩盖的评价模型

预处理是将失真图像和参考图像转换到人眼视觉的特征空间中，将亮度和色度信息进行校正。其处理主要包括图像校准、显示设备校正、色彩空间转换、点扩散（Point Spread Function，PSF）滤波及亮度自适应。首先，由于图像采集或传输的过程中易受各种因素的影响而导致局部或全局形变，所以要对失真图像和参考图像进行校准，以确定其像素点间的对应关系；其次，为了避免显示设备引起的人眼观测误差，在预处理过程中必须校正显示设备；最后，将失真图像和参考图像的色度信息转换到某彩色空间，并对其进行点扩散滤波处理。

人眼是一个较为复杂的视觉器官，它对不同空间和时间信息产生不同的视觉响应，即人眼的多通道特性。为了模拟人眼视觉系统的多通道特性，评价模型对滤波后图像进行多通道分解。经典的多通道分解常常借助图像变换（如小波变换、DCT变换）把滤波后图像分解为不同方向的子频带信息，计算待测图像与参考图像对应子频带信号的差值，结合Minkowski范数对子频带信差值进行综合分析：

$$E(\{e_{l,k}\}) = (\sum_l \sum_k \mid e_{l,k} \mid^\beta)^{1/\beta} \tag{4-22}$$

式中，$e_{l,k}$表示第l个通道中第k个系数的差值，β是一个指数常量，且$\beta \in [1,4]$。

基于视觉感知的客观评价方法通过量化差值的可见性，以人眼视觉的非线性、对比敏感度及其掩盖效应为依据，模拟人脑对来自各个视觉通道的神经信号的总体处理和认知结果。

4.3.2　仿生视觉评价

人眼观察一幅图像时不仅可快速地评估图像的整体质量，而且能分辨局部的清晰度。这主要是因为人眼将空间近邻且亮度/颜色相似的像素看作分析基元，结合分析基元间的内在关系判断图像质量。学者们根据人眼视觉特性提出了基于智能视觉的图像质量评估方法，该方法由四部分构成：①视觉区域分割；②视觉区域建模；③视觉区域关系分析；④图像质量评估测度。其评价流程如图4-6所示。

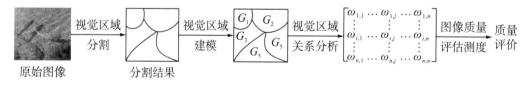

图4-6　仿生评价模型

该方法首先将待测图像u划分为视觉区域$R(u) = \{R_1, \cdots, R_i, \cdots, R_n\}$，分析视觉区域的亮度/颜色分布，构建颜色亮度分布函数$G(R_i)$；其次利用分布函数的距离计算视觉区域间的相似程度$Sim(\cdot, \cdot)$；最后依据相邻视觉区域的相似程度进行质量评价。

（1）视觉区域分割。

当人眼观察图像时，具有空间连续性和颜色相似性的像素通常被认为处在同一区域内。为了模仿人眼的这个特性，学者们利用分水岭算法，将图像分割为多个视觉区域。分割的各个区域内亮度/颜色存在相似性，不同区域之间具有显著差异性。

（2）视觉区域建模。

视觉区域内亮度/颜色具有相似性，该区域像素的亮度/颜色可看作是来自同一总体的随机样本。假设视觉区域内像素个数 N_m 趋于无穷大，且每个像素的亮度/颜色都是相互独立的，由大数定理和中心极限定理可知，图像视觉区域像素的亮度/颜色服从高斯分布。第 m 个视觉区域亮度/颜色 $\boldsymbol{u}_i^m$ 分布可表示为

$$G_m(\boldsymbol{\mu}_m,\ \boldsymbol{\Sigma}_m,\ \boldsymbol{u}_i^m)=\frac{1}{\sqrt{(2\pi)^3\det(\boldsymbol{\Sigma}_m)}}\exp\left[-\frac{1}{2}(\boldsymbol{u}_i^m-\boldsymbol{\mu}_m)^{\mathrm{T}}\boldsymbol{\Sigma}_m^{-1}(\boldsymbol{u}_i^m-\boldsymbol{\mu}_m)\right]$$

$$(4-23)$$

式中，$\boldsymbol{\mu}_m$ 和 $\boldsymbol{\Sigma}_m$ 分别是区域 R_m 的均值向量和协方差矩阵。$\boldsymbol{\mu}_m$ 和 $\boldsymbol{\Sigma}_m$ 可以根据数理统计中的最大似然估计方法进行求解，即

$$\begin{cases}\boldsymbol{\mu}_m=\frac{1}{N_m}\sum_{i=1}^{N_m}\boldsymbol{u}_i^m=\bar{\boldsymbol{u}}^m\\\boldsymbol{\Sigma}_m=\frac{1}{N_m}\sum_{i=1}^{N_m}(\boldsymbol{u}_i^m-\bar{\boldsymbol{u}}^m)(\boldsymbol{u}_i^m-\bar{\boldsymbol{u}}^m)^{\mathrm{T}}\end{cases}$$

$$(4-24)$$

（3）视觉区域关系分析。

依据视觉区域的相对位置，将共享部分或全部边缘的区域称为近邻视觉区域。近邻视觉区域间的不适当亮度/颜色相似性对图像质量产生负面影响，如果近邻视觉区域的亮度/颜色相似性较大，则共享边缘的邻域像素亮度/颜色变化缓慢，使得图像边缘模糊。为了测评近邻视觉区域的亮度/颜色相似性，运用 KL 散度（Kullback-Leibler Divergence）计算亮度/颜色分布的相似性：

$$D_{\mathrm{KL}}(G_i\|G_j)=\log\frac{|\boldsymbol{\Sigma}_j|}{|\boldsymbol{\Sigma}_i|}-3+\mathrm{tr}[(\boldsymbol{\Sigma}_j)^{-1}\boldsymbol{\Sigma}_i]+(\boldsymbol{\mu}_i-\boldsymbol{\mu}_j)^{\mathrm{T}}\boldsymbol{\Sigma}_j^{-1}(\boldsymbol{\mu}_i-\boldsymbol{\mu}_j)$$

$$(4-25)$$

如果近邻视觉区域的亮度/颜色相似性较大，对应高斯分布的均值向量和协方差矩阵差异较小，则 KL 散度值较小，反之较大。然而，KL 散度具有不对称性，即 $D_{\mathrm{KL}}(G_i\|G_j)\neq D_{\mathrm{KL}}(G_j\|G_i)$，对此运用 KL 距离分析视觉区域间的亮度/颜色相似性：

$$f(R_i,R_j)=\frac{1}{2}\left[D_{\mathrm{KL}}(G_i\|G_j)+D_{\mathrm{KL}}(G_j\|G_i)\right]$$

$$(4-26)$$

结合人眼对亮度/颜色的分辨能力，视觉区域间的亮度/颜色对比度可表示为

$$\omega_{i,j}=\begin{cases}\exp\left(-\frac{f(R_i,R_j)}{\sigma^2}\right),&R_i,R_j\text{ 为近邻区域}\\0,&R_i=R_j\text{ 或者非近邻区域}\end{cases}$$

$$(4-27)$$

式中，σ 为一个常数，该参数主要描绘人眼亮度/颜色的分辨率。

将图像任意视觉区域间的关系表示为矩阵 $\boldsymbol{\omega}$，即

$$\omega(\boldsymbol{u}) = \begin{bmatrix} \omega_{1,1} & \cdots & \omega_{1,j} & \cdots & \omega_{1,n} \\ \vdots & & \vdots & & \vdots \\ \omega_{i,1} & \cdots & \omega_{i,j} & \cdots & \omega_{i,n} \\ \vdots & & \vdots & & \vdots \\ \omega_{n,1} & \cdots & \omega_{n,j} & \cdots & \omega_{n,n} \end{bmatrix} \qquad (4\text{—}28)$$

矩阵 $\omega(\boldsymbol{u})$ 的每一行表示了该区域与其他各个区域之间的对比度大小，反映了视觉区域间的局部对比度。矩阵的行数图像等于视觉区域个数，该矩阵表示了图像视觉整体对比度。

（4）图像质量评估测度。

矩阵 $\omega(\boldsymbol{u})$ 中的非零元素 $\omega_{i,j} \neq 0$ 表示了任意相邻视觉区域的亮度/颜色对比度。矩阵 $\omega(\boldsymbol{u})$ 中的非零最小特征值、中位特征值和最大特征值分别表示为 d_0, d_1, d_2，即

$$\begin{cases} d_0 = \min\{\omega_{i,j}\} \\ d_1 = \mathrm{med}\{\omega_{i,j}\}, \omega_{i,j} \neq 0; \quad i = 1,2,\cdots,N; \quad j = 1,2,\cdots,N \\ d_2 = \max\{\omega_{i,j}\} \end{cases} \qquad (4\text{—}29)$$

根据最小特征值、中位特征值和最大特征值构建图像质量评价函数：

$$AR(\boldsymbol{u}) = \frac{d_2 - d_1}{d_1 - d_0} \qquad (4\text{—}30)$$

该评价方法通过仿真人类视觉特性，以相邻视觉区域的亮度/颜色对比度的最小值、中位值和最大值为变量，综合考虑了图像的整体和局部质量；该方法模拟了人眼将空间近邻且亮度/颜色相似的像素看作分析基元，弥补了以图像像素或者子块为基元的传统评价方法的不足。

习题与讨论

4—1　MSE、SNR 和 PSNR 均是全参考图像质量评价方法，以图像像素为分析单元，试从理论上分析 MSE、SNR 和 PSNR 三种方法各自的优缺点。

4—2　结构相似性的评价方法依据图像特征评估图像质量，请指出该方法具体使用了哪些图像特征，这些特征的生物依据是什么。

4—3　仿生视觉评价方法将空间近邻且亮度/颜色相似的像素看作分析基元，结合分析基元间的内在关系判断图像质量。该算法中的分析基元是由多个像素构成的小区域。①请设计一技术方案将空间近邻且亮度/颜色相似的像素划分为区域，并仿真验证其正确性；②相对于图像论域，这些小区域可以看作平面图的各个面，请设计一技术方案判断两个小区域是否相邻，并仿真验证其正确性。

4—4　图像的主观评价能够反映图像的真实质量，然而由于人的视觉心理因素尚未定量描述，主观评价难以建立其数学模型，分组讨论人的视觉心理因素主要有哪些，如何构建其数学模型。

参考文献

［1］陆杰，赵忠旭. 图像质量评价的发展［J］. 计算机工程，2000，26（11）：4－5.

［2］Wu W. An image quality assessment method based on HVS［C］. The 41st annual IEEE international carnahan conference on security technology，Ottawa，2007：320－324.

［3］Wang Z，Shekh H R，Bovik A C. No-reference perceptual quality assenssment of JPEG compressed images［C］. Proceedmgs of IEEE international conference on image processing，New York：IEEE，2002，1：477－480.

［4］Pappas T N，Safranek R J. Perceptual criteria for image quality［S］. Handbook of image and Video Processing，San Diego，Aeademic Press，2000：669－684.

［5］周景超，戴汝为，肖柏华. 图像质量评价研究综述［J］. 计算机科学，2008，35（7）：1－4.

［6］丁绪星，朱日宏，李建欣. 一种基于人眼视觉特性的图像质量评价［J］. 中国图像图形学报，2004，9（2）：190－194.

［7］陆旭光，旺岳峰，胡文刚，等. 基于视觉感兴趣区域图像质量评价方法［J］. 微计算机信息，2005，21（3）：95－96.

［8］王正友，黄隆华. 基于对比度敏感度的图像质量评价方法［J］. 计算机应用，2006，8（26）：1857－1859.

［9］叶盛楠，苏开娜，肖创柏，等. 基于结构信息提取的图像质量评价［J］. 电子学报，2008，36（5）：856－861.

［10］杨春玲，旷开智，陈冠豪，等. 基于梯度的结构相似度的图像质量评价方法［J］. 华南理工大学学报（自然科学版），2006，34（9）：22－25.

第 5 章　图像平滑及多尺度分析

图像在采集、传输和存储过程中不可避免地会受到噪声攻击，噪声加剧了图像的亮度/颜色变化，掩盖了图像的细节信息。为了尽量保留图像细节并抑制噪声，工程上常常对图像进行平滑处理，以便改善后续图像分析处理的有效性和可靠性。传统图像平滑算法大致可分为线性平滑和非线性平滑，典型的线性平滑主要有均值滤波和高斯滤波，非线性平滑主要有中值滤波和保边平滑。

5.1　均值滤波

图像的内容虽然丰富多彩，但其信号均是由有限个区域按照一定规律构成的有机整体。其区域为空间近邻亮度/颜色视觉相似的像素集合，区域内像素亮度/颜色表现为相同属性的光谱能量，因此，区域内像素可以看作来自同一总体、相互独立的样本。由数理统计可知，区域亮度/颜色均值可无偏、有效地表示该区域内亮度/颜色的视觉感知。

假设图像某区域亮度/颜色为 u_i，$i=0，1，\cdots，n-1$，其亮度/颜色的均值 μ 为

$$\mu = \frac{1}{n} \sum_{i=0}^{n-1} u_i \tag{5-1}$$

若该图像受到高斯噪声 $n_i \sim N(0，\sigma^2)$ 的加性攻击，则区域亮度/颜色记为 u_i^0，即

$$u_i^0 = u_i + n_i \tag{5-2}$$

该区域亮度/颜色的均值 $\bar{\mu}$ 可估计为

$$\bar{\mu} = \frac{1}{n} \sum_{i=0}^{n-1} u_i^0 \tag{5-3}$$

该估计值的期望 $E\{\bar{\mu}\}$ 为

$$E\{\bar{\mu}\} = \frac{1}{n} \sum_{i=0}^{n-1} E\{u_i^0\} = \frac{1}{n} \sum_{i=0}^{n-1} (E\{u_i\} + E\{n_i\}) = \mu \tag{5-4}$$

由（5-4）式可知 $\bar{\mu}$ 是 μ 的无偏估计。同时，$\bar{\mu}$ 的方差 $D(\bar{\mu} - \mu)$ 为

$$D(\bar{\mu} - \mu) = E\{(\bar{\mu} - \mu)^2\} = E\left\{\left(\frac{1}{n} \sum_{i=0}^{n-1} u_i^0 - \mu\right)^2\right\} = E\left\{\left(\frac{1}{n} \sum_{i=0}^{n-1} n_i\right)^2\right\} = \frac{\sigma^2}{n} \tag{5-5}$$

由 (5-5) 式可知，像素个数越多，$D(\bar{\mu} - \mu)$ 越小，这表明 $\bar{\mu}$ 对 μ 的估计有效性高。

综上所述，如果图像区域亮度/颜色可看作来自同一总体的随机样本，则该区域的光谱能量可由 (5-3) 式无偏、有效地估计。假设含噪声图像中像素 $u_0(i,j)$ 及其邻域 $(2m+1) \times (2m+1)$ 均来自同一总体，则该像素的真实值 $u(i,j)$ 可估计为

$$u(i,j) = \frac{1}{2m+1} \frac{1}{2m+1} \sum_{k=-m}^{m} \sum_{l=-m}^{m} u_0(i+k, j+l) \tag{5-6}$$

当 $m = 1$ 时，(5-6) 式可简写为如下矩阵表达式：

$$u(i,j) = \frac{1}{9} \begin{bmatrix} 1 & 1 & 1 \\ 1 & 1 & 1 \\ 1 & 1 & 1 \end{bmatrix} \otimes \begin{bmatrix} u_0(i-1, j-1) & u_0(i-1, j) & u_0(i-1, j+1) \\ u_0(i, j-1) & u_0(i, j) & u_0(i, j+1) \\ u_0(i+1, j-1) & u_0(i+1, j) & u_0(i+1, j+1) \end{bmatrix}$$

$$\tag{5-7}$$

式中，$\otimes$ 表示两矩阵对应元素乘积之和。

对图像 u_0 任意像素进行 (5-7) 式的运算，可得到平滑图像 u。该平滑图像为

$$u = u_0 * \omega_M \tag{5-8}$$

式中，$*$ 表示卷积运算，ω_M 为平滑滤波卷积核。若某像素及其邻域的像素集合基数为 N^2，则平滑滤波卷积核为

$$\omega_M = \frac{1}{N^2} \begin{bmatrix} 1 & \cdots & 1 & \cdots & 1 \\ \vdots & & \vdots & & \vdots \\ 1 & \cdots & 1 & \cdots & 1 \\ \vdots & & \vdots & & \vdots \\ 1 & \cdots & 1 & \cdots & 1 \end{bmatrix}_{N \times N} \tag{5-9}$$

(5-9) 式中所有元素为相同值，其值取决于邻域像素个数。(5-8) 式相当于计算当前像素及其邻域的亮度/颜色均值，所以运用该卷积核对图像进行平滑处理称为均值滤波。图像均值滤波是利用 ω_M 对图像逐像素进行分析处理，该处理主要由以下三步构成：

(1) 图像块提取。当前像素及其周围像素构成图像块集，该集合的基数取决于当前像素在图像中的位置以及邻域大小 $(2m+1) \times (2m+1)$。

①若当前像素位于图像角点，则该集合的基数为 $2m \times 2m$。

②若位于图像边界处，则基数为 $(2m+1) \times 2m$。

③若图像块内的像素均在图像论域内，则该集合的基数为 $(2m+1) \times (2m+1)$。

由此可见，如果当前像素位于不同位置，则平滑滤波卷积核的元素随像素空间位置而异。为了使用统一的卷积核对图像进行均值滤波，我们运用偶延拓填充图像角点和边界处的邻域内缺失像素。以任意像素为中心的块像素集合提取的代码见程序 5-1。

程序 5-1　图像块数据提取

```
BOOL BlockData (double * lpData, LONG Width, LONG Height, int Temx, int Temy, LONG
Windwidth, LONG Windheight, double * TempData)    {/ * Windwidth，Windheight－邻域尺寸；
TempData－块数据；Temx，Temy－当前像素 * /int Temi, Temj, Temu, Temv;
for (Temi=0; Temi<Windheight; Temi++) for (Temj=0; Temj<Windwidth; Temj++)
{Temu=Temy+Temi-Windheight/2; Temv=Temx+Temj-Windwidth/2;
if (Temu<0)    Temu=-Temu-1; if (Temv<0)    Temv=-Temv-1; //图像边界和角点
if (Temu>=Height) Temu=2 * Height-Temu-1; if (Temv>=Width) Temv=2 * Width-Temv-1;
TempData [Temi * Windwidth+Temj] =lpData [Temu * Width+Temv];} return TRUE;}
```

（2）图像块均值计算。运用（5-6）式计算像素块集合内亮度/颜色的平均值。该值计算的代码见程序5-2。

程序5-2　块数据处理

```
double Convolution (double * lpData, double * TempData, int width) {
/ * TempData 卷积核参数，width 卷积核元素个数 * /double   conv=0;
for (int i=0; i<width; i++)    conv+=lpData [i] * TempData [i]; return conv;}
```

（3）图像滤波。以任意像素为当前像素对图像进行平滑处理，其计算的代码见程序5-3。

程序5-3　均值滤波

```
BOOL ImageSmoothness (double * lpData, double * TempData, LONG Width, LONG Height) {//
lpData 表示原始图像；TempData 表示平滑图像
int Temi, Temj, Twidth = 3, Theight = 3; / * 邻域大小 * /; double * WinData = new double
[Winwidth * WinHeight];
double * kernel=new double [Winwidth * WinHeight];
for (Temi=0; Temi<Winwidth * WinHeight; Temi++)
kernel [Temi] =1.0/ (Winwidth * WinHeight);
for (Temi=0; Temi<Height; Temi++) for (Temj=0; Temj<Width; Temi++) {
BlockData (lpData, Width, Height, Temj, Temi, Twidth, Theight, WinData); //见程序5-1
TempData [Temi * Width+Temj] =Convolution (WinData, kernel, Twidth * THeight); / * 见
程序5-2 * //delete [] WinData; return FUN _ OK;}}
```

　　图像均值滤波将任意像素作为中心像素，以其邻域像素均值代替中心像素。当中心像素及其邻域均位于区域内时，在一定程度上可平滑区域内纹理和噪声；当中心像素及其邻域覆盖了区域边界时，$(2m+1)\times(2m+1)$ 个像素的亮度/颜色会误看作来自不同总体的样本，滤波后导致区域边界模糊。

5.2　高斯滤波

　　均值滤波假设图像中任意图像子块内像素来源于同一总体，平等对待块内各像素。该滤波模型具有明确的统计意义，操作简单，但忽略了人眼注意力机制。人眼注意力机制刻画了人眼辨色力与偏离视野中心距离的关系。换言之，在视野范围内，人眼在视野中心处辨色力最强，随着离视野中心距离的增大，辨色力逐渐减弱。大量实验表明人眼辨色力与偏离视野中心距离的关系可表示为如下高斯函数：

$$G_\sigma(x,y) = \frac{1}{2\pi\sigma_x\sigma_y}\exp\left(-\frac{x^2}{2\sigma_x^2}-\frac{y^2}{2\sigma_y^2}\right) \tag{5-10}$$

该函数描述了人眼对视野中心 $(0,0)$ 及其邻域颜色的分辨能力，其中 $G_\sigma(0,0)$ 为高斯函数最大值，这描述了人眼对视野中心处的颜色分辨能力最强。随着偏离中心的距离 $(d=\sqrt{x^2+y^2})$ 增加，高斯函数 $G_\sigma(x,y)$ 逐渐减小，这刻画了人眼对偏离视野中心的颜色分辨能力减弱。由 3σ 原则可知：

$$\int_{-3\sigma_y}^{3\sigma_y}\int_{-3\sigma_x}^{3\sigma_x}\frac{1}{2\pi\sigma_x\sigma_y}\exp\left(-\frac{x^2}{2\sigma_x^2}-\frac{y^2}{2\sigma_y^2}\right)\mathrm{d}x\mathrm{d}y = 0.9975 \approx 1 \tag{5-11}$$

高斯函数描述了人眼在视野范围 $[-3\sigma_x, 3\sigma_x] \times [-3\sigma_y, 3\sigma_y]$ 内的颜色感应能力，其中 σ_x 和 σ_y 分别控制人眼在水平和竖直方向的视野范围。为了简化计算，工程上常常认为人眼在水平和竖直方向具有相同的视野范围，即 $\sigma_x = \sigma_y = \sigma$。

结合人眼注意力机制，学者们提出了基于人眼注意力机制的图像平滑——高斯滤波。该滤波以高斯函数为核函数，对图像进行卷积操作，得到平滑图像：

$$u(x, y) = u_0(x, y) * G_\sigma(x, y) \tag{5-12}$$

为了便于运算，工程上首先对高斯函数进行离散化。例如，生成一个 3×3 的离散高斯核 $\boldsymbol{\omega}_G$，首先设计以 $(0, 0)$ 为中心的 3×3 平面网格，网格上各点位置如图 5-1 所示。

(−1, 1)	(0, 1)	(1, 1)
(−1, 0)	(0, 0)	(1, 0)
(−1, −1)	(0, −1)	(1, −1)

图 5-1　平面网格

其次，将网格点位置代入高斯函数中，得到网格各点系数：

$$G_\sigma(i, j) = \frac{1}{2\pi\sigma^2} \exp\left(-\frac{i^2 + j^2}{2\sigma^2} \right), \quad i = -1, 0, 1, \quad j = -1, 0, 1$$

最后，结合（5-11）式将 $G_\sigma(i, j)$ 进行正则化处理，得到高斯核 $\boldsymbol{\omega}_G$，即

$$\boldsymbol{\omega}_G(i, j) = \frac{G_\sigma(i, j)}{\sum G_\sigma(i, j)} \tag{5-13}$$

高斯核构造代码见程序 5-4。

程序 5-4　高斯函数的离散构造

```
BOOL MakeGauss (double sigma, double * * pdKernel, int * pnWindowSize) {
//pnWindowSize 表示高斯函数离散化窗口大小
double dDis, dValue, dSum=0, * pnWindowSize=1+2 * ceil (3 * sigma), PI=3.14159,
int i, nCenter; nCenter= (* pnWindowSize) /2; * pdKernel=new double [* pnWindowSize];
for (i=0; i< (* pnWindowSize); i++) {dDis= (double) (i−nCenter);
dValue=exp (− (1/2) * dDis * dDis/ (sigma * sigma)) / (sqrt (2 * P｝ * sigma);
* pdKernel) [i] =dValue; dSum+=dValue;}
for (i=0; i< (* pnWindowSize); i++) / * 归一化处理 */pdKernel) [i] /=dSum;} return FUN _ OK;}
```

离散化后高斯核为方阵，该方阵描述了视野范围 $[-3\sigma, 3\sigma] \times [-3\sigma, 3\sigma]$ 内的人眼颜色分辨能力。高斯核系数依赖于高斯函数参数 σ，该参数决定了核系数离散程度：如果 σ 较小，则其中心系数较大而邻域较小，对图像的平滑效果不明显；反之，高斯核系数近似相等，平滑效果类似于均值滤波。

图像高斯滤波是利用 $\boldsymbol{\omega}_G$ 对图像逐像素分析处理，其平滑图像为

$$u = u_0 * \boldsymbol{\omega}_G \tag{5-14}$$

图像高斯滤波（程序 5-5）本质上是将当前像素表示为邻域像素的加权均值，其权重为对应高斯核参数。加权权重取决于偏离当前像素的距离，若偏离距离较大，则权重较小；反之，权重较大。这一特性模拟了人眼空间注意力机制。由于二维高斯函数具有旋转对称性，所以高斯滤波在各个方向上具有相同的平滑程度，即各向同性。当中心像素及其

邻域均位于区域内时，高斯平滑的各向同性有利于平滑区域内的纹理和噪声；当中心像素及其邻域覆盖了区域边界时，区域内像素的亮度/颜色是来自不同总体的样本，高斯平滑的各向同性模糊了区域边界。

均值滤波和高斯滤波均假设当前像素及邻域位于同一区域，并将当前像素表示为邻域像素的加权均值，其权重分别表示为 ω_M 和 ω_G。ω_M 和 ω_G 具有以下共性：

（1）权重之和为 1，这一特性保证了图像平滑后整体亮度不变。

（2）ω_M 和 ω_G 具有旋转对称性，该特性使均值和高斯滤波具有各向同性，模糊了图像边缘。

（3）ω_M 和 ω_G 与图像内容无关。这一特征体现为滤波后像素是滤波前像素及其邻域亮度/颜色的线性表示，故均值滤波和高斯滤波又称为线性平滑。

程序 5-5　图像高斯滤波

```
BOOL GaussianSmooth (double * lpData, LONG Width, LONG Height, double sigma) {
int y, x, i, nWindowSize, nHalfLen; //高斯滤波器的数组长度，窗口长度的1/2
double * pdKernel, dDotMul, dWeightSum; double * pdTmp=new double [Width * Height];
nHalfLen=nWindowSize/2;
MakeGauss (sigma, &pdKernel, &nWindowSize); //见程序5-1
for (y=0; y<Height; y++) {/*平滑各行*/
for (x=0; x<Width; x++) {
dDotMul=0; dWeightSum=0;
for (i= (−nHalfLen); i<=nHalfLen; i++) {
if ( (i+x) >=0 && (i+x) <Width) {
dDotMul+= (double) lpData [y * Width+ (i+x)] * pdKernel [nHalfLen+i];
dWeightSum+=pdKernel [nHalfLen+i];}}
pdTmp [y * Width+x] =dDotMul/dWeightSum;}}
for (x=0; x<Width; x++) {/*平滑各列*/
for (y=0; y<Height; y++) {
dDotMul=0; dWeightSum=0;
for (i= (−nHalfLen); i<=nHalfLen; i++) {
if ( (i+y) >=0&& (i+y) <Height) {
dDotMul+= (double) pdTmp [ (y+i) * Width+x] * pdKernel [nHalfLen+i];
dWeightSum+=pdKernel [nHalfLen+i];}}
lpData [y * Width+x] = (double) (int) dDotMul/dWeightSum;}}
delete [] pdKernel; pdKernel=NULL; delete [] pdTmp; pdTmp=NULL;
return FUN _ OK;}
```

5.3　中值滤波

均值滤波具有明确的统计意义，高斯滤波在一定程度上模拟了人眼的空间敏感性。两种滤波卷积核元素均独立于图像内容，导致滤波后图像边缘模糊。为了保护图像边缘，学者们提出了基于图像内容的中值滤波。中值滤波是将图像任意像素表示为对应像素及其邻域的中值，该值取决于邻域大小及其邻域内像素亮度/颜色分布。

图像当前像素 $u_0(i,j)$ 及其 3×3 邻域为 $\{u_0(i+k,j+l)\mid k=-1,0,1; l=-1,0,1\}$。

从小到大的顺序排列 9 个像素的亮度值，计算其中值并代替当前像素：

$$u(i,j) = \text{med}\,\{u_0(i+k,j+l)\,|\,k=-1,0,1; l=-1,0,1\} \qquad (5-15)$$

中值滤波是利用卷积核 $\boldsymbol{\omega}_{Me}$ 对图像逐像素分析处理，其平滑图像为

$$\boldsymbol{u} = \boldsymbol{u}_0 * \boldsymbol{\omega}_{Me} \qquad (5-16)$$

卷积核 $\boldsymbol{\omega}_{Me}$ 取决于邻域像素亮度分布，与图像有关，在去噪过程中保护了图像边缘。$\boldsymbol{\omega}_{Me}$ 的系数之和为 1，这使得中值滤波对图像纹理及噪声具有平滑作用，特别是对脉冲噪声具有较好的抑制效果。

5.4　保边平滑

自然景物中的对象一般由一个或者几个部件构成，若部件表面是光滑的，则其对应的影像在各个部件区域内亮度/颜色近似相等，区域间亮度/颜色存在显著差异。实际上部件表面常常是非光滑的，非光滑表面在图像中表现为亮度/颜色的规律变化——纹理。因此，自然场景的影像可看作部件区域及其纹理依照潜在规律组合的有机整体。对此，自然图像 $\boldsymbol{u}_0(x,y)$ 可表示为纹理 $\boldsymbol{v}(x,y)$ 和平滑图像 $\boldsymbol{u}(x,y)$ 两个部分之和：

$$\boldsymbol{u}_0(x,y) = \boldsymbol{u}(x,y) + \boldsymbol{v}(x,y) \qquad (5-17)$$

式中，纹理 $\boldsymbol{v}(x,y)$ 描述了自然图像的纹理信息，即亮度/颜色的局部变化。

由于图像亮度/颜色幅度是有界的，所以图像纹理在论域 Ω 内满足：

$$\iint_{\Omega} [\boldsymbol{u}(x,y) - \boldsymbol{u}_0(x,y)]^2 \mathrm{d}\Omega = const$$

平滑图像 $\boldsymbol{u}(x,y)$ 主要描述图像中各个区域的空间分布，区域亮度/颜色分布均匀，且变化幅度较小，极端情况下其亮度/颜色等于恒值。不同区域亮度/颜色存在显著差异。平滑图像 $\boldsymbol{u}(x,y)$（如图 5-2（b）所示）承载着自然图像（如图 5-2（a）所示）的主体信息，即区域几何测度和区域间关系。从亮度/颜色来看，平滑图像具有以下特性：

（1）区域像素亮度/颜色近似为恒值。

（2）平滑图像包含了原始图像的边缘信息及其区域的几何属性。

（3）在内容上逼近原始图像的整体概貌。

（a）自然图像　　　　　　　　　　（b）平滑图像

图 5-2　图像平滑

平滑图像的亮度/颜色仅在区域分界处存在变化，而区域内部近似相等，所以该图像在论域内 Ω 的亮度/颜色整体变化较小。在工程中，常常运用图像梯度幅度 $|\nabla \boldsymbol{u}|$ 衡量亮

度/颜色变化，图像亮度/颜色的整体变化（全变分：Total Variation）表示为

$$\iint_{\Omega} |\nabla u| \, \mathrm{d}\Omega$$

由于平滑图像仅承载自然景象的主体结构信息，其亮度/颜色整体变化最小。因此，图像平滑问题可转化为以下带约束条件的优化问题：

$$u^* = \underset{u}{\mathrm{argmin}} \iint_{\Omega} f(|\nabla u|) \mathrm{d}\Omega \tag{5-18}$$

$$\mathrm{s.\,t.} \iint_{\Omega} [u(x,y) - u_0(x,y)]^2 \mathrm{d}\Omega = const$$

利用最小二乘法将（5-18）式表示为能量函数 $D(u, u_0)$ 最小化问题：

$$u^* = \underset{u}{\mathrm{argmin}} \{D(u,u_0)\} = \mathrm{argmin} \left\{ \iint_{\Omega} |\nabla u| \mathrm{d}\Omega + \frac{\tau}{2} \iint_{\Omega} (u - u_0)^2 \mathrm{d}\Omega \right\} \tag{5-19}$$

式中，τ 为拉格朗日常数。$D(u,u_0)$ 看作 u 和 $|\nabla u|$ 的泛函，即

$$D(u,u_0) = \iint_{\Omega} |\nabla u| \mathrm{d}\Omega + \frac{\tau}{2} \iint_{\Omega} (u - u_0)^2 \mathrm{d}\Omega = \iint_{\Omega} |\nabla u| + \frac{\tau}{2} (u - u_0)^2 \mathrm{d}\Omega$$

$$= \iint_{\Omega} F(x,y,u_0,u,u_x,u_y) \mathrm{d}\Omega \tag{5-20}$$

令 $p = u_x$，$q = u_y$，$\sqrt{p^2 + q^2} = |\nabla u|$，根据泛函极值的必要条件欧拉—拉格朗日方程，可得

$$\partial F_u - \frac{\partial}{\partial x} \{F_p\} - \frac{\partial}{\partial y} \{F_q\} = 0$$

式中，

$$F_p = \frac{\partial}{\partial p} |\nabla u| = \frac{\nabla u}{|\nabla u|} \frac{\partial u}{\partial x}$$

同理可得

$$\begin{cases} F_q = \dfrac{\partial}{\partial q} |\nabla u| = \dfrac{\nabla u}{|\nabla u|} \dfrac{\partial u}{\partial y} \\ F_u = \tau(u - u_0) \end{cases}$$

欧拉—拉格朗日方程可简化为

$$\tau(u - u_0) - \frac{\partial}{\partial x} \left(\frac{\nabla u}{|\nabla u|} \frac{\partial u}{\partial x} \right) - \frac{\partial}{\partial y} \left(\frac{\nabla u}{|\nabla u|} \frac{\partial u}{\partial y} \right) = 0$$

$$\tau(u - u_0) - \left(\frac{\partial}{\partial x}, \frac{\partial}{\partial y} \right) \cdot \frac{\nabla u}{|\nabla u|} \left(\frac{\partial u}{\partial x}, \frac{\partial u}{\partial y} \right) = 0$$

$$\tau(u - u_0) - \mathrm{div} \left(\frac{\nabla u}{|\nabla u|} \right) = 0 \tag{5-21}$$

由（5-21）式可计算 u：

$$u = u_0 + \frac{1}{\tau} \mathrm{div} \left(\frac{\nabla u}{|\nabla u|} \right) \tag{5-22}$$

5.4.1　平滑性能

由（5-22）式可知，平滑图像 u 由 u_0 和散度 $\mathrm{div} \left(\dfrac{\nabla u}{|\nabla u|} \right)$ 共同决定。为了进一步分

析散度在图像平滑过程中的作用，令 $Z = \dfrac{1}{|\nabla \boldsymbol{u}|}$，根据复合函数求导规则，散度可计算为

$$\rho = \mathrm{div}\left(\frac{\nabla \boldsymbol{u}}{|\nabla \boldsymbol{u}|}\right) = Z \cdot \mathrm{div}(\nabla \boldsymbol{u}) + \nabla \boldsymbol{u} \cdot \nabla Z$$

$$= Z(\boldsymbol{u}_{xx} + \boldsymbol{u}_{yy}) + \frac{\partial Z}{\partial x}\boldsymbol{u}_x + \frac{\partial Z}{\partial y}\boldsymbol{u}_y \tag{5-23}$$

式中，

$$\begin{cases} \dfrac{\partial Z}{\partial x} = \dfrac{\partial Z(\boldsymbol{u}_x, \boldsymbol{u}_y)}{\partial x} = \dfrac{\partial Z}{\partial \boldsymbol{u}_x}\boldsymbol{u}_{xx} + \dfrac{\partial Z}{\partial \boldsymbol{u}_y}\boldsymbol{u}_{yx} \\[3mm] \dfrac{\partial Z}{\partial y} = \dfrac{\partial Z(\boldsymbol{u}_x, \boldsymbol{u}_y)}{\partial y} = \dfrac{\partial Z}{\partial \boldsymbol{u}_x}\boldsymbol{u}_{xy} + \dfrac{\partial Z}{\partial \boldsymbol{u}_y}\boldsymbol{u}_{yy} \end{cases} \tag{5-24}$$

Z 对 $\boldsymbol{u}_x$ 的一阶为 $\dfrac{\partial Z}{\partial \boldsymbol{u}_x} = \dfrac{-\boldsymbol{u}_x}{|\nabla \boldsymbol{u}|^3}$，同理可得 $\dfrac{\partial Z}{\partial \boldsymbol{u}_y} = \dfrac{-\boldsymbol{u}_y}{|\nabla \boldsymbol{u}|^3}$。

将 $\dfrac{\partial Z}{\partial \boldsymbol{u}_x}, \dfrac{\partial Z}{\partial \boldsymbol{u}_y}$ 代入 (5-24) 式，可得

$$\begin{cases} \dfrac{\partial Z}{\partial x} = -\dfrac{1}{|\nabla \boldsymbol{u}|^3} \cdot \boldsymbol{u}_x \cdot \boldsymbol{u}_{xx} - \dfrac{1}{|\nabla \boldsymbol{u}|^3} \cdot \boldsymbol{u}_y \cdot \boldsymbol{u}_{yx} \\[3mm] \dfrac{\partial Z}{\partial y} = -\dfrac{1}{|\nabla \boldsymbol{u}|^3} \cdot \boldsymbol{u}_x \cdot \boldsymbol{u}_{xy} - \dfrac{1}{|\nabla \boldsymbol{u}|^3} \cdot \boldsymbol{u}_y \cdot \boldsymbol{u}_{yy} \end{cases} \tag{5-25}$$

将 (5-25) 式代入 (5-23) 式，可得

$$\rho = \mathrm{div}\left(\frac{\nabla \boldsymbol{u}}{|\nabla \boldsymbol{u}|}\right) = \frac{1}{|\nabla \boldsymbol{u}|}(\boldsymbol{u}_{xx} + \boldsymbol{u}_{yy}) - \frac{1}{|\nabla \boldsymbol{u}|^3}(\boldsymbol{u}_x^2 \cdot \boldsymbol{u}_{xx} + 2\boldsymbol{u}_x \cdot \boldsymbol{u}_y \cdot \boldsymbol{u}_{xy} + \boldsymbol{u}_y^2 \cdot \boldsymbol{u}_{yy})$$

$$\tag{5-26}$$

为了分析散度在图像平滑过程中的作用，将图像像素 xOy 坐标系转化为由该像素等位线切法线构建的 TON 坐标系，其等位线定义为邻域内相等亮度/颜色的像素形成的曲线，如图 5-3 所示。

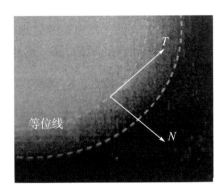

图 5-3　灰度等位线

任意像素的 xOy 坐标系转化为该像素等位线坐标系 TON 可表示为

$$\begin{bmatrix} N \\ T \end{bmatrix} = \frac{1}{|\nabla \boldsymbol{u}|} \begin{bmatrix} \boldsymbol{u}_x & \boldsymbol{u}_y \\ -\boldsymbol{u}_y & \boldsymbol{u}_x \end{bmatrix} \cdot \begin{bmatrix} x \\ y \end{bmatrix}$$

任意像素等位线在其切线方向的一阶导数为

$$u_T = \nabla u \cdot T = (u_x, u_y) \cdot \left(\frac{-u_y}{|\nabla u|}, \frac{u_x}{|\nabla u|} \right) = 0$$

其二阶导数为

$$u_{TT} = \nabla u_T \cdot T = \nabla \left[(u_x, u_y) \cdot \left(\frac{-u_y}{|\nabla u|}, \frac{u_x}{|\nabla u|} \right) \right] \cdot \left(\frac{-u_y}{|\nabla u|}, \frac{u_x}{|\nabla u|} \right)$$

$$= \frac{1}{|\nabla u|^2} (u_{xx} \cdot u_y^2 - 2u_x \cdot u_y \cdot u_{xy} + u_x^2 \cdot u_{yy})$$

在法线方向的一阶导数为

$$u_N = \nabla u \cdot N = (u_x, u_y) \cdot \left(\frac{u_x}{|\nabla u|}, \frac{u_y}{|\nabla u|} \right) = \frac{1}{|\nabla u|} (u_x^2 + u_y^2)$$

其二阶导数为

$$u_{NN} = \nabla u_N \cdot N = \nabla \left[(u_x, u_y) \cdot \left(\frac{u_x}{|\nabla u|}, \frac{u_y}{|\nabla u|} \right) \right] \cdot \left(\frac{u_x}{|\nabla u|}, \frac{u_y}{|\nabla u|} \right)$$

$$= \frac{1}{|\nabla u|^2} (u_{xx} \cdot u_x^2 + 2u_x \cdot u_y \cdot u_{xy} + u_y^2 \cdot u_{yy})$$

由上式可知，（5-26）式中第一项可以计算为

$$u_{NN} + u_{TT} = \frac{1}{|\nabla u|^2} (u_{xx} \cdot u_y^2 + u_{xx} \cdot u_x^2 + u_x^2 \cdot u_{yy} + u_y^2 \cdot u_{yy})$$

$$= \frac{(u_{xx} + u_{yy})(u_x^2 + u_y^2)}{u_x^2 + u_y^2} = u_{xx} + u_{yy} \tag{5-27}$$

第二项可以简化为

$$(u_{xx} \cdot u_x^2 + 2u_x \cdot u_y \cdot u_{xy} + u_y^2 \cdot u_{yy}) = |\nabla u|^2 u_{NN} \tag{5-28}$$

散度对图像局部信息的作用可表示为

$$\rho = \frac{1}{|\nabla u|} (u_{xx} + u_{yy}) - \frac{1}{|\nabla u|^3} (u_x^2 \cdot u_{xx} + 2u_x \cdot u_y \cdot u_{xy} + u_y^2 \cdot u_{yy})$$

$$= \frac{1}{|\nabla u|} (u_{TT} + u_{NN}) - \frac{1}{|\nabla u|^3} |\nabla u|^2 u_{NN} = \frac{1}{|\nabla u|} u_{TT} \tag{5-29}$$

将（5-26）式的散度表示为其切线及法线方向系数的加权和，这不仅有利于分析散度在图像平滑过程中的性能，而且有利于根据性能设计满足不同要求的梯度幅度函数。由（5-29）式可知，散度在切、法线方向的系数分别为

$$\begin{cases} \rho_T = \dfrac{1}{|\nabla u|} \\ \rho_N = 0 \end{cases} \tag{5-30}$$

由（5-30）式可知，散度在法线方向的系数处处为 0，这有利于保护图像边缘；切线方向系数 $\rho_T \neq 0$，这表明该平滑只沿像素灰度等位线切线方向扩散。从切法方向的扩散系数来看，图像全变分实现各向异性扩散。

在工程实践中，图像亮度/颜色变化快慢常常表示为图像梯度幅度。如果图像中某像素梯度幅度较小甚至趋于零，则表明视觉上感知不到该邻域内亮度/颜色的微小波动，该像素可认为位于平滑区域；当梯度幅度较大但不超过某一阈值时，说明像素相对于邻域内亮度/颜色存在视觉可感知的扰动，故认为该像素位于图像纹理区域；如果像素梯度幅度较大且超过阈值，则表明该像素亮度/颜色与邻域内像素存在视觉显著差异，该像素位于

图像边缘。为了将自然图像平滑成近似卡通，（5-26）式的散度在切、法线方向的系数应满足以下条件：

（1）如果像素位于图像平滑区或纹理区，则该像素亮度/颜色相对于邻域变化较小，其梯度幅度 $|\nabla u| \to 0$。为了压缩该像素及其邻域内亮度/颜色的变化范围，该像素散度应在其等位线切、法线方向具有相同的系数，即

$$\lim_{|\nabla u| \to 0} \rho_T = \lim_{|\nabla u| \to 0} \rho_N = \alpha > 0 \qquad (5-31a)$$

切、法线方向扩散的等系数表明了在该像素及其邻域内执行各向同性扩散，使得平滑后图像区域像素亮度/颜色趋近于恒值。

（2）如果像素位于图像边缘，则该像素亮度/颜色相对于邻域存在显著变化，其梯度幅度 $|\nabla u| \to \infty$。为了保护图像边缘，该像素散度在其等位线切、法线方向的系数应为

$$\lim_{|\nabla u| \to \infty} \rho_T = \beta > 0, \quad \lim_{|\nabla u| \to \infty} \rho_N = 0 \qquad (5-31b)$$

该条件保证了边缘处执行各向异性扩散，即沿边缘切线方向 ρ_T 趋于常数，而在法线方向上的扩散不穿越边缘。

5.4.2　离散化运算

在工程实践中，图像梯度采用有限差分法进行计算。为了使（5-22）式的数值计算具有紧凑的表达形式，常常采用混合差分（前向、后向或中心差分）来计算该式中的散度，即以目标像素 O 为中心点的 4 邻域（图 5-4）计算图像差分。考虑到图像论域是有限的，目标像素邻域个数随其位置而异：

（1）如果目标像素 O 位于角点，其邻域有 2 个像素，此时采用前向或后向差分计算散度。

（2）如果目标像素 O 位于图像边界上，其邻域有 3 个像素，此时采用前向、后向或中心差分计算散度。

（3）如果目标像素 O 位于图像内部，其邻域有 4 个像素，此时采用中心差分计算散度。

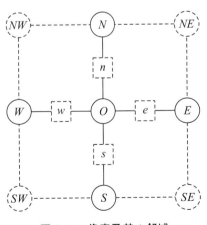

图 5-4　像素及其 4 邻域

在图 5-4 中，设 $\Lambda = \{E, S, W, N\}$ 为目标像素 O 的邻域像素集，$\{e, s, w, n\}$ 为半点

像素（该像素在图像中并不存在，此处仅仅是为了便于计算而人为假设的）。令 $\boldsymbol{v} = \dfrac{\nabla \boldsymbol{u}}{|\nabla \boldsymbol{u}|} = (v^1, v^2) = \left(\dfrac{\boldsymbol{u}_x}{|\nabla \boldsymbol{u}|}, \dfrac{\boldsymbol{u}_y}{|\nabla \boldsymbol{u}|} \right)$，散度计算可以离散为

$$\mathrm{div}\left(\frac{\nabla \boldsymbol{u}}{|\nabla \boldsymbol{u}|} \right) = \frac{\partial v^1}{\partial x} + \frac{\partial v^2}{\partial y} \cong (v_e^1 - v_w^1) + (v_n^2 - v_s^2) \tag{5-32}$$

式中，v_e^1 运用前向差分计算为

$$v_e^1 = \frac{\partial}{\partial x} \frac{\boldsymbol{u}_x}{|\nabla \boldsymbol{u}|}\bigg|_e \cong \frac{1}{|\nabla \boldsymbol{u}|_e}[\boldsymbol{u}(E) - \boldsymbol{u}(O)]$$

式中，

$$|\nabla \boldsymbol{u}|_e = \sqrt{\left[\frac{\partial \boldsymbol{u}}{\partial x}\right]_e^2 + \left[\frac{\partial \boldsymbol{u}}{\partial y}\right]_e^2}$$

$$= \sqrt{[\boldsymbol{u}(E) - \boldsymbol{u}(O)]^2 + \frac{1}{4}\left[\frac{\boldsymbol{u}(NE) + \boldsymbol{u}(N)}{2} - \frac{\boldsymbol{u}(SE) + \boldsymbol{u}(S)}{2}\right]^2}$$

e 为半点像素，运用线性插值可得该半点像素像素 $\boldsymbol{u}_e = \dfrac{\boldsymbol{u}(E) + \boldsymbol{u}(O)}{2} \approx \boldsymbol{u}(E)$，而 $|\nabla \boldsymbol{u}|_e \approx |\nabla \boldsymbol{u}|_E$，则

$$v_e^1 \cong \frac{\boldsymbol{u}(E) - \boldsymbol{u}(O)}{|\nabla \boldsymbol{u}|_E}$$

同理可以得到

$$\begin{cases} v_w^1 \cong \dfrac{-\boldsymbol{u}(W) + \boldsymbol{u}(O)}{|\nabla \boldsymbol{u}|_W} \\[2mm] v_n^2 \cong \dfrac{\boldsymbol{u}(N) - \boldsymbol{u}(O)}{|\nabla \boldsymbol{u}|_N} \\[2mm] v_s^2 \cong \dfrac{-\boldsymbol{u}(S) + \boldsymbol{u}(O)}{|\nabla \boldsymbol{u}|_S} \end{cases}$$

设 $p \in \{E, S, W, N\}$，将 $v_e^1, v_w^1, v_n^2, v_s^2$ 代入 (5-32) 式，得到散度的离散化表达式：

$$\mathrm{div}\left(\frac{\nabla \boldsymbol{u}}{|\nabla \boldsymbol{u}|} \right) \cong \frac{1}{|\nabla \boldsymbol{u}|_E}[\boldsymbol{u}(E) - \boldsymbol{u}(O)] - \frac{1}{|\nabla \boldsymbol{u}|_W}[-\boldsymbol{u}(W) + \boldsymbol{u}(O)] +$$

$$\frac{1}{|\nabla \boldsymbol{u}|_N}[\boldsymbol{u}(N) - \boldsymbol{u}(O)] - \frac{1}{|\nabla \boldsymbol{u}|_S}[-\boldsymbol{u}(S) + \boldsymbol{u}(O)]$$

$$\cong \sum_{p \in \Lambda} \frac{\boldsymbol{u}(p)}{|\nabla \boldsymbol{u}|_p} - \boldsymbol{u}(O) \sum_{p \in \Lambda} \frac{1}{|\nabla \boldsymbol{u}|_p}$$

设 $\bar{\omega}(p) = \dfrac{1}{|\nabla \boldsymbol{u}|_p}$，将散度离散化表达式代入 (5-21) 式，可得

$$\boldsymbol{u}(O) = \frac{\tau}{\tau + \sum\limits_{p \in \Lambda} \bar{\omega}(p)} \boldsymbol{u}_0(O) + \sum_{p \in \Lambda} \frac{\bar{\omega}(p)}{\tau + \sum\limits_{p \in \Lambda} \bar{\omega}(p)} \boldsymbol{u}(p) \tag{5-33}$$

由 (5-33) 式可知，平滑图像目标像素 $\boldsymbol{u}(O)$ 可看作 $\boldsymbol{u}_0(O)$ 及其邻域像素 $\boldsymbol{u}(p)$ 的加权和。其权重之和为

$$\frac{\tau}{\tau + \sum\limits_{p \in \Lambda} \bar{\omega}(p)} + \sum_{p \in \Lambda} \frac{\bar{\omega}(p)}{\tau + \sum\limits_{p \in \Lambda} \bar{\omega}(p)} = 1 \tag{5-34}$$

这表明图像保边平滑具有滤波的特性，使平滑后图像整体亮度不变。

保边平滑过程中邻域像素权重依赖于其梯度，梯度较小的邻域像素表明邻域与目标像素的亮度/颜色差异很小，则 $\bar{\omega}(p)$ 取值较大，此时 $u(O)$ 近似等效于邻域像素的加权和，压缩了目标像素及其邻域像素的亮度/颜色变化。梯度较大的邻域像素表明邻域与目标像素的亮度/颜色存在显著差异，该目标像素可能位于图像边缘处，此时 $\bar{\omega}(p)$ 取值越小，$u(O)$ 主要取决于 $u_0(O)$，邻域像素对其贡献较小，从而保护了图像边缘。目标像素的权重与拉格朗日常数 τ 有关，传统算法中该权重常常设定为固定值。

在实际计算过程中，考虑到平滑区域的像素差异较小，甚至出现 $\bar{\omega}(p)=0$ 的情况，引入一个足够小的正数 ε，以保证 $\bar{\omega}(p)$ 的有效性：

$$\bar{\omega}(p)=\begin{cases} |\nabla u|_p^{-1}, & |\nabla u|_p \neq 0 \\ (|\nabla u|_p + \varepsilon)^{-1}, & |\nabla u|_p = 0 \end{cases}$$

$\bar{\omega}(p)$ 的计算代码见程序 5—6。

程序 5—6　$\bar{\omega}(p)$ 的计算

```
TVFilterCoefficient (double * dpGrads, double * coefficient, int middle, int * nodePos, double
balanceParam) {/ * dpGrads－图像梯度，coefficient－权重 * /
int Temi, neighornumber＝nodePos [0];
double omigaSum＝0.0；double * omiga;
for (Temi＝0; Temi＜neighornumber; Temi++) {
int temp＝nodePos [Temi+1]; omiga [Temi] ＝1.0/dpGrads [temp]; //权重计算
omigaSum+＝omiga [Temi];}
coefficient [0] ＝balanceParam/ (balanceParam+omigaSum);
for (Temi＝1; Temi＜＝neighornumber; Temi++) {
coefficient [Temi] ＝omiga [Temi-1] / (balanceParam+omigaSum); //权重归一化}
delete [] omiga; return FUN _ OK;}
```

由 (5—33) 式可知，图像保边平滑对图像进行逐像素如下处理：①运用中心差分计算梯度幅度；②邻域像素权重 $\bar{\omega}(p)$ 归一化处理；③根据 (5—33) 式更新目标像素。其计算代码见程序 5—7。

程序 5—7　(5—33) 式的计算

```
double TVPixelOutput (double * lpData, double * prePixel, int middle, int * nodePos, double *
coefficient) {//lpData 为邻域像素，nodePos－邻域像素位置，coefficient 为权重系数
double outputPixel＝0.0; outputPixel+＝coefficient [0] * lpData [middle];
for (int iterator＝1; iterator＜＝nodePos [0]; iterator++) {//邻域像素
int neighbor＝nodePos [iterator];
outputPixel+＝prePixel [neighbor] * coefficient [iterator];}
return outputPixel;}
```

5.5　图像多尺度分析

人眼视觉均能快速而准确地辨识任意大小物体。在认知过程中，大脑可根据图像内

容自适应地选择最佳尺度信息进行综合分析。其分析尺度可类比为不同距离观看电视画面，近距离观看只能看到局部画面，捕捉其局部特征，因而难以全面分析画面内容，极端情况下其画面可能呈现方块效应；远距离观看虽能看到电视画面的整体变化，但视觉感知的画面变小，局部信息损失较多，甚至内容无法辨识。只有在适当的距离观众才能清晰地看到电视机画面并理解其内容。对此，观察者可根据电视分辨率调整观看的最佳距离。

在图像工程中，对象特性的有效尺度常常是未知的，若采用给定尺度分析对象，则难以对其进行全面的正确认知。对此，学者们模仿人眼视觉对不同距离场景的感知，采用亚采样技术获得序列子图像 $\{\boldsymbol{u}^{(0)}, \boldsymbol{u}^{(1)}, \cdots, \boldsymbol{u}^{(k)}, \cdots\}$，这些子图像构成了图像多尺度空间。亚采样技术假设原始信号存在信息冗余，通过减少采样点去除冗余信息，最简单的亚采样是分别对图像水平和垂直方向进行隔 2 抽 1 得到子图像。子图像 $\boldsymbol{u}^{(k)}$ 的空间分辨为 $\boldsymbol{u}^{(k-1)}$ 的 $1/4$，这等价于 $\boldsymbol{u}^{(k)}$ 的 1 个像素表示了 $\boldsymbol{u}^{(k-1)}$ 中的 4 个近邻像素；相对于原始图像 $\boldsymbol{u}_0 = \boldsymbol{u}^{(0)}$，对象面积缩小为 4^{-k}。同时亚采样技术会导致信息丢失，如多次亚采样可能导致图像中的小对象消失。

图像多尺度分析是对给定图像 $\boldsymbol{u}(x,y)$ 通过增加尺度变量得到序列图像子集 $\boldsymbol{u}^{(s)}(x, y), s = 0, 1, \cdots$，旨在通过该图像子集挖掘不同尺度的邻域信息，弥补给定尺度信息对物理对象认知的缺陷。为了便于用不同尺度的特征对图像进行多层次分析，图像多尺度空间应满足以下条件：

（1）对于给定尺度的子图像，可以捕捉其局部和整体特征。

（2）随着分析尺度的增加，子图像中残余的细节信息逐渐消失，但其整体信息保持不变，如对象的几何属性。任意尺度的子图像应保留原图像中的所有目标，否则在大尺度下因图像内容损失较大而失去了多尺度分析的意义。

（3）在序列尺度图像子集中，可以方便地分析不同尺度间的像素对应关系，即图像空间分辨率的不变性。

5.5.1　高斯尺度空间

为了获得图像空间分辨率不变的多尺度空间，学者们常常运用高斯滤波对图像进行多次平滑处理。这相当于运用不同高斯核 $\boldsymbol{\omega}_G$ 对图像进行卷积处理得到序列平滑子图像，该子图像集构建了图像高斯尺度空间。假设图像 $\boldsymbol{u}_0(x,y)$ 首先运用方差为 σ_0 的高斯函数对其进行平滑处理得到图像 $\boldsymbol{u}^{(1)}(x,y)$，然后运用方差为 σ_1 的高斯函数对其进行平滑处理得到图像 $\boldsymbol{u}^{(2)}(x,y)$，其平滑结果可表示为

$$\boldsymbol{u}^{(2)}(x,y) = \left[\boldsymbol{u}_0(x,y) * G_{\sigma_0}(x,y)\right] * G_{\sigma_1}(x,y) \tag{5-35}$$

由卷积运算的性质可知：

$$\boldsymbol{u}^{(2)}(x,y) = \boldsymbol{u}_0(x,y) * \left[G_{\sigma_0}(x,y) * G_{\sigma_1}(x,y)\right]$$

式中，

$$G_{\sigma_0}(x,y) * G_{\sigma_1}(x,y)$$

$$= \int_{-\infty}^{+\infty} \int_{-\infty}^{+\infty} \frac{1}{2\pi\sigma_0^2} \exp\left(-\frac{t_1^2 + t_2^2}{2\sigma_0^2}\right) \frac{1}{2\pi\sigma_1^2} \exp\left[-\frac{(x-t_1)^2 + (y-t_2)^2}{2\sigma_1^2}\right] dt_1 dt_2$$

$$= \frac{1}{2\pi(\sigma_0^2 + \sigma_1^2)} \exp\left[-\frac{x^2 + y^2}{2(\sigma_0^2 + \sigma_1^2)}\right] \quad (\text{设 } \sigma_2 = \sqrt{\sigma_0^2 + \sigma_1^2})$$

$$= \frac{1}{2\pi\sigma_2^2} \exp\left(-\frac{x^2 + y^2}{2\sigma_2^2}\right) \tag{5-36}$$

（5-36）式可简化为 $\boldsymbol{u}^{(2)}(x,y) = \boldsymbol{u}_0(x,y) * G_{\sigma_2}(x,y)$。由于 $\sigma_2 > \max\{\sigma_0, \sigma_1\}$，图像 $\boldsymbol{u}^{(2)}(x,y)$ 相对于 $\boldsymbol{u}^{(1)}(x,y)$ 损失了更多的细节信息。

对给定图像（图 5-2（a））运用不同方差的高斯核进行平滑处理，结果如图 5-5 所示。方差较大的高斯平滑处理体现了图像整体概貌，方差较小的高斯平滑处理保留了图像细节信息。随着高斯核方差增大，平滑图像残余细节信息逐渐减少。若直接使用方差较大的高斯核，平滑图像虽能呈现原图像中所有的物理对象，但由于高斯平滑对图像进行各向同性扩散，所以平滑图像边缘模糊。

(a) $\sigma = 1$　　　　　　　　(b) $\sigma = 2$　　　　　　　　(c) $\sigma = 3$

图 5-5　不同高斯核的平滑结果

为了在高斯尺度空间中一方面尽量保护图像边缘，另一方面可分析不同平滑尺度之间的关系，在工程实践中，高斯尺度空间常常采用小方差 σ_0 的高斯核对图像进行多次迭代平滑处理。其平滑子图像 $\boldsymbol{u}^{(k+1)}(x,y)$ 可以表示为

$$\boldsymbol{u}^{(k+1)}(x,y) = \boldsymbol{u}^{(k)}(x,y) * G_{\sigma_0}(x,y) = \cdots = \boldsymbol{u}^{(0)}(x,y) * G_{\sigma_k}(x,y) \tag{5-37}$$

由卷积运算的性质，可知 $\sigma_k = \sqrt{k}\sigma_0$，$k = 1, 2, \cdots$。

图像高斯尺度分析处理过程可以表示为

$$\boldsymbol{u}_0 = \boldsymbol{u}^{(0)} \xrightarrow{G_{\sigma_0}} \boldsymbol{u}^{(1)} \xrightarrow{G_{\sigma_1}} \cdots \boldsymbol{u}^{(k-1)} \xrightarrow{G_{\sigma_{k-1}}} \boldsymbol{u}^{(k)} \xrightarrow{G_{\sigma_k}} \cdots$$

随着迭代次数的增加，图像 $\boldsymbol{u}_0$ 中的纹理逐渐被去除，压缩了图像纹理区域的像素亮度/颜色变化范围。由于高斯滤波是线性平滑，所以迭代高斯平滑构建的图像尺度空间称为线性尺度空间。在该尺度空间中不仅可以捕捉图像任意尺度的局部和整体特征，还可以分析尺度间像素的对应关系。然而由于高斯平滑对图像处处进行各向同性处理，随着平滑尺度的增加，平滑图像边缘呈现不同程度的模糊，导致视觉清晰度下降。

5.5.2　非线性尺度空间

为了在尺度空间中保留图像边缘，学者们利用保边平滑对图像进行序列处理。由于保边平滑对图像进行非线性扩散处理，所以生成的尺度空间为非线性尺度空间。在工程上，

常常运用迭代法计算（5-33）式生成序列图像子集，其中第 k 次迭代的平滑子图像为

$$u^{(k)}(O) = \frac{\tau}{\tau + \sum\limits_{p \in \Lambda} \bar{\omega}^{(k-1)}(p)} u_0(O) + \sum\limits_{p \in \Lambda} \frac{\bar{\omega}^{(k-1)}(p)}{\iota + \sum\limits_{p \in \Lambda} \bar{\omega}^{(k-1)}(p)} u^{(k-1)}(p) \quad (5-38)$$

式中，$\bar{\omega}^{(k-1)}(p) = 1/|\nabla u^{(k-1)}|_p$。

在初始迭代中，扩散函数感受野较小，平滑尺度较小，平滑图像主要承载着小尺度边缘和区域信息；随着迭代次数的增加，扩散函数感受野逐渐变大，平滑图像体现大尺度信息。平滑图像 $u^{(k)}$ 由 $u^{(k-1)}$ 和 u_0 共同决定，这使得平滑图像 $u^{(k)}$ 一方面包含了原始图像 u_0 的特征，特别是图像中一些局部不连续信息；另一方面，因为每次平滑仅仅对当前像素的 4 邻域进行处理，所以平滑图像包含较少纹理信息。随着迭代次数的增加，$u^{(k)}$ 结合 u_0 去除 $u^{(k-1)}$ 中的残余纹理，同时对 $u^{(k-1)}$ 的权重系数与梯度近似成反比，使得 $u^{(k)}$ 保留了 $u^{(k-1)}$ 中的高梯度信息。换言之，原始图像中的高梯度信息不会随着迭代次数的增加而减弱，低梯度信息渐渐变为常数。因此，每次迭代的平滑图像 $u^{(k)}$ 可以表示为 $u^{(k-1)}$ 与 u_0 的函数：

$$u^{(k)} = f(u^{(k-1)}, u_0)$$

随着迭代次数的增加，图像 u_0 中的纹理逐渐被去除，压缩了图像纹理区域的像素亮度/颜色变化范围，同时保留了其强边缘信息。不同迭代次数的平滑图像可以看作在不同感受野下对图像进行平滑处理的结果，迭代次数较多的平滑图像保留了图像的整体概貌，迭代次数较少的平滑图像保留了图像的细节信息。尺度空间的处理过程可以表示为

$$u_0 = u^{(0)} \xrightarrow{u_0} u^{(1)} \xrightarrow{u_0} \cdots u^{(k-1)} \xrightarrow{u_0} u^{(k)} \xrightarrow{u_0} \cdots$$

图像的非线性多尺度的计算代码见程序 5-8。

程序 5-8　图像的非线性多尺度（TV）

```
TVSmoothness ( double * lpData, double * TempData, LONG Width, LONG Height, double
balanceParam ) {//lpData 表示原始图像；TempData 表示平滑图像
int iterator; /* 迭代次数 */double * postPixel=new double [Width * Height];
double * edgeData=new double [Width * Height];
memset (postPixel, 0, sizeof (double) * Width * Height);
for (int i=0; i<iterator; i++) {EdgeFunction (TempData, Width, Height, edgeData);
TVPixelOutput (lpData, TempData, postPixel, edgeData, Width, Height, balanceParam); //见程
序 5-6
Memcpy (TempData, postPixel, sizeof (double) * Width * Height);}
delete [] postPixel; delete [] edgeData; return FUN _ OK;}
```

对给定图像（图 5-2（a）），运用迭代法计算（5-38）式，其中迭代 10，50，100 次后的平滑图像如图 5-6 所示。在迭代次数较少（如 10 次）时，扩散函数感受野较小，平滑尺度较小，平滑图像主要承载着小尺度边缘和区域信息；随着迭代次数的增加，扩散函数感受野逐渐变大，平滑图像体现大尺度信息，并且保护了图像边缘。

(a) 迭代 10 次

(b) 迭代 50 次

(c) 迭代 100 次

图 5-6　不同迭代次数的平滑结果

5.5.3　不同尺度空间之比较

无论自然场景内容多么复杂，人脑都能快速准确地从场景中分辨出各个对象，这主要是因为人脑在对场景视感觉过程中不仅自适应地屏蔽区域纹理信息对场景认知的负面影响，而且自动调节视觉感知信息尺度，选择最佳尺度的感知信息对场景进行分析。为了从图像中提取不同尺度特征，学者们模仿视知觉对场景的尺度感知，结合图像平滑理论建立图像多尺度空间。目前，图像多尺度空间大致可分为线性尺度和非线性尺度，它们均采用迭代法对图像进行多次平滑处理。任意尺度的子图像保持了原图像的空间分辨率，有利于分析任意尺度间的像素对应关系，弥补了利用亚采样技术构建的多尺度空间缺陷。

图像多尺度空间可以运用不同卷积核对图像进行多次卷积得到序列平滑图像。高斯卷积核模拟了人眼对空间距离的敏感度，忽略了图像像素邻域内的亮度/颜色变化，导致图像边缘模糊。当迭代次数较少时，一定程度地平滑了小尺度纹理，模糊了弱边缘；随着迭代次数的增加，大尺度纹理信息逐渐被去除，同时图像强边缘也存在模糊现象，如图5-7（b）所示。非线性平滑沿图像局部结构的切线方向扩散，而法线方向无扩散，因此保护图像边缘信息，如图 5-7（c）所示。随着迭代次数的增加，单向扩散一方面易导致区域过度平滑形成伪边缘；另一方面平滑效率低下，计算成本较高。

(a) 原始图像

尺度

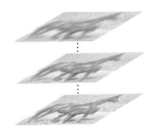
(b) 高斯尺度空间

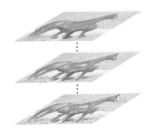
(c) 非线性尺度空间

图 5-7　图像尺度空间

为了从局部到整体认知图像中所有物理对象，要求图像多尺度空间必须同时满足两个条件：

(1) 去除图像区域内的纹理，压缩区域像素亮度/颜色分布范围。

(2) 保护图像局部结构信息，特别是对象轮廓。

从理论分析可知，高斯和非线性平滑只能满足上述条件中的一个，不能两者兼得。高斯卷积核的各向同性扩散有助于平滑图像区域纹理，使得图像区域亮度/颜色分布在某一亮度/颜色的周围，压缩了亮度/颜色的变化范围。但随着平滑尺度的增加，大尺度边缘被模糊。非线性尺度空间运用保边平滑对图像进行多次处理，保边平滑的单向扩散有利于保护图像不同尺度的局部结构信息，同时在一定程度上去除了区域纹理。但随着平滑尺度增大，易导致伪边缘。

习题与讨论

5-1　从图像滤波的核函数出发，分析均值和高斯滤波的共性和差异性。两种滤波对图像进行线性平滑，且卷积核均具有各向同性扩散，但两种滤波对图像的处理结果存在较大差异，原因是什么？

5-2　讨论连续高斯函数方差与高斯滤波卷积核矩阵阶数间的关系，并编写程序生成不同方差对应的高斯卷积核矩阵。

5-3　均值和高斯滤波的卷积核参数独立于图像亮度/颜色，而中值滤波的卷积核参数随图像亮度的变化而变化，试对给定图像分别进行均值滤波、高斯滤波和中值滤波，比较分析三种滤波对图像区域的平滑能力和边缘的保护能力。

5-4　保边平滑根据图像亮度/颜色整体变化建立平滑模型，在该模型中图像亮度/颜色变化表示为图像梯度幅度，其整体变化表示为图像梯度幅度之和。这种表示具有明确的数学意义，但是忽略了人眼对图像亮度/颜色变化的主观视觉效应。试结合人眼对亮度/颜色变化的主观视觉效应构建平滑模型，并分析其平滑性能。另外，图像梯度幅度仅仅反映了图像亮度/颜色的绝对对比度，而人眼视觉侧重于相对对比度，试运用相对对比度代替图像梯度幅度构建平滑模型，并分析其平滑性能。

5-5　从图像多尺度空间中可以捕捉图像尺度不变性特征，试分析在高斯尺度空间中，图像的哪些特征与尺度无关，非线性尺度空间中维持了哪些尺度不变特征。

5-6　在工程上，图像非线性尺度空间常常运用迭代法计算（5-38）式生成序列图像子集。不同迭代次数的平滑子图像相当于运用不同尺度的卷积核对图像进行非线性平滑处理，试分析迭代次数与平滑尺度间的关系。

参考文献

[1] 陆文端. 微分方程中的变分方法 [M]. 北京：科学出版社，2003.

[2] Bresson X，Chan T F. Fast dual minimization of the vectorial total variation norm and applications to color image processing [J]. Inverse Problems and Imaging，2008，2（4）：455-484.

[3] Chumchob N，Chen K，Brito-Loeza C. A new variational model for removal of combined additive and multiplicative noise and a fast algorithm for its numerical approximation [J]. International journal of computer mathematics，2013，90（1-2）：140-161.

[4] Chen K，Tai X C. A nonlinear multigrid method for total variation minimization from image restoration [J]. Journal of entific Computing，2007，33（2）：115-138.

[5] Gisolf F，Malgoezar A，Baar T. Improving source camera identification using a simplified total

variation based noise removal algorithm [J]. Digital investigation，2013，10（3）：207−214.

［6］ Hermann S，René Werner. TV-L1-based 3D medical image registration with the census cost function ［C］. 6th Pacific-Rim Symposium on Image and Video Technology（PSIVT）. Springer Berlin Heidelberg，2014.

［7］ Jung M，Resmerita E，Vese L A. Dual norm based iterative methods for image restoration ［J］. Journal of Mathematical Imaging & Vision，2012，44（2）：128−149.

［8］ 钱伟新，王婉丽，祁双喜. 基于广义变分正则化的红外图像噪声抑制方法 ［J］. 红外与激光工程，2014，43（1）：67−71.

［9］ Liu P，Huang F，Li G. Remote-sensing image denoising using partial differential equations and auxiliary images as Priors ［J］. IEEE Geoscience & Remote Sensing Letters，2012，9（3）：358−362.

［10］ Zhi Z，Shi B，Sun Y. Primal-dual method to smoothing TV-based model for image denoising ［J］. Journal of Algorithms & Computational Technology，2016，10（4）：235−243.

［11］ Jia Z G，Wei M. A New TV-Stokes model for image deblurring and denoising with fast algorithms ［J］. Journal of entific Computing，2017，72（2）：522−541.

［12］ Liu Q，Xiong B，Yang D. A generalized relative total variation method for image smoothing ［J］. Multimedia Tools & Applications，2016，75（13）：7909−7930.

［13］ 刘宪高. 变分法与偏微分方程 ［M］. 北京：科学出版社，2016.

［14］ Vogel C R，Oman M E. Iterative methods for total variation denoising ［J］. Siam Journal on Scientific Computing，1996，17（1）：227−238.

第6章 图像边缘检测

人眼视觉除了将空间近邻且亮度/颜色相似的像素集看作分析单元处理，还能分辨出亮度/颜色的不连续性。图像亮度/颜色的不连续性或急剧变化形成了图像边缘，引起亮度/颜色的不连续性的物理因素大致包括：①几何方面，如场景中景物深度、对象各部件表面的法向方向、颜色和纹理；②光学方面，如物体表面的反射、阴影以及倒影等因素形成亮度/颜色的不连续性；③采集设备，图像在采集过程中不可避免地受到系统噪声污染，噪声加剧了图像亮度/颜色变化。

图像边缘是由图像局部区域亮度/颜色显著变化形成的，边缘两侧灰度/颜色可看作阶跃函数，即从一个灰度很小的缓冲区急剧变化到较大的灰度值，反之亦然。图像边缘包含了图像的大部分信息，如区域分界线、对象轮廓等。因此，图像边缘检测对图像对象提取、内容分析和理解起到重要作用，同时也是图像分割所依赖的重要特征之一。

6.1 图像梯度

为了便于运用数学方法描述图像亮度/颜色变化，我们常常把图像看作二元函数 $f(x,y)$，其中 (x,y) 表示像素在图像论域中的位置，函数值 $f(x,y)$ 表示在 (x,y) 处的亮度/颜色。图像边缘检测问题转化为函数在何处发生剧烈变化的问题，即求解函数局部极值点。在数学上，函数 $f(x,y)$ 变化快慢常常借助梯度来描述，其梯度定义为

$$\nabla f(x,y) = (f_x, f_y)^{\mathrm{T}} = \left(\frac{\partial f(x,y)}{\partial x}, \frac{\partial f(x,y)}{\partial y} \right)^{\mathrm{T}} \tag{6-1}$$

梯度幅度定义为

$$\| \nabla f(x,y) \| = \sqrt{f_x^2 + f_y^2} \tag{6-2}$$

梯度方向 θ 为

$$\theta = \arctan \frac{f_y}{f_x} \tag{6-3}$$

由于图像是离散的，故利用函数梯度计算图像亮度/颜色的变化失去了数学意义。工

程上常常根据梯度的极限表达式（有限差分）来逼近计算图像梯度：

$$\nabla \boldsymbol{u}(x,y) = (\boldsymbol{u}_x, \boldsymbol{u}_y)^{\mathrm{T}}$$

差分可认为是微分的离散计算，而微分是差分的极限。

函数 $f(x,y)$ 的偏导数 $\partial f(x,y)/\partial x$ 的极限定义为

$$\frac{\partial f(x,y)}{\partial x} = f'_x(x,y) = \lim_{\Delta x \to 0} \frac{f(x+\Delta x, y) - f(x,y)}{\Delta x}$$

由于二元函数在水平方向上存在 $\Delta x \to 0_-$ 和 $\Delta x \to 0_+$，所以函数 $f(x,y)$ 存在左、右偏导数，分别记为 $f'_x(x_-,y)$ 和 $f'_x(x_+,y)$。由于图像水平方向相邻像素间隔为 1，所以图像亮度/颜色在水平方向的变化分别为前向差分 $\Delta_x \boldsymbol{u}(x,y)$ 和后向差分 $\nabla_x \boldsymbol{u}(x,y)$，定义为

$$\begin{cases} \Delta_x \boldsymbol{u}(x,y) = \boldsymbol{u}(x+1,y) - \boldsymbol{u}(x,y) \\ \nabla_x \boldsymbol{u}(x,y) = \boldsymbol{u}(x,y) - \boldsymbol{u}(x-1,y) \end{cases}$$

左、右偏导数 $f'_x(x_-,y)$ 和 $f'_x(x_+,y)$ 可分别认为是前向差分和后向差分的极限。根据函数偏导数 $\partial f(x,y)/\partial x$ 存在的条件，即左、右偏导数存在且相等，则有

$$f'_x(x,y) = \frac{1}{2}\left[f'_x(x_-,y) + f'_x(x_+,y)\right]$$

与之对应的中心差分 $\delta_x \boldsymbol{u}(x,y)$ 为

$$\delta_x \boldsymbol{u}(x,y) = \frac{1}{2}\left[\Delta_x \boldsymbol{u}(x,y) + \nabla_x \boldsymbol{u}(x,y)\right]$$

$$= \frac{1}{2}\left[\boldsymbol{u}(x+1,y) - \boldsymbol{u}(x-1,y)\right]$$

在图像工程中，图像梯度常常运用邻域像素亮度/颜色的差分进行计算。图像 $\nabla \boldsymbol{u} = (\boldsymbol{u}_x, \boldsymbol{u}_y)^{\mathrm{T}}$ 常常运用卷积进行运算，即

$$\begin{cases} \boldsymbol{u}_x = \boldsymbol{u} * \boldsymbol{\omega}_x \\ \boldsymbol{u}_y = \boldsymbol{u} * \boldsymbol{\omega}_y \end{cases} \tag{6-4}$$

式中，卷积核 $\boldsymbol{\omega}_y = \boldsymbol{\omega}_x^{\mathrm{T}}$，前向、后向和中心差分卷积核可分别表示为

$$\begin{cases} \boldsymbol{\omega}_\Delta = \begin{bmatrix} 0 & -1 & 1 \end{bmatrix} \\ \boldsymbol{\omega}_\nabla = \begin{bmatrix} -1 & 1 & 0 \end{bmatrix} \\ \boldsymbol{\omega}_\delta = \begin{bmatrix} -0.5 & 0 & 0.5 \end{bmatrix} \end{cases} \tag{6-5}$$

由（6-5）式可知，不同差分算子卷积核元素之和为 0。

图像中心差分的计算代码见程序 6-1。图像在采集、传输过程中不可避免地受到噪声攻击，噪声导致信号发生微小变化，如信号 $f(t)$ 叠加一个微小扰动 $\varepsilon \sin \omega t (\varepsilon \to 0)$ 后得到信号 $\hat{f}(t) = f(t) + \varepsilon \sin \omega t$，则

$$\hat{f}'(t) = f'(t) + \varepsilon \omega \cos \omega t \tag{6-6}$$

若 ω 足够大，则 $\hat{f}'(t) - f'(t) = \varepsilon \omega \cos \omega t$ 较大，这表明微分算子敏感于噪声。

程序 6-1　中心差分

```
BOOL CenterGradient (double * Data, double * gradient, double * gradientx, double * gradienty, int
Width, int Height, int model) {/* Data 输入数据, model=1 时, gradient 表示梯度幅度, model=2
时, gradient 表示散度; gradientx 表示 x 方向的差分, gradienty 表示 y 方向的差分 */
int Tcmi, Temj;
memset (gradientx, 0, sizeof (double) * Width * Height);
memset (gradienty, 0, sizeof (double) * Width * Height);
memset (gradient, 0, sizeof (double) * Width * Height);
for (Temi=0; Temi<Height; Temi++) /* 水平方向一阶差分 */
for (Temj=1; Temj<Width-1; Temj++)
gradientx [Temi * Width+Temj] =0.5 * (Data [Temi * Width+Temj+1] -Data [Temi * Width+
Temj-1]);
for (Temj=0; Temj<Width; Temj++) /* 竖直方向一阶差分 */
for (Temi=1; Temi<Height-1; Temi++)
gradienty [Temi * Width+Temj] =0.5 * (Data [(Temi+1) * Width+Temj] -Data [(Temi-1)
 * Width+Temj]);
if (model>=1) {/* 梯度归一化 */
double Template=0;
for (Temi=0; Temi<Height; Temi++) for (Temj=0; Temj<Width; Temj++) {
TempData= sqrt (gradientx [Temi * Width + Temj] * gradientx [Temi * Width + Temj] +gradient
[Temi * Width+Temj] * gradienty [Temi * Width+Temj]);
gradient [Temi * Width+Temj] =TempData;
if (TempData=0) gradientx [Temi * Width+Temj] =gradienty [Temi * Width+Temj] =0;
else {gradientx [Temi * Width+Temj] /=TempData;
gradienty [Temi * Width+Temj] /=TempData;}} }
if (model=2) {/* 散度 */
memset (Data, 0, sizeof (double) * Width * Height);
for (Temi=1; Temi<Height-1; Temi++) for (Temj=1; Temj<Width-1; Temj++)
Data [Temi * Width+Temj] =0.5 * (gradientx [Temi * Width+Temj +1] -gradientx [Temi * Width+
Temj-1] +gradienty [(Temi+1) * Width+Temj] -gradienty [(Temi-1) * Width+Temj]);}
return FUN _ OK;}
```

6.2　一阶微分算子

　　图像边缘检测大幅度地减少了图像数据量，并且剔除了视觉对亮度/颜色变化不相关的信息，保留了图像结构属性。学者们根据图像边缘形成的光谱机理提出了许多边缘检测算法，大致可分为基于查找和基于零穿越两类方法。基于查找的方法将边缘定位于梯度最大处，检测图像梯度局部极大点；基于零穿越的方法将图像边缘定位于散度过零点。

　　图像边缘表现为亮度/颜色的非连续性，即像素亮度/颜色突变。学者们根据边缘的这一光谱特性提出了基于一阶微分算子的边缘检测，该类检测算子运用梯度表示邻域亮度/颜色变化，运用给定阈值衡量其变化快慢。如果图像中某像素的梯度幅度大于给定阈值，则该像素位于图像边缘。这类边缘检测的常用算子主要有 Roberts、Prewitt、Soble 和 Canny。

6.2.1　Roberts 算子

1963 年，Roberts 提出了一种基于微分的图像边缘检测算子。该算子采用对角方向相邻像素亮度/颜色差分表示图像梯度：

$$\begin{cases} \boldsymbol{u}_x(i,j) = \boldsymbol{u}(i,j) - \boldsymbol{u}(i-1,j-1) \\ \boldsymbol{u}_y(i,j) = \boldsymbol{u}(i-1,j) - \boldsymbol{u}(i,j-1) \end{cases} \tag{6-7}$$

该算子侧重于衡量对角线（45°和 135°）方向的亮度/颜色变化。将（6-7）式表示为卷积运算，其卷积核为

$$\boldsymbol{\omega}_{Rx} = \begin{bmatrix} -1 & 0 \\ 0 & 1 \end{bmatrix}, \ \boldsymbol{\omega}_{Ry} = \begin{bmatrix} 0 & -1 \\ 1 & 0 \end{bmatrix}$$

梯度幅度为

$$|\nabla \boldsymbol{u}(i,j)| = \max\{|\boldsymbol{u}_x(i,j)|, |\boldsymbol{u}_y(i,j)|\} \tag{6-8}$$

图像边缘为图像亮度/颜色的急剧变化，工程上常常运用梯度幅度简单描述图像亮度/颜色的变化快慢。如果梯度幅度大于阈值，则认为该像素位于图像边缘。Roberts 算子对图像边缘定位精度较高，但准确度敏感于噪声。

6.2.2　Prewitt 算子

为了抑制噪声和纹理对边缘检测的负面影响，研究者结合邻域均值和差分提出了 Prewitt 算子，该算子对图像梯度的计算为

$$\boldsymbol{u}_x(i,j) = \frac{1}{3}\big[\boldsymbol{u}(i-1,j+1) + \boldsymbol{u}(i,j+1) + \boldsymbol{u}(i+1,j+1)\big] -$$

$$\frac{1}{3}\big[\boldsymbol{u}(i-1,j-1) + \boldsymbol{u}(i,j-1) + \boldsymbol{u}(i+1,j-1)\big]$$

$$\boldsymbol{u}_y(i,j) = \frac{1}{3}\big[\boldsymbol{u}(i-1,j-1) + \boldsymbol{u}(i-1,j) + \boldsymbol{u}(i-1,j+1)\big] -$$

$$\frac{1}{3}\big[\boldsymbol{u}(i+1,j-1) + \boldsymbol{u}(i+1,j) + \boldsymbol{u}(i+1,j+1)\big]$$

将上式表示为卷积运算，其卷积核为

$$\boldsymbol{\omega}_{Px} = \frac{1}{3}\begin{bmatrix} -1 & 0 & 1 \\ -1 & 0 & 1 \\ -1 & 0 & 1 \end{bmatrix}, \ \boldsymbol{\omega}_{Py} = \frac{1}{3}\begin{bmatrix} -1 & -1 & -1 \\ 0 & 0 & 0 \\ 1 & 1 & 1 \end{bmatrix}$$

卷积核 $\boldsymbol{\omega}_{Px}$，$\boldsymbol{\omega}_{Py}$ 的元素和均为 0，且 $\boldsymbol{\omega}_{Px}/\boldsymbol{\omega}_{Py}$ 第 2 列/行的元素均为 0，这表明该卷积核利用中心差分计算图像梯度。$\boldsymbol{\omega}_{Px}/\boldsymbol{\omega}_{Py}$ 的第 1 或 3 列/行各元素绝对值之和均为 1，并且各元素绝对值相等，这表明该卷积核对图像进行均值滤波，在一定程度上有利于抑制噪声和纹理对图像梯度的负面影响。

该算子的图像梯度幅度采用（6-8）式计算。如果像素梯度幅度大于阈值，则认为该像素位于图像边缘。相对于 Roberts 算子，该算子在一定程度上抑制了噪声和纹理对边缘检测的负面影响。

6.2.3 Sobel 算子

根据人眼视觉的注意力机制，学者们对邻域像素进行加权平滑，结合差分提出了 Sobel 算子。该算子模拟人眼空间视觉特性，在平滑过程中对距离中心像素较近的像素给予较大的权重。该算子对图像梯度的计算为

$$\boldsymbol{u}_x(i,j) = \frac{1}{4}\big[\boldsymbol{u}(i-1,j+1) + 2\boldsymbol{u}(i,j+1) + \boldsymbol{u}(i+1,j+1)\big]-$$

$$\frac{1}{4}\big[\boldsymbol{u}(i-1,j-1) + 2\boldsymbol{u}(i,j-1) + \boldsymbol{u}(i+1,j-1)\big]$$

$$\boldsymbol{u}_y(i,j) = \frac{1}{4}\big[\boldsymbol{u}(i-1,j-1) + 2\boldsymbol{u}(i-1,j) + \boldsymbol{u}(i-1,j+1)\big]-$$

$$\frac{1}{4}\big[\boldsymbol{u}(i+1,j-1) + 2\boldsymbol{u}(i+1,j) + \boldsymbol{u}(i+1,j+1)\big]$$

将上式表示为卷积运算，其卷积核为

$$\boldsymbol{\omega}_{Sx} = \frac{1}{4}\begin{bmatrix} -1 & 0 & 1 \\ -2 & 0 & 2 \\ -1 & 0 & 1 \end{bmatrix}, \boldsymbol{\omega}_{Sy} = \frac{1}{4}\begin{bmatrix} 1 & 2 & 1 \\ 0 & 0 & 0 \\ -1 & -2 & -1 \end{bmatrix}$$

卷积核 $\boldsymbol{\omega}_{Sx}$，$\boldsymbol{\omega}_{Sy}$ 的元素和均为 0，且第 2 列/行的元素均为 0，这表明 Soble 算子利用中心差分计算图像梯度。第 1 或 3 列/行元素绝对值之和均为 1，同时距离中心较近的元素值较大，这表明该卷积核对图像邻域像素进行加权平滑，在一定程度上有助于抑制噪声和纹理对图像梯度的负面影响。

梯度幅度为

$$\big|\nabla\boldsymbol{u}(i,j)\big| = \sqrt{\boldsymbol{u}_x^2(i,j) + \boldsymbol{u}_y^2(i,j)} \tag{6-9}$$

如果像素梯度幅度大于阈值，则认为该像素位于图像边缘。

6.2.4 Canny 算子

John Canny 分析了不同图像应用领域对边缘检测的要求，其检测要求可以概括为：①好的信噪比。图像边缘检测应尽可能准确地捕获图像中的所有边缘，即将非边缘像素点判定为边缘点的概率尽量低，将边缘点判定为非边缘点的概率也要低。②高的定位性能。检测边缘应精确定位在真实边缘的中心。③最小响应。单个边缘产生多个响应的概率要低，且虚假边缘得到最大抑制，即使噪声也不产生假边缘。

为了满足上述边缘检测要求，Canny 在 1986 年提出了 Canny 算子。该算子对 Sobel、Prewitt 等算子检测效果进一步细化和准确定位，弥补了 Sobel、Prewitt 等算子基于梯度幅度极大值检测的不足，并在此基础上进行了两点改进：基于边缘梯度方向的非极大值抑制和双阈值的滞后处理。Canny 算子的边缘检测具体步骤如下：①为了抑制噪声对图像边缘检测的负面影响，Canny 算子运用高斯滤波对图像进行平滑处理；②计算梯度幅度和方向，估计图像任意像素作为边缘的强度与方向；③根据梯度方向对梯度幅度进行非极大值抑制，以消除杂散响应；④双阈值处理和连接边缘，利用双阈值确定真实和潜在边缘，运

用边缘连接完成边缘检测。

（1）计算梯度幅度和方向。

图像边缘具有不同方向，Canny 算子采用差分计算梯度，其梯度幅度和方向分别为

$$|\nabla \boldsymbol{u}| = \sqrt{\boldsymbol{u}_x^2 + \boldsymbol{u}_y^2}, \quad \theta = \arctan \frac{\boldsymbol{u}_y}{\boldsymbol{u}_x}$$

梯度方向 θ 的取值范围从 $-\pi$ 到 π。图像梯度、方位角和边缘方向如图 6-1 所示。

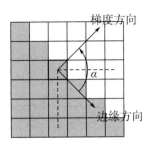

图 6-1　图像梯度、方位角和边缘方向

（2）非极大值抑制。

为了使检测的边缘有且仅有一个准确的响应，常常对图像梯度进行非极大值抑制，即沿着梯度方向将局部最大值之外的所有梯度置为 0。为了使非极大值抑制具有精确结果，工程上将 3×3 邻域内像素梯度分为 8 个方向，如图 6-2 所示，其中 0 代表 $0° \sim 45°$，1 代表 $45° \sim 90°$，2 代表 $-90° \sim -45°$，3 代表 $-45° \sim 0°$。设图像某像素 P 的梯度方向为 θ，在该梯度的正、负方向上存在两个像素 P_1 和 P_2，其梯度可由线性插值计算得到：

$$\begin{cases} |\nabla \boldsymbol{u}(P_1)| = (1 - \tan\theta)|\nabla \boldsymbol{u}(E)| + \tan\theta |\nabla \boldsymbol{u}(NE)| \\ |\nabla \boldsymbol{u}(P_2)| = (1 - \tan\theta)|\nabla \boldsymbol{u}(W)| + \tan\theta |\nabla \boldsymbol{u}(SW)| \end{cases}$$

如果像素点 P 的梯度幅度大于 P_1 和 P_2，则该像素梯度保留，否则为 0。

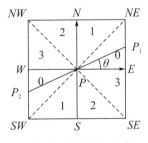

图 6-2　梯度方向分割

（3）双阈值处理和连接边缘。

图像梯度经非极大值抑制处理后，非 0 梯度的像素可以更准确地表示图像实际边缘。但由于高斯平滑存在残余噪声，检测的边缘可能出现杂散响应。对此，Canny 算子常常采用双阈值法（高、低阈值），即如果像素梯度幅度高于高阈值，则将其标记为强边缘像素；如果像素梯度幅度小于高阈值且大于低阈值，则将其标记为弱边缘像素；如果像素梯度幅度小于低阈值，则将其标记为非边缘像素。

标记为强边缘的像素点已经被确定为边缘，而被标记为弱边缘的像素点可能是真实边缘，也可能是噪声引起的伪边缘。一般认为真实边缘引起的弱边缘点与强边缘点应该是连

通的，而由噪声引起的弱边缘点是孤立的。对此，工程上常常对边缘进行跟踪连接，即通过查看弱边缘像素及其 8 个邻域像素，只要其中一个为强边缘像素，则该弱边缘点就可以保留为真实的边缘。

6.3 二阶微分算子

图像边缘表现为亮度/颜色的非连续性，学者们根据边缘的这一特性提出了基于一阶微分算子的边缘检测。一阶微分算子运用梯度表示亮度/颜色变化，结合给定阈值衡量其变化快慢。检测的图像边缘效果敏感于阈值，低阈值检测出的边缘较多，但存在伪边缘；高阈值下存在漏检，使得图像边缘呈现为细而短的线段。为了抑制不适当阈值对边缘检测的负面影响，学者们提出了基于二阶微分的边缘检测算子。

6.3.1 Laplacian 算子

图像可以看作一个二维离散函数，工程上常常运用二阶差分计算图像的二阶偏导数，其水平方向的二阶偏导数可近似计算为

$$
\begin{aligned}
\boldsymbol{u}_{xx}(x,y) &\approx \Delta_x \boldsymbol{u}(x,y) - \nabla_x \boldsymbol{u}(x,y) \\
&= \boldsymbol{u}(x+1,y) - 2\boldsymbol{u}(x,y) + \boldsymbol{u}(x-1,y)
\end{aligned} \tag{6-10}
$$

同理可得

$$
\begin{aligned}
\boldsymbol{u}_{yy}(x,y) &\approx \Delta_y \boldsymbol{u}(x,y) - \nabla_y \boldsymbol{u}(x,y) \\
&= \boldsymbol{u}(x,y+1) - 2\boldsymbol{u}(x,y) + \boldsymbol{u}(x,y-1)
\end{aligned} \tag{6-11}
$$

拉普拉斯算子是 n 维欧几里得空间中的一个二阶微分算子，该算子将函数二阶微分定义为函数梯度的散度：

$$
\nabla^2 f(x,y) = \frac{\partial^2 f(x,y)}{\partial x^2} + \frac{\partial^2 f(x,y)}{\partial y^2} \tag{6-12}
$$

图像二阶微分近似为

$$
\begin{aligned}
\nabla^2 \boldsymbol{u}(x,y) &= \boldsymbol{u}_{xx}(x,y) + \boldsymbol{u}_{yy}(x,y) \\
&= \boldsymbol{u}(x+1,y) - 2\boldsymbol{u}(x,y) + \boldsymbol{u}(x-1,y) + \boldsymbol{u}(x,y+1) - 2\boldsymbol{u}(x,y) + \boldsymbol{u}(x,y-1) \\
&= \boldsymbol{u}(x-1,y) + \boldsymbol{u}(x+1,y) - 4\boldsymbol{u}(x,y) + \boldsymbol{u}(x,y-1) + \boldsymbol{u}(x,y+1)
\end{aligned} \tag{6-13}
$$

$\nabla^2 \boldsymbol{u}(x,y)$ 常常表示为图像与卷积核的卷积运算，即

$$
\nabla^2 \boldsymbol{u}(x,y) = \boldsymbol{u}(x,y) * \boldsymbol{\omega}_L
$$

式中，

$$
\boldsymbol{\omega}_L = \begin{bmatrix} 0 & 1 & 0 \\ 1 & -4 & 1 \\ 0 & 1 & 0 \end{bmatrix}
$$

卷积核 $\boldsymbol{\omega}_L$ 具有以下性质：

（1）卷积核各向同性，即旋转不变性。图像的拉普拉斯变换是各向同性的二阶导数。

（2）卷积核元素之和为 0。

图像边缘为一阶差分极值点，而二阶差分为 0。Laplacian 算子利用这个特点检测图像边缘，如果像素的二阶差分等于 0，则认为该像素位于图像边缘。该算子弥补了一阶微分算子中不适当阈值对边缘检测的负面影响。

6.3.2　Log 算子

为了抑制噪声和纹理对边缘检测的负面影响，研究者结合高斯滤波和 Laplacian 算子提出了 Log（Laplacian of Gaussian）算子。该算子先对图像进行高斯平滑处理，然后运用 Laplacian 算子计算平滑图像的二阶微分 $\nabla^2 \boldsymbol{u}(x,y)$：

$$\nabla^2 \boldsymbol{u}(x,y) = \nabla^2(\boldsymbol{u}(x,y) * G(\sigma,x,y)) \tag{6-14}$$

根据卷积运算的微分性质，可知

$$\nabla^2 \boldsymbol{u}(x,y) = \boldsymbol{u}(x,y) * \nabla^2 G(\sigma,x,y) \tag{6-15}$$

式中，$G(\sigma,x,y)$ 为二维高斯函数，即

$$G(\sigma,x,y) = \frac{1}{2\pi\sigma^2} \exp\left(-\frac{x^2+y^2}{2\sigma^2}\right)$$

根据函数的 Laplacian 算子可知

$$\begin{aligned}\nabla^2 G(\sigma,x,y) &= G_{xx}(\sigma,x,y) + G_{yy}(\sigma,x,y) \\ &= \frac{x^2+y^2-2\sigma^2}{2\pi\sigma^6} \exp\left(-\frac{x^2+y^2}{2\sigma^2}\right)\end{aligned} \tag{6-16}$$

为了简化计算，工程上常常运用 5×5 的模板 $\boldsymbol{\omega}_D$ 表示高斯函数的 Laplacian 算子：

$$\boldsymbol{\omega}_D = \begin{bmatrix} 0 & 0 & -1 & 0 & 0 \\ 0 & -1 & -2 & -1 & 0 \\ -1 & -2 & 16 & -2 & -1 \\ 0 & -1 & -2 & -1 & 0 \\ 0 & 0 & -1 & 0 & 0 \end{bmatrix}$$

图像的二阶微分 $\nabla^2 \boldsymbol{u}(x,y)$ 计算可简化为

$$\nabla^2 \boldsymbol{u}(x,y) = \boldsymbol{u}(x,y) * \boldsymbol{\omega}_D$$

Log 算子结合高斯滤波和 Laplacian 算子计算图像的二阶微分，如果像素的二阶微分等于 0，则认为该像素位于图像边缘。相对于 Laplacian 算子，该算子运用高斯滤波，在一定程度上抑制了噪声和纹理对边缘检测的负面影响。

6.3.3　Dog 算子

二维高斯函数对方差参数的偏导数 $G_\sigma(\sigma,x,y)$ 为

$$G_\sigma(\sigma,x,y) = \frac{x^2+y^2-2\sigma^2}{2\pi\sigma^5} \exp\left(-\frac{x^2+y^2}{2\sigma^2}\right) \tag{6-17}$$

由偏导数的极限表示可知

$$G_{\sigma}(\sigma,x,y) = \lim_{\Delta\sigma\to 0_+} \frac{G(\sigma+\Delta\sigma,x,y) - G(\sigma,r,y)}{\Delta\sigma}$$

$$\approx \frac{G(\sigma+\Delta\sigma,x,y) - G(\sigma,x,y)}{\Delta\sigma}$$

结合（6-16）式可知

$$\nabla^2 G(\sigma,x,y) \approx \frac{G(\sigma+\Delta\sigma,x,y) - G(\sigma,x,y)}{\sigma\Delta\sigma} \tag{6-18}$$

将（6-18）式代入（6-15）式，可得

$$\nabla^2 \boldsymbol{u}(x,y) = \frac{1}{\sigma\Delta\sigma}\big[\boldsymbol{u}(x,y) * G(\sigma+\Delta\sigma,x,y) - \boldsymbol{u}(x,y) * G(\sigma,x,y)\big]$$

$$\tag{6-19}$$

（6-19）式的右边两项相当于对图像进行不同尺度的高斯滤波。结合高斯平滑尺度 $\sigma>0$ 且 $\Delta\sigma>0$，Log 算子在某一尺度上的图像边缘检测可以转化为两个相邻高斯尺度空间的平滑图像之差，即 Dog（Difference of Gaussian）算子。

在工程中，图像高斯尺度空间常常采用固定方差的高斯函数对图像进行迭代滤波处理，其中 $\sigma_k = \sqrt{k}\sigma_0$，$k=1,2,\cdots$。在 σ_k 尺度下图像的二阶微分可表示为

$$\nabla^2_{k\sigma_0}\boldsymbol{u}(x,y) = \frac{1}{k\sigma_0^2}\big[\boldsymbol{u}(x,y) * G((k+1)\sigma_0,x,y) - \boldsymbol{u}(x,y) * G(k\sigma_0,x,y)\big]$$

$$\boldsymbol{u}(x,y) * G((k+1)\sigma_0,x,y) - \boldsymbol{u}(x,y) * G(k\sigma_0,x,y) = k\sigma_0^2 \nabla^2_{k\sigma_0}\boldsymbol{u}(x,y)$$

式中，$k>0$，不影响二阶微分等于 0 的计算。

基于 Dog 算子的图像边缘检测本质上是计算图像高斯空间中相邻尺度的平滑图像差，当某像素差值为 0 时，该像素位于图像边缘。

6.4　图像边缘类型

图像在采集、传输和存储过程中不可避免地受到噪声攻击，噪声加剧了图像亮度/颜色变化，导致伪边缘。为了抑制噪声对边缘检测结果的负面影响，工程上常常运用高斯滤波对图像进行平滑处理。卷积核尺寸是影响边缘检测性能的一个因素，卷积核尺寸越小，边缘定位误差越小，但卷积核对噪声的抑制能力较弱，检测的边缘中存在大量伪边缘；反之，对噪声的鲁棒性较高，但边缘定位精度较差。由此可见，在图像边缘检测中边缘定位和噪声抑制是矛盾的，即边缘检测的"两难"问题。

为了简化分析图像边缘检测的"两难"问题，我们将图像水平/竖直方向邻域内亮度看作一维信号的采样值，经高斯平滑后的一阶导数极大值点位于边缘。其高斯函数为

$$g(\sigma,x) = \frac{1}{\sqrt{2\pi}\sigma}\exp\left(-\frac{x^2}{2\sigma^2}\right) \tag{6-20}$$

式中，高斯函数的标准差 σ 决定了平滑尺度，它也表示了噪声消除与边缘定位的折中程度。不同尺度的高斯函数如图 6-3 所示。

图像边缘是图像灰度不连续的结果，引起图像灰度不连续的物理过程可能是几何方面的，也可能是光学方面的。根据邻域像素亮度/颜色的变化，可将图像边缘分为阶跃边缘、

斜坡边缘、三角形边缘、方波边缘、楼梯边缘和屋脊边缘等类型。下面对图像中可能出现的六种边缘类型分别进行数学模型描述，然后把高斯平滑后的边缘模型作为研究对象，系统地分析采用微分方法检测边缘时，不同边缘类型的一阶导数表现出来的特性以及不同类型的边缘定位与平滑尺度的关系。

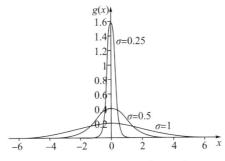

图 6-3 不同尺度的高斯函数

6.4.1 阶跃边缘

在图像水平/竖直方向上，若某邻域像素亮度/颜色突然变化，即从一个灰度很小的缓冲区急剧变化到较大的灰度值，则该邻域内亮度/颜色可拟合为阶跃函数（如图 6-4（a）所示）：

$$f(x) = cE(x) \tag{6-21}$$

式中，c 表示邻域像素亮度/颜色变化强度，

$$E(x) = \begin{cases} 1, x \geqslant 0 \\ 0, x < 0 \end{cases}$$

该邻域内亮度/颜色经不同高斯函数 $g(\sigma, x)$ 平滑后的结果如图 6-4（b）所示。由平滑结果可见，不同尺度（$\sigma = 0.25, 0.5, 1.0, 2.0$）的高斯函数对该邻域内亮度/颜色产生了不同程度的平滑，尺度越大，平滑作用越好。高斯平滑后的一阶导数如图 6-4（c）所示，一阶导数的极值点对应着边缘位置。由图 6-4（c）可见，随着平滑尺度的增加，平滑后一阶导数的最大值点均位于 $x = 0$。由此可见，阶跃边缘的定位精度不随高斯平滑尺度变化，因此，为了最大限度地抑制噪声形成的伪边缘，工程上常常采用大尺度的高斯函数对其进行平滑处理。

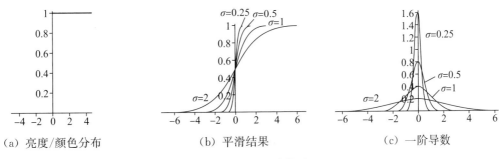

（a）亮度/颜色分布   （b）平滑结果   （c）一阶导数

图 6-4 阶跃边缘及其检测

6.4.2　斜坡边缘

在图像水平/竖直方向上，若某邻域像素亮度/颜色缓慢变化，则该邻域内亮度/颜色可拟合为斜坡函数：

$$f(x) = -\frac{2}{S} + \left(\frac{S}{d}x + \frac{S}{2}\right)E\left(x + \frac{d}{2}\right) + \left(-\frac{S}{d}x + \frac{S}{2}\right)E\left(x - \frac{d}{2}\right) \qquad (6-22)$$

式中，S 为邻域像素亮度/颜色变化强度，d 为邻域内亮度/颜色从最小值到最大值经历的像素个数，即边缘宽度，邻域内亮度/颜色变化形成了斜坡边缘。

当斜坡函数参数 $S = 1, d = 2$ 时，该函数可表示为如图 6-5（a）所示的折线，该邻域亮度/颜色经高斯函数 $g(\sigma, x)(\sigma = 0.25, 0.5, 1.0, 2.0)$ 平滑后的结果如图 6-5（b）所示。高斯平滑后的一阶导数如图 6-5（c）所示，其一阶导数的极值点为边缘位置。由图 6-5（c）可见，当 $\sigma = 0.25$ 时，一阶导数的极值点数较多，边缘线宽度大于 1；当 $\sigma = 2.0$ 时，一阶导数的极值点数为 1。

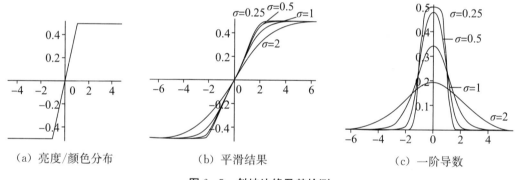

| (a) 亮度/颜色分布 | (b) 平滑结果 | (c) 一阶导数 |

图 6-5　斜坡边缘及其检测

由此可知，随着平滑尺度的增加，一阶导数的最大值点数逐渐减小。因此，由斜坡边缘检测结果来看，平滑尺度的大小不仅影响了边缘的定位精度，而且决定了检测边缘的宽度。

6.4.3　三角形边缘

在图像水平/竖直方向上，若某邻域像素亮度/颜色从最小值缓慢增加到最大值后，再逐渐减小至最小值，则该邻域内亮度/颜色可拟合为三角形函数：

$$f(x) = \left(\frac{2S}{d}x + S\right)E\left(x + \frac{d}{2}\right) - \frac{4S}{d}xE(x) - \left(-\frac{2S}{d}x + S\right)E\left(x - \frac{d}{2}\right) \qquad (6-23)$$

式中，S 为邻域像素亮度/颜色变化强度，d 为边缘宽度，邻域内亮度/颜色形成了三角形边缘。

当 $S = 1, d = 2$ 时，亮度/颜色分布可表示为如图 6-6（a）所示的三角形。该邻域亮度/颜色经高斯函数 $g(\sigma, x)(\sigma = 0.25, 0.5, 1.0, 2.0)$ 平滑后的结果如图 6-6（b）所示。高斯平滑后的一阶导数如图 6-6（c）所示，其一阶导数的极值点为边缘位置。由图 6-6（c）可见，不同尺度高斯平滑后的一阶导数均存在两个极值点：一个为极大值，另一个为极小值。两个极值点间的距离随边缘宽度的增加而增加，检测的边缘点偏离实际边缘位置。图像的三角形边缘经高斯平滑后，检测出两条边缘曲线，且两条边缘曲线间的距离取决于高斯函数的方差，即平滑尺度。

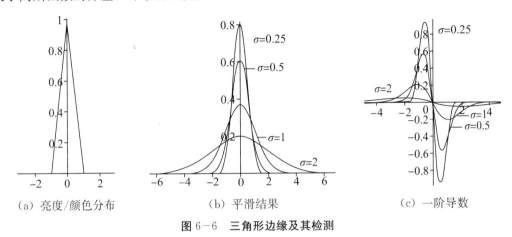

（a）亮度/颜色分布　　　　　（b）平滑结果　　　　　（c）一阶导数

图 6-6　三角形边缘及其检测

6.4.4　方波边缘

在图像水平/竖直方向上，若某邻域像素亮度/颜色从最小值突变为最大值，持续几个像素后再突变为最小值，则该邻域内亮度/颜色可拟合为方波函数：

$$f(x) = SE\left(x + \frac{d}{2}\right) - SE\left(x - \frac{d}{2}\right) \tag{6-24}$$

式中，S 为邻域像素亮度/颜色变化强度，d 为边缘宽度。

当 $S = 1, d = 2$ 时，亮度/颜色分布可表示为如图 6-7（a）所示的方波。该邻域亮度/颜色经高斯函数 $g(\sigma, x)(\sigma = 0.25, 0.5, 1.0, 2.0)$ 平滑后的结果如图 6-7（b）所示。高斯平滑后的一阶导数如图 6-7（c）所示，其一阶导数的极值点为边缘位置。由图 6-7（c）可见，不同尺度高斯函数平滑后的一阶导数与斜坡边缘相同，一阶导数均存在两个极值点：一个为极大值，另一个为极小值。两个极值点间的距离随边缘宽度的增加而增加。运用高斯平滑和微分对方波边缘进行检测可得到如下结论：

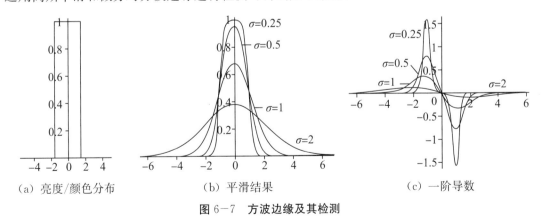

（a）亮度/颜色分布　　　　　（b）平滑结果　　　　　（c）一阶导数

图 6-7　方波边缘及其检测

（1）方波边缘检测结果不仅与平滑尺度有关系，而且与边缘宽度有关系。当边缘宽度很小，即趋向于脉冲边缘时，在很小的平滑尺度上也可检测到边缘点。

（2）当平滑尺度增大时，检测边缘的位置不随尺度的变化而变化，但偏离实际边缘点，偏离大小为边缘宽度的一半。

6.4.5 楼梯边缘

在图像水平/竖直方向上，若某邻域像素亮度/颜色从最小值突变到某值，并持续几个像素后增加到最大值，则该邻域内亮度/颜色可拟合为楼梯函数：

$$f(x) = c_1 E(x - l) + c_2 E(x + l) \tag{6-25}$$

式中，c_1, c_2, l 均为常数。

当 $c_1 = 0.3$，$c_2 = 0.7$，$l = 2$ 时，亮度/颜色分布可表示为如图 6-8（a）所示的楼梯。该邻域亮度/颜色经高斯函数 $g(\sigma, x)$（$\sigma = 0.25, 0.5, 1.0, 2.0$）平滑后的结果如图 6-8（b）所示。高斯平滑后的一阶导数如图 6-8（c）所示，其一阶导数的极值点为边缘位置。由图 6-8（c）可见，楼梯边缘在 $x = 0$ 附近与阶跃边缘相似，但其一阶导数的极值点偏离了实际边缘位置，并且随着平滑尺度 σ 的增加，偏移值逐渐增大。由此可见，利用微分算法不能准确定位平滑后的楼梯边缘。

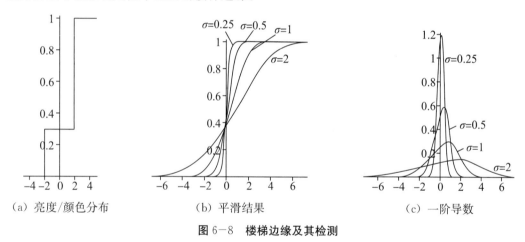

（a）亮度/颜色分布　　　（b）平滑结果　　　（c）一阶导数

图 6-8　楼梯边缘及其检测

6.4.6 屋脊边缘

在图像水平/竖直方向上，若某邻域像素亮度/颜色从最小值突变为最大值，持续几个像素后突变为最小值，再持续几个像素亮度/颜色为最小值后突变为最大值，保持几个像素亮度/颜色不变后再突变为最小值，则该邻域像素亮度/颜色等价于含有间隔的两个方波，其波形可拟合为屋脊函数：

$$f(x) = Spul\left(x + \frac{d}{2}, l\right) + Spul\left(x - \frac{d}{2}, l\right) \tag{6-26}$$

式中，S 为边缘幅度，l 为屋脊边缘的宽度，d 为两个屋脊边缘的间距，

$$pul(x,l) = \begin{cases} 0, x < -\dfrac{l}{2} \quad or \quad x > \dfrac{l}{2} \\ \dfrac{1}{2l}, others \end{cases}$$

当 $S=1$，$d=2$，$l=1$ 时，亮度/颜色分布可表示为如图 6-9（a）所示的屋脊，两个边缘的位置分别为 $x = -\dfrac{d}{2}$ 与 $x = \dfrac{d}{2}$。该邻域亮度/颜色经高斯函数 $g(\sigma,x)$（$\sigma = 0.25$，$0.5, 1.0, 2.0$）平滑后的结果如图 6-9（b）所示。高斯平滑后的一阶导数如图 6-9（c）所示。由该图可见：

（1）当高斯平滑尺度 $\sigma = 0.25$ 和 $\sigma = 0.5$ 时，其一阶导数存在三个极值点，其中 $x = -\dfrac{d}{2}$ 与 $x = \dfrac{d}{2}$ 处的极值点准确定位了屋脊边缘，另一个为伪边缘。

（2）当高斯平滑尺度 $\sigma = 0.7$ 和 $\sigma = 0.8$ 时，其一阶导数存在三个极值点，其中 $x = -\dfrac{d}{2}$ 与 $x = \dfrac{d}{2}$ 处的极值点逐渐向内侧偏移，另一个极值点为伪边缘。

（3）当高斯平滑尺度 $\sigma = 1$ 和 $\sigma = 2$ 时，其一阶导数存在两个极值点，且 $x = -\dfrac{d}{2}$ 与 $x = \dfrac{d}{2}$ 处的极值点消失，此时检测不到实际边缘。

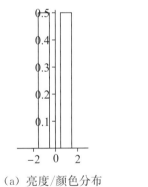

（a）亮度/颜色分布

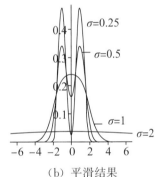

（b）平滑结果

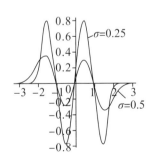 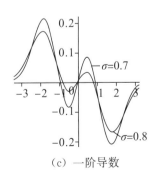 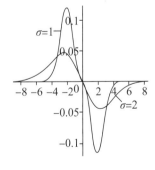

（c）一阶导数

图 6-9　屋脊边缘及其检测

综上所述，当平滑尺度较小时，可检测出实际边缘，但存在伪边缘；随着平滑尺度的增大，检测的实际边缘位置逐渐偏离实际边缘；当平滑尺度大到一定程度时，一阶导数的极小值点逐渐向内侧偏移，直至消失。

边缘检测技术是图像处理和智能视觉等领域最基本的技术，如何快速、精确地提取图像边缘信息一直是国内外研究的热点，边缘检测也是图像处理中的一个难题。近年来随着数学理论及人工智能的发展，涌现出许多新的边缘检测方法，如小波变换和小波包的边缘检测法，基于数学形态学、模糊理论和神经网络的边缘检测法。

习题与讨论

6−1 基于微分算子的图像边缘检测本质上是运用卷积核计算图像的一阶和二阶梯度，试分析不同边缘检测算子的卷积核共性是什么。

6−2 为了抑制噪声引起的伪边缘，对图像进行边缘检测时常常运用高斯平滑，试分析高斯平滑核函数的方差大小对边缘定位精度的影响。

6−3 Roberts、Prewitt、Sobel 和 Canny 算子均是基于一阶微分的图像边缘检测算子，相对于 Canny 算子，Roberts、Prewitt 和 Sobel 算子计算简单，易于理解。为什么工程上常常使用 Canny 算子对图像进行边缘检测？其优点是什么？

6−4 根据 Dog 算子的边缘检测原理，定性分析图像边缘和平滑尺度之间的关系，并进一步讨论图像边缘的哪些性质具有尺度不变性。

6−5 试分析不同边缘类型二阶导数表现出来的特性以及边缘定位与平滑尺度的关系。

6−6 人眼对图像边缘的感知主要取决于两方面刺激因素：像素亮度/颜色的显著差异和观察者个人心理。前者依赖于相邻像素亮度/颜色的显著变化，后者取决于个人的先验知识和个人心理，如一个穿着白色衣服的人站在白色背景墙前的影像中，视觉系统可借助衣服先验知识形成衣服和墙间的分界线，即主观边缘。微分算子可有效检测出前者，但失效于检测主观边缘。试构思设计一个算子，该算子可有效检测出图像的主观边缘。

参考文献

[1] 段瑞玲，李庆祥，李玉和. 图像边缘检测方法研究综述 [J]. 光学技术，2005，31（3）：415−419.

[2] 郑南宁. 计算机视觉与模式识别 [M]. 北京：国防工业出版社，1998.

[3] 周德龙，潘泉，张洪才. 图象模糊边缘检测的改进算法 [J]. 中国图象图形学报，2001，6（4）：353−358.

[4] 梁德群. 工业图像中屋脊边缘多尺度检测方法 [J]. 红外与毫米波学报，1998，17（6）：411−416.

[5] 刘宇涵，闫河，陈早早，等. 强噪声下自适应 Canny 算子边缘检测 [J]. 光学精密工程，2022，30（3）：350−362.

[6] 王静，唐文豪. 结合梯度差分和 Otsu 自适应边缘检测算法 [J]. 现代电子技术，2022，45（7）：41−46.

[7] Yu Y, Lu J, Zheng J. Color image edge detection algorithm [J]. Qinghua Da xue Xue bao/Journal of Tsinghua University，2005，45（10）：1339−1343.

第7章　图像区域及表示

自然场景中任意对象均是由有限个部件构成的，如脸谱可以看作由脸庞、眼睛、眉毛、嘴巴和鼻子等部件构成。对象各部件表面在图像中呈现为相同的光谱特性，学者们常常把图像空间近邻且特征相似的像素集合称为区域。

7.1　图像区域分割

图像区域分割就是把图像分成若干具有独特性质的区域，使区域内的特征具有相似性，区域间存在显著差异。学者们把图像像素的亮度/颜色看作随机分布样本，利用其分布规律，结合简单的视觉特性，将特征相似的像素进行合并，从而将图像分割成若干彼此不相交的区域。例如，根据区域内像素亮度/颜色紧凑分布在某亮度/颜色邻域，区域间亮度/颜色差距较大，采用亮度/颜色直方图形状分析法进行图像区域分割；根据区域间亮度/颜色存在显著视觉差异，把区域像素看作服从某分布的模式样本，将区域分割转化为分布模式的最大距离问题。

为了从不同层次上分析和理解图像内容，图像区域分割常常利用像素亮度/颜色的差异性和分布的一致性等低层信息对图像进行视觉区域划分，其分割结果突出了人眼对亮度/颜色的视觉效应，可有效地描述图像的视觉基元。

7.1.1　基于像素相似性的聚类算法

像素是图像表示的基本单元，而人眼视觉常常将亮度/颜色相似的像素集合作为图像分析理解基元。学者们根据亮度/颜色的相似性提出了基于聚类的图像区域分割模型，该模型假设图像区域个数已知，结合区域内亮度/颜色的相似性将图像区域分割问题转化为像素聚类问题。最典型的算法为 K-means 算法，该算法根据图像光谱特性将区域表示为亮度/颜色的统计特性——均值，依据像素亮度/颜色与区域均值的最大相似度原则逐像素聚类。

对于一幅给定的图像 u，假设该图像包含 K 个区域 $R_j, j = 0, 1, \cdots, k-1$，各区域均值分别为$\{\boldsymbol{\mu}_0, \boldsymbol{\mu}_1, \cdots, \boldsymbol{\mu}_{k-1}\}$，则 K-means 算法表示最小化平方误差函数，

$$E = \sum_{j=0}^{k-1} \sum_{\boldsymbol{u}_i \in R_j} \| \boldsymbol{u}_i - \boldsymbol{\mu}_j \|_2^2 \tag{7-1}$$

在工程上，由于图像包含的区域个数及各区域亮度/颜色的均值是未知的，所以 K-means 算法需要人机交互标注区域"种子"像素。标注的"种子"个数即为图像区域数，"种子"的亮度/颜色为区域初始均值。逐像素分析亮度/颜色与"种子"间的相似性，按最大相似度原则对像素进行分类。采用迭代算法更新区域均值，并将均值作为"种子"的亮度/颜色，重复上述过程直到区域均值稳定。具体算法流程如下：

（1）从图像中随机选取 K 个像素作为"种子"，该种子表示区域初始均值。

（2）运用欧氏距离分析任意像素与初始"种子"的相似性。

（3）根据最大相似度原则，将像素划分为若干区域。

（4）计算区域亮度/颜色均值，更新"种子"。

（5）收敛判断：相邻两个区域均值是否相等或小于指定阈值，如果是，则停止；反之，用区域均值代替"种子"，重复计算（2）～（5）。

基于 K-means 的图像像素聚类算法见程序 7-1。

程序 7-1　K-means 算法

```
BOOL K_Means (double * TempData, double * initseed/* 区域初始均值 */, int Width, int
dimension, int clusters/* 区域个数 */, int * flagData/* 区域标号 */, int * number) {
int Temk, Temi, Temj, positonflag; double sum, dist, oldsum=3.0 * Width;
double * positionData=new double [dimension];
double * oldseed=new double [dimension * clusters];
double * sumseed=new double [dimension * clusters];
for (Temk=0; Temk<50; Temk++) { dist=Width * 1.0; sum=0;
memcpy (oldseed, initseed, sizeof (double) * dimension * clusters);
memset (sumseed, 0, sizeof (double) * dimension * clusters);
memset (number, 0, sizeof (int) * clusters);
for (Temi=0; Temi<Width; Temi++) {for (Temj=0; Temj<dimension; Temj++)
positionData [Temj] =TempData [dimension * Temi+Temj];
positonflag=ClusterPoint (positionData, oldseed, dimension, clusters, &dist);
sum+=dist; flagData [Temi] =positonflag; number [positonflag] +=1;
for (Temj=0; Temj<dimension; Temj++)
sumseed [positonflag * dimension+Temj] +=positionData [Temj];}
for (Temi=0; Temi<clusters; Temi++)    if (number [Temi]! =0)
for (Temj=0; Temj<dimension; Temj++)
initseed [Temi * dimension+Temj] =sumseed [Temi * dimension+Temj] /number [Temi];
if (fabs (oldsum-sum) >0.001) oldsum=sum; else break;}
delete [] sumseed, positionData, oldseed; return FUN_OK;}
```

K-means 算法依据区域内灰度/颜色的视觉相似性，将图像区域表示为灰度/颜色均值，对图像像素进行聚类分析。其结果存在以下局限性：

（1）该算法仅仅根据亮度/颜色的相似性对图像像素进行全局搜索，忽略了区域内像素的近邻性，因此，其分割结果可能使区域内像素不具有空间连续性。例如，一幅图像存在两个亮度/颜色相同且距离较远的区域，该算法将两个区域划分为一个区域，这与人眼

视觉不一致。

（2）分割效果敏感于区域个数 K。图像内容因人而异，区域个数因观察者而异。如果 K 较小，则分割结果中区域像素存在相似性较小的像素，即区域内存在奇异像素；如果将一个区域细分为多个区域，则使得区域间差异性减小。

（3）该算法收敛于局部最优。不适当的"种子"有可能导致迭代次数较大或者陷入某个局部最优状态。

（4）该算法采用亮度/颜色的欧式距离表示其相似性，未考虑人眼对亮度/颜色的视觉效果。

7.1.2　基于 SLIC 的区域分割

基于 K-means 的像素聚类算法依据灰度/颜色相似性对图像进行区域分割，未考虑区域内像素的空间近邻性，其分割结果与人眼视觉相差甚远，如将空间距离较远且灰度/颜色相等的像素划分为一个区域。对此，学者们结合区域内像素的空间近邻性提出了简单线性迭代聚类（Simple Linear Iterative Clustering，SLIC）。该聚类算法延拓了 K-means 算法，将彩色图像的像素表示为 CIELAB 颜色空间和 xy 坐标下的 5 维向量 $\boldsymbol{u}_i = (x_i, y_i, L_i, a_i, b_i)$，将相似亮度、颜色和纹理的近邻像素划分为具有一定视觉意义、不规则的像素块。SLIC 具体实现过程如下：

（1）初始化种子点。按照事先设定的像素块个数在图像内分配种子点。假设一幅包含 N 个像素的图像，该图像可分割为 K 个近似相同尺寸的像素块 $S(i) = (Sx_i, Sy_i, SL_i, Sa_i, Sb_i), i = 1, 2, \cdots, K$。任意像素块内包含 $\frac{N}{K}$ 个像素，则相邻种子点距离近似为

$$D = \sqrt{\frac{N}{K}}。$$

（2）初始化聚类中心。为了避免初始种子点落在梯度较大的图像边缘上，根据区域内亮度/颜色的相似性，将初始种子点移到该邻域（3×3）内梯度最小的像素上。这样保证了初始种子点位于区域内，消除了随机分布的种子点可能位于边缘的现象。种子点像素的 5 维向量即为初始聚类中心 $S^{(0)}(i), i = 1, 2, \cdots, K$。

（3）像素分配。依据区域内像素的空间近邻性和颜色相似性，分析每个像素与其 $2D \times 2D$ 邻域内种子点的相似性测度，并将最小测度的种子点标签赋予该像素。设图像某像素 $\boldsymbol{u}_i$ 的 $2D \times 2D$ 邻域内存在 m 个种子点（聚类中心），该像素分配的标签 l 可表示为如下能量函数的最优解：

$$l = \underset{j}{\arg\min} \sqrt{[\omega_c m_c(u_i, S(j))]^2 + [\omega_s m_s(u_i, S(j))]^2}, j = 1, 2, \cdots, m \quad (7-2)$$

式中，$m_s(u_i, S(j))$ 衡量了区域内像素的空间近邻性：

$$m_s(u_i, S(j)) = \sqrt{(x_i - Sx_j)^2 + (y_i - Sy_j)^2} \quad (7-3)$$

$m_c(u_i, S(j))$ 衡量了区域内像素的颜色相似性：

$$m_c(u_i, S(j)) = \sqrt{(L_i - SL_j)^2 + (a_i - Sa_j)^2 + (b_i - Sb_j)^2} \quad (7-4)$$

ω_s 表示空间近邻性在区域分割测度标准中的权重。由于任意像素块内像素的最大距离为

$D = \sqrt{\dfrac{N}{K}}$，所以工程上常常设置 $\omega_s = \dfrac{1}{d} = \sqrt{\dfrac{K}{N}}$。$\omega_c$ 表示颜色相似性的权重。由于图像在 CIELAB 颜色空间中是有界的，所以在此颜色空间中 $\omega_c \in [0.025，1]$，工程上常常设置 $\omega_c = 0.1$。

（7-2）式表示的空间近邻性和颜色相似测度敏感于像素块的个数和图像空间分辨率。如果像素块个数 K 较小，可能导致 $\omega_s \ll \omega_c$，使得该测度侧重于衡量颜色相似性；反之，强调空间近邻性。

（4）聚类中心计算。根据像素标签计算每个区域的空间和颜色均值，并将空间和颜色均值表示为新的聚类中心 $S^{(j)}(i)$，$i = 1, 2, \cdots, K$。

（5）收敛判断。计算相邻两次图像分割区域间的空间差异：

$$E(j+1, j) = \sum_{i=1}^{K} (Sx_i^{(j+1)} - Sx_i^{(j)})^2 + (Sy_i^{(j+1)} - Sy_i^{(j)})^2 \qquad (7-5)$$

分析该差异是否满足给定的阈值，如果是，则停止；反之，将更新聚类中心重复计算 （3）～（5）。

（6）后处理。由于上述过程独立分析像素种子标签，其结果可能会出现面积过小的像素块，甚至出现单个像素作为区域。对此，工程上常常合并面积较小的空间近邻区域。

SLIC 算法能生成紧凑、近似均匀的区域，符合人们期望的分割效果。该算法在图像区域分割领域具有以下优点：

（1）SLIC 算法分割的图像区域如同细胞一般紧凑整齐，邻域特征容易表达。

（2）SLIC 算法不仅可以分割彩色图，而且可以兼容灰度图像的区域分割。

（3）SLIC 算法需要设置的参数非常少，甚至只需设置像素块个数即可。

（4）与其他分割算法相比，SLIC 算法在运行速度、区域像素的紧凑度、对象轮廓保持等方面均具有一定优势。

7.1.3 基于图论的区域分割

德国心理学家曾经指出，人脑常常根据一定逻辑把局部、凌乱的观察材料组织成有意义的整体，即完形法则。格式塔心理学家们认为，人脑认知点线图形时常运用背景法则、接近法则、相似法则、连续法则和闭合法则对图形进行分析和理解。连续法则和闭合法则主要针对曲线而言，前者刻画了曲线的视觉连续性，即大脑皮层可将近距离的离散点或线段视为整体，将它们视作一条连续曲线，而不是独立分析处理图形中的点或线段；后者依据闭合曲线形成视觉区域，将闭合曲线内部作为单元，分析其整体形状和几何测度，而不过度强调内部变化。

数字图像在计算机中表示为序列点集，该点集中任意元素具有亮度和颜色属性。图像可以简单地看作由点阵构成的特殊图形，其内容可描述几个具有语义区域构成的整体。在图像采集过程中，采集者常常强调关注对象，并将该对象放置在图像的中心位置，而将背景放置在边界处，同时背景亮度/颜色与中心区域一般差异较大。学者们根据背景和其他语义对象在图像论域的位置，运用背景法则分析图像边界像素亮度/颜色的统计分布，建立图像背景模型。相似法则主要体现在人眼将亮度/颜色相似的像素集合视为基本视觉单元，而不独立处理分析各个像素；接近法则描述了像素空间邻域的视觉成形规则。图形的完形法则在图像上主要表现为像素的相似法则、接近法则和连续法则。

为了运用人眼视觉的图形完形法则分析图像，学者们将图像像素映射到特征空间，使其在特征空间中满足完形法则的像素具有紧凑性，不满足完形法则的像素具有显著差异。本书以像素亮度/颜色和空间相对距离为分析对象，结合像素视觉关系将图像区域分割问题转化为图的节点聚类问题。

数字图像是场景光谱能量的离散表示，图像论域内各点的采样值表示该点的亮度/颜色光谱能量，不同采样点光谱能量的视觉效应表示图中对应节点的权重，任意像素对的亮度/颜色相似性可描述为图像像素集的二元关系。由此可见，图像像素的视觉感知关系可表示为加权无向图 $G(V,E,W)$。在加权无向图中，节点表示图像像素，节点间边权重表示像素对的亮度/颜色视觉效果。为了便于计算，常常运用邻接矩阵表示像素对的视觉关系：

$$W = \begin{bmatrix} 0 & \omega_{1,2} & \cdots & \omega_{1,i} & \cdots & \omega_{1,n} \\ \omega_{2,1} & 0 & \cdots & \omega_{2,i} & \cdots & \omega_{2,n} \\ \vdots & \vdots & & \vdots & & \vdots \\ \omega_{i,1} & \omega_{i,2} & \cdots & \omega_{i,j} & \cdots & \omega_{i,n} \\ \vdots & \vdots & & \vdots & & \vdots \\ \omega_{n,1} & \omega_{n,2} & \cdots & \omega_{n,i} & \cdots & 0 \end{bmatrix} \tag{7-6}$$

式中，n 表示图像像素个数，即图的阶数，$\omega_{i,j}$ 表示在人眼关注像素 i 时，利用视觉余光观察像素 j 的视觉效果。如果像素 i 和 j 的亮度/颜色差异较小，则视觉上具有相似性，这一视觉现象表现为在邻接矩阵中对应元素 $\omega_{i,j}$ 的值较大；如果像素 i 和 j 的亮度/颜色存在视觉显著差异，则 $\omega_{i,j}$ 的值较小，甚至为零。假设视觉效果是对称的，即人眼关注像素 j 的条件下，观察像素 i 的视觉效果 $\omega_{j,i} = \omega_{i,j}$。根据这一假设，邻接矩阵 W 为对称矩阵，即 $W^T = W$。邻接矩阵中第 i 行（第 i 列）的各个元素分别描述了像素 i 与其他像素的视觉效果，同时矩阵的行数和列数均为图像像素个数。由此可见，邻接矩阵不仅有效描述了图像中任意像素对的视觉关系，而且表示了图像整体视觉效果。在此基础上，图像像素的视觉感知聚类问题可转化为图 $G(V,E,W)$ 的节点划分问题。

假设一幅简单图像由 A，B 两个区域构成，即两个区域的并集为图像论域 $A \cup B = \Omega$，同时 A，B 区域不存在公共像素，即 $A \cap B = \varnothing$。在图像视觉效应的加权图 $G(V,E,W)$ 基础上，图像区域分割问题就相当于将加权图删除一些边后，形成连通分支数为 2 的子图，连通分支内所有节点对应的像素构成了图像区域。在图论中，将一个连通图删除一些边后形成连通分数大于 1 的图，其删除边之集合称为边割集，边割集的权重之和称为割值。为了将图像分割成两个区域，仅仅将加权图中连接两区域的边删除即可。如果图像区域内像素亮度/颜色变化较小，则对应加权图中边权重较大，区域间的亮度/颜色差异较大，对应边的权重较小。图像区域分割问题可转化为图最小割值（Mimimum Cut）问题，其能量泛函为

$$cut(A,B) = \sum_{i \in A, j \in B} \omega_{i,j} \tag{7-7}$$

人脑对图像像素亮度/颜色的视觉聚类是相对性，换言之，加权图的节点划分并非直接依赖于连通分支的割值，而是相对割值（Normalized Cut，Ncut），即正则割模型。该

模型的能量泛函如下：

$$Ncut(A,B) = \frac{cut(A,B)}{assoc(A,V)} + \frac{cut(B,A)}{assoc(B,V)} \tag{7-8}$$

式中，$assoc(A,V)$ 和 $assoc(B,V)$ 分别表示连通分支 A 和 B 内节点与所有节点 V 的紧密程度，它们可计算为

$$\begin{cases} assoc(A,V) = \sum\limits_{x_i>0}\sum\limits_{j\in V}\omega_{i,j} = \sum\limits_{x_i>0}d_i \\ assoc(B,V) = \sum\limits_{x_i<0}\sum\limits_{j\in V}\omega_{i,j} = \sum\limits_{x_i<0}d_i \end{cases}$$

式中，d_i 表示节点 i 与其他节点的边权重之和，即

$$d_i = \sum_{j\in V}\omega_{i,j}$$

（7-8）式可写为

$$Ncut(A,B) = \frac{cut(A,B)}{assoc(A,V)} + \frac{cut(A,B)}{assoc(B,V)}$$

$$= \frac{\sum\limits_{x_i>0,x_j<0}-\omega_{i,j}x_ix_j}{\sum\limits_{x_i>0}d_i} + \frac{\sum\limits_{x_i<0,x_j>0}-\omega_{i,j}x_ix_j}{\sum\limits_{x_i<0}d_i}$$

令 $k = \sum\limits_{x_i>0}d_i / \sum\limits_{i\in V}d_i$，连通分支与所有节点的紧密程度可简化为

$$\begin{cases} assoc(A,V) = \sum\limits_{x_i>0}d_i = k\boldsymbol{1}^{\mathrm{T}}\boldsymbol{D}\boldsymbol{1} \\ assoc(B,V) = \sum\limits_{x_i<0}d_i = (1-k)\boldsymbol{1}^{\mathrm{T}}\boldsymbol{D}\boldsymbol{1} \end{cases}$$

（7-8）式可简写为

$$Ncut(\boldsymbol{x}) = \frac{(1+\boldsymbol{x})^{\mathrm{T}}(\boldsymbol{D}-\boldsymbol{W})(1+\boldsymbol{x})}{4k\,\boldsymbol{1}^{\mathrm{T}}\boldsymbol{D}\boldsymbol{1}} + \frac{(1-\boldsymbol{x})^{\mathrm{T}}(\boldsymbol{D}-\boldsymbol{W})(1-\boldsymbol{x})}{4(1-k)\,\boldsymbol{1}^{\mathrm{T}}\boldsymbol{D}\boldsymbol{1}}$$

$$= \frac{\boldsymbol{x}^{\mathrm{T}}(\boldsymbol{D}-\boldsymbol{W})\boldsymbol{x} + \boldsymbol{1}^{\mathrm{T}}(\boldsymbol{D}-\boldsymbol{W})\boldsymbol{1}}{4k(1-k)\,\boldsymbol{1}^{\mathrm{T}}\boldsymbol{D}\boldsymbol{1}} + \frac{2(1-2k)\,\boldsymbol{1}^{\mathrm{T}}(\boldsymbol{D}-\boldsymbol{W})\boldsymbol{x}}{4k(1-k)\,\boldsymbol{1}^{\mathrm{T}}\boldsymbol{D}\boldsymbol{1}}$$

令 $m = \boldsymbol{1}^{\mathrm{T}}\boldsymbol{D}\boldsymbol{1}$，则

$$4Ncut(\boldsymbol{x}) = \frac{[\alpha_1(\boldsymbol{x})+\gamma_1]+2(1-2k)\beta_1(\boldsymbol{x})}{k(1-k)m}$$

$$= \frac{[\alpha_1(\boldsymbol{x})+\gamma_1]+2(1-2k)\beta_1(\boldsymbol{x})}{k(1-k)m} - \frac{2[\alpha_1(\boldsymbol{x})+\gamma_1]}{m} + \frac{2\alpha_1(\boldsymbol{x})}{m} + \frac{2\gamma_1}{m}$$

由于 $\gamma_1 = \boldsymbol{1}^{\mathrm{T}}(\boldsymbol{D}-\boldsymbol{W})\boldsymbol{1} = 0$，可得

$$4Ncut(\boldsymbol{x}) = \frac{(1-2k+2k^2)\alpha_1(\boldsymbol{x})+2(1-2k)\beta_1(\boldsymbol{x})}{k(1-k)m} + \frac{2\alpha_1(\boldsymbol{x})}{m}$$

$$= \frac{1-k}{k}\frac{(1-2k+2k^2)\alpha_1(\boldsymbol{x})+2(1-2k)\beta_1(\boldsymbol{x})}{(1-k)^2m} + \frac{2\alpha_1(\boldsymbol{x})}{m}$$

又令 $b = k/1-k$，则

$$4Ncut(\boldsymbol{x}) = \frac{(1+b^2)\alpha_1(\boldsymbol{x}) + 2(1-b^2)\beta_1(\boldsymbol{x})}{bm} + \frac{2b\alpha_1(\boldsymbol{x})}{bm}$$

$$= \frac{(1+b^2)\left[\boldsymbol{x}^{\mathrm{T}}(\boldsymbol{D}-\boldsymbol{W})\boldsymbol{x} + \boldsymbol{1}^{\mathrm{T}}\boldsymbol{W}\boldsymbol{1}\right]}{b\boldsymbol{1}^{\mathrm{T}}\boldsymbol{D}\boldsymbol{1}} + \frac{2(1-b^2)\boldsymbol{1}^{\mathrm{T}}(\boldsymbol{D}-\boldsymbol{W})\boldsymbol{x}}{b\boldsymbol{1}^{\mathrm{T}}\boldsymbol{D}\boldsymbol{1}} +$$

$$\frac{2b\,\boldsymbol{x}^{\mathrm{T}}(\boldsymbol{D}-\boldsymbol{W})\boldsymbol{x}}{b\boldsymbol{1}^{\mathrm{T}}\boldsymbol{D}\boldsymbol{1}} - \frac{2b\,\boldsymbol{1}^{\mathrm{T}}(\boldsymbol{D}-\boldsymbol{W})\boldsymbol{1}}{b\boldsymbol{1}^{\mathrm{T}}\boldsymbol{D}\boldsymbol{1}}$$

$$= \frac{(1+\boldsymbol{x})^{\mathrm{T}}(\boldsymbol{D}-\boldsymbol{W})(1+\boldsymbol{x})}{b\boldsymbol{1}^{\mathrm{T}}\boldsymbol{D}\boldsymbol{1}} + \frac{b^2\,(1-\boldsymbol{x})^{\mathrm{T}}(\boldsymbol{D}-\boldsymbol{W})(1-\boldsymbol{x})}{b\boldsymbol{1}^{\mathrm{T}}\boldsymbol{D}\boldsymbol{1}} -$$

$$\frac{2b\,(1-\boldsymbol{x})^{\mathrm{T}}(\boldsymbol{D}-\boldsymbol{W})(1+\boldsymbol{x})}{b\boldsymbol{1}^{\mathrm{T}}\boldsymbol{D}\boldsymbol{1}}$$

$$= \frac{\left[(1+\boldsymbol{x})-b(1-\boldsymbol{x})\right]^{\mathrm{T}}(\boldsymbol{D}-\boldsymbol{W})\left[(1+\boldsymbol{x})-b(1-\boldsymbol{x})\right]}{b\boldsymbol{1}^{\mathrm{T}}\boldsymbol{D}\boldsymbol{1}}$$

设 $\boldsymbol{y}=(1+\boldsymbol{x})-b(1-\boldsymbol{x})$，则上式可简化为

$$4Ncut(\boldsymbol{y}) = \frac{\boldsymbol{y}^{\mathrm{T}}(\boldsymbol{D}-\boldsymbol{W})\boldsymbol{y}}{b\boldsymbol{1}^{\mathrm{T}}\boldsymbol{D}\boldsymbol{1}}$$

由于 $b = k/1-k = \sum\limits_{x_i>0}d_i / \sum\limits_{x_i<0}d_i$，所以 $\boldsymbol{y}^{\mathrm{T}}\boldsymbol{D}\boldsymbol{1} = \sum\limits_{x_i>0}d_i - b\sum\limits_{x_i<0}d_i = 0$ ，且

$$\boldsymbol{y}^{\mathrm{T}}\boldsymbol{D}\boldsymbol{y} = \sum_{x_i>0}d_i + b^2\sum_{x_i<0}d_i = b\sum_{x_i<0}d_i + b^2\sum_{x_i<0}d_i = b(\sum_{x_i<0}d_i + b\sum_{x_i<0}d_i) = b\boldsymbol{1}^{\mathrm{T}}\boldsymbol{D}\boldsymbol{1}$$

综上所述，（7−8）式的最小化可表示为

$$\min_{x}\{4Ncut(\boldsymbol{x})\} = \min_{y}\left\{\frac{\boldsymbol{y}^{\mathrm{T}}(\boldsymbol{D}-\boldsymbol{W})\boldsymbol{y}}{\boldsymbol{y}^{\mathrm{T}}\boldsymbol{D}\boldsymbol{y}}\right\} \tag{7-9}$$

由于给定加权图边的权重之和为常数，所以（7−9）式可表示为约束条件极值：

$$\min_{y}\{\boldsymbol{y}^{\mathrm{T}}(\boldsymbol{D}-\boldsymbol{W})\boldsymbol{y}\}$$
$$\text{subject}\quad \boldsymbol{y}^{\mathrm{T}}\boldsymbol{D}\boldsymbol{y} = b\boldsymbol{1}^{\mathrm{T}}\boldsymbol{D}\boldsymbol{1} = c$$

根据最小二乘法，上述约束条件极值对应的拉格朗日函数为

$$F(\boldsymbol{y},\lambda) = \boldsymbol{y}^{\mathrm{T}}(\boldsymbol{D}-\boldsymbol{W})\boldsymbol{y} - \lambda(\boldsymbol{y}^{\mathrm{T}}\boldsymbol{D}\boldsymbol{y} - c)$$

其拉格朗日函数的偏导数为

$$\frac{\partial F}{\partial \boldsymbol{y}} = (\boldsymbol{D}-\boldsymbol{W})\boldsymbol{y} - \lambda\boldsymbol{D}\boldsymbol{y} = 0 \Rightarrow (\boldsymbol{D}-\boldsymbol{W})\boldsymbol{y} = \lambda\boldsymbol{D}\boldsymbol{y} \tag{7-10}$$

设 $\boldsymbol{z} = \boldsymbol{D}^{\frac{1}{2}}\boldsymbol{y}$，则（7−10）式可简化为

$$(\boldsymbol{D}-\boldsymbol{W})\boldsymbol{D}^{-\frac{1}{2}}\boldsymbol{z} = \lambda\boldsymbol{D}^{\frac{1}{2}}\boldsymbol{z}$$

由于 $d_i>0$，上式两边同时乘以 $\boldsymbol{D}^{-\frac{1}{2}}$，可得

$$\boldsymbol{D}^{-\frac{1}{2}}(\boldsymbol{D}-\boldsymbol{W})\boldsymbol{D}^{-\frac{1}{2}}\boldsymbol{z} = \lambda\boldsymbol{z} \tag{7-11}$$

设 $\boldsymbol{M} = \boldsymbol{D}^{-\frac{1}{2}}(\boldsymbol{D}-\boldsymbol{W})\boldsymbol{D}^{-\frac{1}{2}} = \boldsymbol{E} - \boldsymbol{D}^{-\frac{1}{2}}\boldsymbol{W}\boldsymbol{D}^{-\frac{1}{2}}$，则

$$\boldsymbol{M} \triangleq m_{i,j} = \begin{cases} 1, & i = j \\ \dfrac{\omega_{i,j}}{\sqrt{d_i d_j}}, & i \neq j \end{cases}$$

由（7−11）式可知，$\boldsymbol{z}$ 为矩阵 $\boldsymbol{M}$ 的特征向量。由 $\boldsymbol{z} = \boldsymbol{D}^{\frac{1}{2}}\boldsymbol{y}$ 可以推导出 $\boldsymbol{y} = \boldsymbol{D}^{-\frac{1}{2}}\boldsymbol{z}$，并且 $y_i = z_i / \sqrt{d_i}$ 满足（7−11）式的最优解。由于 $\gamma_1 = \boldsymbol{1}^{\mathrm{T}}(\boldsymbol{D}-\boldsymbol{W})\boldsymbol{1} = 0$，可知 $\boldsymbol{z}_0 = \boldsymbol{D}^{\frac{1}{2}}\boldsymbol{1}$

为（7—10）式的最优解向量，其元素处处相等，不能对图节点进行分类划分。因此，工程上常常将矩阵 $M = D^{-\frac{1}{2}}(D-W)D^{-\frac{1}{2}}$ 的第二个最小特征向量作为正则割模型的实值解。根据特征向量的正交性，可知第三个最小特征向量可以看作是第二个最小特征向量在删边子图的基础上继续删除一些边。如果继续删边，那么加权图变为每个连通分支仅有一个孤立节点的删边子图。这种情况对应于将图像中的每个像素聚类为一个区域。然而由于特征向量的理论解和离散解间的近似误差随着特征向量个数的增加而累积，并且所有特征向量必须满足全局互正交性约束，因此，较大特征向量对图进行细分变得不可靠。

为了模拟人眼对图像的视觉感知，将图像表示为 $\boldsymbol{u}_0 = (\boldsymbol{X}, \boldsymbol{F})$，其中 $\boldsymbol{X}$ 表示图像中任意像素的空间位置，$\boldsymbol{F}$ 表示图像像素的视觉特性，如亮度、视觉颜色、纹理或者亮度/颜色变化。将图像像素点作为图节点，并分析人眼感受野内像素点间的视觉相似性，将相似度表示为相应节点边权重，将图像 $\boldsymbol{u}_0$ 的视觉感知转化为一个加权图 $G(\Omega, E, W)$，其中 Ω 表示图像像素集合。运用正则割模型分析图像区域，具体流程如下：

（1）构造邻接矩阵 $W(\boldsymbol{u}_0) = [\omega_{i,j}]_{N \times N}$，其中 N 表示图像像素点个数，$\omega_{i,j}$ 表示像素对 (i,j) 的视觉感知响应。人眼视觉感知响应不仅依赖于像素对的空间欧式距离，而且取决于像素对的视觉特性差异。假设人眼注意力集中在像素 i 上，此时人眼对像素 j 的关注程度依赖于两像素的空间距离，如果像素 j 在人眼感受野内，则对像素 j 的关注程度随距离增大而快速减少；如果像素 j 在人眼感受野外，则对像素 j 的关注程度为零。从像素对的距离角度来看，人眼对像素的关注程度可描述为

$$\omega_{i,j}^S = \begin{cases} \exp\left(-\dfrac{\|x_i - x_j\|_2^2}{\sigma_X^2}\right), & \|x_i - x_j\|_2^2 \leqslant R \\ 0, & \text{others} \end{cases} \tag{7—12}$$

式中，σ_X 表示人眼对距离的敏感程度，R 表示人眼的视觉感受大小。

人眼对感受野内像素对的视觉特性感知具有非线性，当像素对 (i,j) 的视觉特性差异较大时，人眼常常将它们独立对待，其感知权重趋于零；反之则具有相似性，其感知权重较大。人眼对像素对 (i,j) 的视觉特性感知可表示为

$$\omega_{i,j}^F = \exp\left(-\dfrac{\|F_i - F_j\|_2^2}{\sigma_F^2}\right) \tag{7—13}$$

式中，σ_F 表示人眼对视觉特性的敏感程度。

结合人眼对像素对的空间距离和视觉特性的感知，像素对 (i,j) 的视觉感知响应可表示为

$$\begin{aligned} \omega_{ij} &= \omega_{i,j}^F \omega_{i,j}^S \\ &= \exp\left(-\dfrac{\|F_i - F_j\|_2^2}{\sigma_F^2}\right) \times \begin{cases} \exp\left(-\dfrac{\|x_i - x_j\|_2^2}{\sigma_X^2}\right), & \|x_i - x_j\|_2^2 \leqslant R \\ 0, & \text{others} \end{cases} \end{aligned} \tag{7—14}$$

（2）分析任意视野内 Λ_i 像素的整体相似性 $D(\boldsymbol{u}_0)$：$d_i(\boldsymbol{u}_0) = \sum\limits_{j \in \Lambda_i} \omega_{ij}$。

（3）根据（7—9）式构建图像区域分割的能量泛函：

$$E_{Ncut}(\boldsymbol{u}_0, \boldsymbol{u}) = \frac{\boldsymbol{u}^{\mathrm{T}}[D(\boldsymbol{u}_0) - W(\boldsymbol{u}_0)]\boldsymbol{u}}{\boldsymbol{u}^{\mathrm{T}}D(\boldsymbol{u}_0)\boldsymbol{u}} \tag{7—15}$$

并求其最优解。由于图像像素个数较多，其邻接矩阵 $W(u_0)$ 阶数较大，导致无法直接运用矩阵的奇异值分解方法求解特征向量。工程上常常运用幂乘法计算特征向量 u。

（4）分析特征值较小的特征向量元素分布，实现图像区域分割。

7.2　区域颜色

图像区域颜色是像素集合的整体特征，它可直观地描述该区域的光谱属性。图像像素可看作一个随机变量，区域内亮度/颜色在视觉上具有相似性，因此，其颜色可看作同一总体的随机分布。从数理统计的角度来看，区域内灰度/颜色可表示为统计均值和分布函数。统计均值从整体上描述了亮度/颜色等级，但忽略了亮度/颜色的分布情况；分布函数直观地描述了亮度/颜色的分布情况。

7.2.1　区域颜色表示

图像区域在视觉上具有空间近邻性和亮度相似性，其像素可看作服从同一分布且相互独立的样本。图像分布可简单地表示为直方图，直方图表示各个亮度等级在区域内中出现的频率，是最常用的亮度分布特征表达方法。直方图不受图像旋转和平移变化的影响，但不能表示空间分布信息。

图像某区域有 N_m 个像素，该区域亮度等级取值为 $\{u_1, u_2, \cdots, u_k, \cdots\}$，其中亮度等级 u_k 出现了 n_k 次，则 u_k 在该区域内出现的频率为

$$p(u_k) = \frac{n_k}{N_m} \tag{7-16}$$

图像中第 m 个区域像素亮度等级取值为 $\{x_1, x_2, \cdots, x_k\}$，则该区域亮度直方图为 M：

x_i	x_1	x_2	$\cdots$	x_{k-1}	x_m
p^m	p_1^m	p_2^m	$\cdots$	p_{k-1}^m	p_k^m

灰度图像中像素取值仅仅表示了亮度信息，该图像的亮度等级只有 256 级，所以灰度图像区域直方图表示比较简单。然而彩色图像表示的颜色多达 256^3 种，每个颜色等级在区域内出现的频率较小，其直方图意义不明显。

对于彩色图像，假设区域的像素个数为无穷大，且像素颜色都是独立的。由大数定理和中心极限定理可知，大量的相互独立、服从同一分布的随机变量总体服从高斯分布，该定理表示了图像区域颜色可描述为高斯分布。

设一幅图像的第 m 个区域由像素 $u_i^m = (u_{i,1}^m, u_{i,2}^m, u_{i,3}^m)^T, i = 1, 2, \cdots, N_m$ 构成，那么该区域颜色分布密度函数可表示为

$$G^m(\boldsymbol{\mu}_m, \boldsymbol{\Sigma}_m, u_i^m) = \frac{1}{\sqrt{(2\pi)^3 \det(\boldsymbol{\Sigma}_m)}} \exp\left[-\frac{1}{2}(u_i^m - \boldsymbol{\mu}_m)^T \boldsymbol{\Sigma}_m^{-1}(u_i^m - \boldsymbol{\mu}_m)\right]$$

$$\tag{7-17}$$

式中，$\boldsymbol{\mu}_m$ 和 $\boldsymbol{\Sigma}_m$ 分别表示该区域颜色的均值向量和协方差阵。

根据数理统计，高斯分布参数 $\boldsymbol{\mu}_m$ 和 $\boldsymbol{\Sigma}_m$ 可运用最大似然估计方法得到。设第 m 个区域颜色服从高斯分布，其分布参数为 $\boldsymbol{\theta} = (\boldsymbol{\mu}_m, \boldsymbol{\Sigma}_m)$，独立同分布的像素颜色样本集 $D = \{u_1^m, u_2^m, \cdots, u_{N_m}^m\}$ 的联合分布函数 $p(D \mid \boldsymbol{\theta})$ 为

$$p(D \mid \boldsymbol{\theta}) = p(u_1^m, u_2^m, \cdots, u_{N_m}^m \mid \boldsymbol{\theta}) = \prod_{i=1}^{N_m} p(\boldsymbol{u}_i^m \mid \boldsymbol{\theta}) \tag{7-18}$$

在数理统计中，联合分布函数 $p(D \mid \boldsymbol{\theta})$ 称为相对于样本 D 的参数似然函数：

$$\ell(\boldsymbol{\theta}) = \prod_{i=1}^{N_m} p(\boldsymbol{u}_i^m \mid \boldsymbol{\theta})$$

参数 $\boldsymbol{\theta}$ 的估计可以表示为

$$\hat{\boldsymbol{\theta}} = \underset{\boldsymbol{\theta}}{\arg\max}\{\ell(\boldsymbol{\theta})\} = \underset{\boldsymbol{\theta}}{\arg\max}\Big\{\prod_{i=1}^{N_m} p(\boldsymbol{u}_i^m \mid \boldsymbol{\theta})\Big\} \tag{7-19}$$

为了简化计算，常常引入对数似然函数 $f(\boldsymbol{\theta}) = \ln[\ell(\boldsymbol{\theta})]$：

$$f(\boldsymbol{\theta}) = \underset{\boldsymbol{\theta}}{\arg\max}\{\ln[\ell(\boldsymbol{\theta})]\} = \underset{\boldsymbol{\theta}}{\arg\max}\Big\{\ln\Big[\prod_{i=1}^{N_m} p(\boldsymbol{u}_i^m \mid \boldsymbol{\theta})\Big]\Big\}$$

参数 $\boldsymbol{\theta} = (\boldsymbol{\mu}_m, \boldsymbol{\Sigma}_m)$ 应为偏微分方程的解：

$$\frac{\partial \ln[\ell(\boldsymbol{\theta})]}{\partial \boldsymbol{\theta}} = \sum_{i=1}^{N_m} \frac{\partial \ln[p(\boldsymbol{u}_i^m \mid \boldsymbol{\theta})]}{\partial \boldsymbol{\theta}} = 0$$

图像区域颜色分布高斯参数的估计值为

$$\begin{cases} \boldsymbol{\mu}_m = \dfrac{1}{N_m} \sum_{i=1}^{N_m} \boldsymbol{u}_i^m = \bar{\boldsymbol{u}}^m \\[3mm] \boldsymbol{\Sigma}_m = \dfrac{1}{N_m} \sum_{i=1}^{N_m} (\boldsymbol{u}_i^m - \bar{\boldsymbol{u}}^m)(\boldsymbol{u}_i^m - \bar{\boldsymbol{u}}^m)^{\mathrm{T}} \end{cases} \tag{7-20}$$

该区域像素颜色样本均值向量可计算为

$$\bar{\boldsymbol{u}}^m = (\bar{u}_1^m, \bar{u}_2^m, \bar{u}_3^m)^{\mathrm{T}} = \frac{1}{N_m} \sum_{i=1}^{N_m} \boldsymbol{u}_i^m \tag{7-21}$$

颜色样本离差矩阵定义为

$$\begin{aligned} \boldsymbol{S}^m &= \sum_{i=1}^{N_m} (\boldsymbol{u}_i^m - \bar{\boldsymbol{u}}^m)(\boldsymbol{u}_i^m - \bar{\boldsymbol{u}}^m)^{\mathrm{T}} \\ &= \sum_{i=1}^{N_m} \begin{bmatrix} (u_{i,1}^m - \bar{u}_1^m)^2 & (u_{i,1}^m - \bar{u}_1^m)(u_{i,2}^m - \bar{u}_2^m) & (u_{i,1}^m - \bar{u}_1^m)(u_{i,3}^m - \bar{u}_3^m) \\ (u_{i,2}^m - \bar{u}_2^m)(u_{i,1}^m - \bar{u}_1^m) & (u_{i,2}^m - \bar{u}_2^m)^2 & (u_{i,2}^m - \bar{u}_2^m)(u_{i,3}^m - \bar{u}_3^m) \\ (u_{i,3}^m - \bar{u}_3^m)(u_{i,1}^m - \bar{u}_1^m) & (u_{i,3}^m - \bar{u}_3^m)(u_{i,2}^m - \bar{u}_2^m) & (u_{i,3}^m - \bar{u}_3^m)^2 \end{bmatrix} \end{aligned}$$

颜色协差矩阵为

$$\boldsymbol{V}^m = \frac{1}{N_m} \boldsymbol{S}^m = \frac{1}{N_m} \sum_{i=1}^{N_m} (\boldsymbol{u}_i^m - \bar{\boldsymbol{u}}^m)(\boldsymbol{u}_i^m - \bar{\boldsymbol{u}}^m)^{\mathrm{T}} = \frac{1}{N_m} \sum_{i=1}^{N_m} \boldsymbol{u}_i^m (\boldsymbol{u}_i^m)^{\mathrm{T}} - \bar{\boldsymbol{u}}^m (\bar{\boldsymbol{u}}^m)^{\mathrm{T}}$$

上式中的第一项 $\dfrac{1}{N_m} \sum\limits_{i=1}^{N_m} \boldsymbol{u}_i^m (\boldsymbol{u}_i^m)^{\mathrm{T}}$ 为像素二阶原点矩阵：

$$\boldsymbol{X}_2^m = \frac{1}{N_m} \sum_{i=1}^{N_m} \boldsymbol{u}_i^m (\boldsymbol{u}_i^m)^{\mathrm{T}} = \frac{1}{N_m} \sum_{i=1}^{N_m} \begin{bmatrix} (u_{i,1}^m)^2 & u_{i,1}^m u_{i,2}^m & u_{i,1}^m u_{i,3}^m \\ u_{i,2}^m u_{i,1}^m & (u_{i,2}^m)^2 & u_{i,2}^m u_{i,3}^m \\ u_{i,3}^m u_{i,1}^m & u_{i,3}^m u_{i,2}^m & (u_{i,3}^m)^2 \end{bmatrix}$$

颜色协差矩阵可简化为

$$\boldsymbol{V}^m = \boldsymbol{X}_2^m - \bar{\boldsymbol{u}}^m (\bar{\boldsymbol{u}}^m)^{\mathrm{T}} \tag{7-22}$$

运用最大似然法估计第 m 个区域颜色分布的高斯参数为 $\boldsymbol{\mu}_m = \bar{\boldsymbol{u}}^m$，$\boldsymbol{\Sigma}_m = \boldsymbol{V}^m$，其参数估计的代码见程序 7-2。协方差行列式及逆矩阵的计算见程序 7-3。

程序 7-2　图像区域颜色高斯分布参数估计

```
BOOL RegionGaussianparameter (double * lpData, int width, int * Tempid, double * parameter, int
&cluster) {/* Tempid 区域编号，parameter 参数构成：[0] 区域面积 [1] 协方差矩阵行列式 [2-
4] 均值 [5-13] 协方差矩阵元素 */
memset (parameter, 0, sizeof (double) * 14 * cluster); int Temi, Temj, Temk; double * cov=new
double [9]; memset (cov, 0, sizeof (double) * 9); //设置初值
for (Temi=0; Temi<width; Temi++) { parameter [14 * Tempid [Temi]] +=1; //区域面积计算
parameter [14 * Tempid [Temi] +2] +=lpData [3 * Temi]; //计算均值向量
parameter [14 * Tempid [Temi] +3] +=lpData [3 * Temi+1];
parameter [14 * Tempid [Temi] +4] +=lpData [3 * Temi+2]; //计算协方差阵
parameter [14 * Tempid [Temi] +5] +=lpData [3 * Temi] * lpData [3 * Temi];
parameter [14 * Tempid [Temi] +6] +=lpData [3 * Temi] * lpData [3 * Temi+1];
parameter [14 * Tempid [Temi] +7] +=lpData [3 * Temi] * lpData [3 * Temi+2];
parameter [14 * Tempid [Temi] +8] =parameter [14 * Tempid [Temi] +6];
parameter [14 * Tempid [Temi] +9] +=lpData [3 * Temi+1] * lpData [3 * Temi+1];
parameter [14 * Tempid [Temi] +10] +=lpData [3 * Temi+1] * lpData [3 * Temi+2];
parameter [14 * Tempid [Temi] +11] =parameter [14 * Tempid [Temi] +7];
parameter [14 * Tempid [Temi] +12] =parameter [14 * Tempid [Temi] +10];
parameter [14 * Tempid [Temi] +13] +=lpData [3 * Temi+2] * lpData [3 * Temi+2];}
for (Temj=0; Temj<cluster; Temj++) {double det=0;
parameter [14 * Temj+2] /=parameter [14 * Temj]; parameter [14 * Temj+3] /=parameter [14 * Temj];
parameter [14 * Temj+4] /=parameter [14 * Temj];
for (Temi=0; Temi<3; Temi++)    for (Temk=0; Temk<3; Temk++)
cov [3 * Temi+Temk] =parameter [14 * Temj+5+3 * Temi+Temk] /parameter [14 * Temj] -
parameter [14 * Temj+2+Temi] * parameter [14 * Temj+2+Temk];
InverseCov_Det (cov, det); /* 程序 7-3 */for (Temi=0; Temi<9; Temi++)
parameter [14 * Temj+Temi+5] =cov [Temi]; parameter [14 * Temj] /= (1.0 * width);
parameter [14 * Temj+1] =det;} delete [] cov; return FUN_OK;}
```

程序 7-3　协方差行列式及逆矩阵

```
BOOL InverseCov_Det (double * cov, double&det) { double * inversecov=new double [9];
det=cov [0] * (cov [4] * cov [8] -cov [5] * cov [7]) -cov [1] * (cov [3] * cov [8] -
cov [5] * cov [6]) +cov [2] * (cov [3] * cov [7] -cov [4] * cov [6]); //利用伴随矩阵进行计算
if (det<=std:: numeric_limits<double>:: epsilon ()) {
cov [0] +=0.01; cov [4] +=0.01; cov [8] +=0.01;
det=cov [0] * (cov [4] * cov [8] -cov [5] * cov [7]) -cov [1] * (cov [3] * cov [8] -
cov [5] * cov [6]) +cov [2] * (cov [3] * cov [7] -cov [4] * cov [6]);}
inversecov [0] = (cov [4] * cov [8] -cov [5] * cov [7]) /det; //计算协方差的逆矩阵
inversecov [1] =- (cov [3] * cov [8] -cov [5] * cov [6]) /det;
inversecov [2] = (cov [3] * cov [7] -cov [4] * cov [6]) /det;
inversecov [3] =- (cov [1] * cov [8] -cov [2] * cov [7]) /det;
inversecov [4] = (cov [0] * cov [8] -cov [2] * cov [6]) /det;
inversecov [5] =- (cov [0] * cov [7] -cov [1] * cov [6]) /det;
inversecov [6] = (cov [1] * cov [5] -cov [2] * cov [4]) /det;
inversecov [7] =- (cov [0] * cov [5] -cov [2] * cov [3]) /det;
inversecov [8] = (cov [0] * cov [4] -cov [1] * cov [3]) /det;
memcpy (cov, inversecov, sizeof (double) * 9); delete [] inversecov; return FUN_OK;}
```

运用最大似然法估计的区域颜色分布高斯参数具有以下性质：

（1）$E(\bar{\boldsymbol{u}}^m) = \boldsymbol{\mu}_m$，即 $\bar{\boldsymbol{u}}^m$ 是 $\boldsymbol{\mu}_m$ 的无偏估计。

（2）由于 $E(\boldsymbol{V}^m) = \dfrac{N_m - 1}{N_m}\boldsymbol{\Sigma}_m \neq \boldsymbol{\Sigma}_m$，所以 $\boldsymbol{V}^m$ 不是 $\boldsymbol{\Sigma}_m$ 的无偏估计，而 $E\left(\dfrac{\boldsymbol{S}^m}{N_m - 1}\right) = E\left(\dfrac{N_m \boldsymbol{V}^m}{N_m - 1}\right) = \boldsymbol{\Sigma}_m$，即 $\dfrac{\boldsymbol{S}^m}{N_m - 1}$ 为 $\boldsymbol{\Sigma}_m$ 的无偏估计。

（3）$\bar{\boldsymbol{u}}^m$ 和 $\boldsymbol{V}^m$ 分别是 $\boldsymbol{\mu}_m$ 和 $\boldsymbol{\Sigma}_m$ 的有效估计。

（4）$\bar{\boldsymbol{u}}^m$ 和 $\boldsymbol{V}^m$（或 $\dfrac{\boldsymbol{S}^m}{N_m - 1}$）分别是 $\boldsymbol{\mu}_m$ 和 $\boldsymbol{\Sigma}_m$ 的一致估计。

区域颜色样本均值向量和协方差阵有以下结论：

（1）$\bar{\boldsymbol{u}}^m$ 和 $\boldsymbol{V}^m$ 相互独立。

（2）$\boldsymbol{V}^m$ 正定的充要条件是 $N_m > 3$，这一条件常常自动满足，因为图像区域内像素个数一般均大于 3 个像素。

7.2.2　颜色相似性分析

颜色相似性分析在图像处理领域具有广泛的应用，如 K-means 和 SLIC。在图像工程领域，像素间颜色相似测度常常采用欧式距离，概率分布表示的区域颜色常常利用熵计算其相似性。在概率论或信息论中，信息熵用于刻画消除随机变量 X 的不确定性 $p(x)$ 所需的信息量，定义为

$$H(x) = -\sum_{x \in X} p(x)\log p(x)$$

若随机变量 X 存在 $p(x), q(x)$ 两个单独分布，其中 $p(x)$ 为真实分布，$q(x)$ 为拟合分布，那么用 $q(x)$ 分布来拟合随机变量 X 真实分布的信息熵称为交叉熵，即

$$H(p, q) = -\sum_{x \in X} p(x)\log q(x)$$

随机变量 X 的两个分布 $p(x), q(x)$ 间的差异定义为交叉熵与 $p(x)$ 信息熵之差，该差值又称为 KL 散度，可计算为

$$
\begin{aligned}
D_{\mathrm{KL}}(p \parallel q) &= H(p, q) - H(p) \\
&= -\sum_{x \in X} p(x)\log q(x) + \sum_{x \in X} p(x)\log p(x) \\
&= \sum_{x \in X} p(x)\log \frac{p(x)}{q(x)}
\end{aligned}
\tag{7-23}
$$

由（7-23）式可见，KL 散度评判两个分布的相对差异程度。根据 Jensen 不等式，如果一个函数是凸函数，那么函数的期望大于等于期望的函数：

$$E(\varphi(x)) \geqslant \varphi(E(x))$$

由于（7-23）式中 $-\log(\cdot)$ 为凸函数，且 $\displaystyle\sum_{x \in X} q(x) = 1$，所以（7-23）式可表示为

$$D_{KL}(p \parallel q) = E_p\left[\log\frac{p(x)}{q(x)}\right] = E_p\left[-\log\frac{q(x)}{p(x)}\right]$$

$$\geqslant -\log\left[E_p\frac{q(x)}{p(x)}\right] = -\log\left[\sum_{x \in X} p(x)\frac{q(x)}{p(x)}\right]$$

$$= -\log\left[\sum_{x \in X} q(x)\right] = 0 \tag{7-24}$$

由 (7-24) 式可知，KL 散度具有非负性，当且仅当拟合分布与真实分布完全相同，即 $q(x) = p(x)$ 时，KL 散度等于 0。一般情况下 $q(x) \neq p(x)$，则 $\sum_{x \in X} p(x)\log\frac{p(x)}{q(x)} \neq \sum_{x \in X} q(x)\log\frac{q(x)}{p(x)}$，可知 KL 散度具有非对称性。

KL 散度的非对称性限制了两个分布的相似性测度。对此，学者们延拓了 KL 散度，提出了 KL 距离。随机事件的 $p(x), q(x)$ 分布的 KL 距离定义为

$$D(p,q) = \frac{1}{2}\left[D_{KL}(p \parallel q) + D_{KL}(q \parallel p)\right] \tag{7-25}$$

在图像区域颜色分布相似性测度中，若两区域灰度分布为直方图，其灰度等级分布分别为 $X^F \sim p(x) = \{p_1, p_2, \cdots, p_k\}$ 和 $X^B \sim q(x) = \{q_1, q_2, \cdots, q_k\}$，则两区域间灰度分度的 KL 距离可计算为

$$D_H(X^F, X^B) = \frac{1}{2}\left[D_{KL}(X^F \parallel X^B) + D_{KL}(X^B \parallel X^F)\right]$$

$$= \frac{1}{2}\left[\sum_{x \in X} p(x)\log\frac{p(x)}{q(x)} + \sum_{x \in X} q(x)\log\frac{q(x)}{p(x)}\right]$$

$$= \frac{1}{2}\sum_{x \in X}\left[p(x)\log\frac{p(x)}{q(x)} + q(x)\log\frac{q(x)}{p(x)}\right] \tag{7-26}$$

由 (7-26) 式可见，KL 距离具有对称性。$p(x), q(x)$ 为同一随机事件的不同分布，这表明 KL 距离刻画了相同随机变量不同分布的相似性。对于图像区域灰度分布测度，KL 距离可有效测量灰度等级重叠区域间的差异。

若两区域灰度/颜色分布为高斯分布，图像中第 n 个区域颜色分布服从高斯分布 $X^F \sim G^n(\boldsymbol{u}) = N(\boldsymbol{u} \mid \boldsymbol{\mu}_n, \boldsymbol{\Sigma}_n)$，第 m 个区域为 $X^B \sim G^m(\boldsymbol{u}) = N(\boldsymbol{u} \mid \boldsymbol{\mu}_m, \boldsymbol{\Sigma}_m)$，则区域间颜色分度的 KL 距离计算为

$$D_G(X^F, X^B) = \frac{1}{2}\left[D_{KL}(X^F \parallel X^B) + D_{KL}(X^B \parallel X^F)\right]$$

$$= \frac{1}{2}\left[D_{KL}(G^n(\boldsymbol{\mu}_n, \boldsymbol{\Sigma}_n) \parallel G^m(\boldsymbol{\mu}_m, \boldsymbol{\Sigma}_m)) + \right.$$

$$\left. D_{KL}(\parallel G^m(\boldsymbol{\mu}_m, \boldsymbol{\Sigma}_m) \parallel G^n(\boldsymbol{\mu}_n, \boldsymbol{\Sigma}_n))\right] \tag{7-27}$$

式中，

$$D_{KL}(G^n(\boldsymbol{\mu}_n, \boldsymbol{\Sigma}_n) \parallel G^m(\boldsymbol{\mu}_m, \boldsymbol{\Sigma}_m)) = G^n(\boldsymbol{\mu}_n, \boldsymbol{\Sigma}_n)\ln\frac{G^n(\boldsymbol{\mu}_n, \boldsymbol{\Sigma}_n)}{G^m(\boldsymbol{u})}$$

$$= E_{G^n}\left[\ln G^n(\boldsymbol{\mu}_n, \boldsymbol{\Sigma}_n) - \ln G^m(\boldsymbol{u})\right]$$

设

$$E_{G^n}\left[\ln G^n(\boldsymbol{\mu}_n,\boldsymbol{\Sigma}_n)-\ln G^m(\boldsymbol{u})\right]$$

$$=\frac{1}{2}E_{G^n}\left[-\ln|\boldsymbol{\Sigma}_n|-(\boldsymbol{u}-\boldsymbol{\mu}_n)^{\mathrm{T}}\boldsymbol{\Sigma}_n^{-1}(\boldsymbol{u}-\boldsymbol{\mu}_n)+\ln|\boldsymbol{\Sigma}_m|+(\boldsymbol{u}-\boldsymbol{\mu}_m)^{\mathrm{T}}\boldsymbol{\Sigma}_m^{-1}(\boldsymbol{u}-\boldsymbol{\mu}_m)\right]$$

$$=\frac{1}{2}\ln\frac{|\boldsymbol{\Sigma}_m|}{|\boldsymbol{\Sigma}_n|}+\frac{1}{2}E_{G^n}\left[-(\boldsymbol{u}-\boldsymbol{\mu}_n)^{\mathrm{T}}\boldsymbol{\Sigma}_n^{-1}(\boldsymbol{u}-\boldsymbol{\mu}_n)+(\boldsymbol{u}\quad\boldsymbol{\mu}_m)^{\mathrm{T}}\boldsymbol{\Sigma}_m^{-1}(\boldsymbol{u}-\boldsymbol{\mu}_m)\right]$$

上式中的第二项可做以下简化：

$$E_{G^n}\left[-(\boldsymbol{u}-\boldsymbol{\mu}_n)^{\mathrm{T}}\boldsymbol{\Sigma}_n^{-1}(\boldsymbol{u}-\boldsymbol{\mu}_n)+(\boldsymbol{u}-\boldsymbol{\mu}_m)^{\mathrm{T}}\boldsymbol{\Sigma}_m^{-1}(\boldsymbol{u}-\boldsymbol{\mu}_m)\right]$$

$$=E_{G^n}\left\{-\mathrm{tr}\left[\boldsymbol{\Sigma}_n^{-1}(\boldsymbol{u}-\boldsymbol{\mu}_n)(\boldsymbol{u}-\boldsymbol{\mu}_n)^{\mathrm{T}}\right]\right\}+E_{G^n}\left\{\mathrm{tr}\left[\boldsymbol{\Sigma}_m^{-1}(\boldsymbol{u}-\boldsymbol{\mu}_m)(\boldsymbol{u}-\boldsymbol{\mu}_m)^{\mathrm{T}}\right]\right\}$$

$$=-\mathrm{tr}\left\{\boldsymbol{\Sigma}_n^{-1}E_{G^n}\left[(\boldsymbol{u}-\boldsymbol{\mu})(\boldsymbol{u}-\boldsymbol{\mu})^{\mathrm{T}}\right]\right\}+\mathrm{tr}\left\{\boldsymbol{\Sigma}_m^{-1}E_{G^n}\left[(\boldsymbol{u}-\boldsymbol{\mu}_m)(\boldsymbol{u}-\boldsymbol{\mu}_m)^{\mathrm{T}}\right]\right\}$$

$$=-\mathrm{tr}(\boldsymbol{\Sigma}_n^{-1}\boldsymbol{\Sigma}_n)+\mathrm{tr}\left[\boldsymbol{\Sigma}_m^{-1}E_{P(\boldsymbol{u})}(\boldsymbol{\Sigma}_n+\boldsymbol{u}\boldsymbol{u}^{\mathrm{T}}-\boldsymbol{\mu}_m\boldsymbol{u}^{\mathrm{T}}-\boldsymbol{u}\boldsymbol{\mu}_m^{\mathrm{T}}+\boldsymbol{\mu}_m\boldsymbol{\mu}_m^{\mathrm{T}})\right]$$

$$=-3+\mathrm{tr}\left[\boldsymbol{\Sigma}_m^{-1}(\boldsymbol{\Sigma}_n+\boldsymbol{\mu}_n\boldsymbol{\mu}_n^{\mathrm{T}}-\boldsymbol{\mu}_m\boldsymbol{\mu}_n^{\mathrm{T}}-\boldsymbol{\mu}_n\boldsymbol{\mu}_m^{\mathrm{T}}+\boldsymbol{\mu}_m\boldsymbol{\mu}_m^{\mathrm{T}})\right]$$

$$=-3+\mathrm{tr}(\boldsymbol{\Sigma}_m^{-1}\boldsymbol{\Sigma}_n)+\mathrm{tr}(\boldsymbol{\mu}_n\boldsymbol{\Sigma}_m^{-1}\boldsymbol{\mu}_n^{\mathrm{T}}-2\boldsymbol{\mu}_n\boldsymbol{\Sigma}_m^{-1}\boldsymbol{\mu}_m^{\mathrm{T}}+\boldsymbol{\mu}_m\boldsymbol{\Sigma}_m^{-1}\boldsymbol{\mu}_m^{\mathrm{T}})$$

$$=-3+\mathrm{tr}\left[\boldsymbol{\Sigma}_m^{-1}\boldsymbol{\Sigma}_n+\mathrm{tr}(\boldsymbol{\mu}_m-\boldsymbol{\mu}_n)\boldsymbol{\Sigma}_{\mu_m}^{-1}(\boldsymbol{\mu}_m-\boldsymbol{\mu}_n)^{\mathrm{T}}\right]$$

则有

$$D_{\mathrm{KL}}(G^n(\boldsymbol{\mu}_n,\boldsymbol{\Sigma}_n)\,\|\,G^m(\boldsymbol{u}))$$

$$=\frac{1}{2}\left\{\ln\frac{|\boldsymbol{\Sigma}_m|}{|\boldsymbol{\Sigma}_n|}-3+\mathrm{tr}(\boldsymbol{\Sigma}_m^{-1}\boldsymbol{\Sigma}_n)+\mathrm{tr}\left[(\boldsymbol{\mu}_m-\boldsymbol{\mu}_n)\boldsymbol{\Sigma}_m^{-1}(\boldsymbol{\mu}_m-\boldsymbol{\mu}_n)^{\mathrm{T}}\right]\right\}$$

$$=\frac{1}{2}\ln\frac{|\boldsymbol{\Sigma}_m|}{|\boldsymbol{\Sigma}_n|}+\frac{1}{2}\mathrm{tr}(\boldsymbol{\Sigma}_m^{-1}\boldsymbol{\Sigma}_n)+\frac{1}{2}\mathrm{tr}\left[(\boldsymbol{\mu}_m-\boldsymbol{\mu}_n)\boldsymbol{\Sigma}_m^{-1}(\boldsymbol{\mu}_m-\boldsymbol{\mu}_n)^{\mathrm{T}}\right]-\frac{3}{2}$$

$$(7-28)$$

同理，可计算 $D_{\mathrm{KL}}(G^m(\boldsymbol{\mu}_m,\boldsymbol{\Sigma}_m)\,\|\,G^n(\boldsymbol{\mu}_n,\boldsymbol{\Sigma}_n))$。

两个高斯分布的 KL 散度的计算代码见程序 7—4。

程序 7—4　高斯分布的 KL 散度

```
Double KLDivergence _ Gaussions (double * parameter1，double * parameter2) {
/ * parameter1 和 parameter1 分别表示两个高斯分布参数，其参数构成：[0] 区域面积 [1] 协方差矩
阵行列式 [2—4] R、G、B 值的均值 [5—13] 协方差矩阵元素 * /
int Temi, Temk; double * cov=new double [9]; memset (cov, 0, sizeof (double) * 9);
for (Temi=0; Temi<9; Temi++) cov [Temi] =parameter1 [Temi+5];
double det=0; InverseCov _ Det (cov, det); //求出 Gaussian2 的逆矩阵，如程序 7—3
double logValue=log2 (parameter2 [1] /parameter1 [1]); //计算（7—28）式第一项
//计算（7—28）式第二项
double trace=cov [0] * parameter1 [5] +cov [1] * parameter1 [8] +cov [2] * parameter1 [11]
+cov [3] * parameter1 [6] +cov [4] * parameter1 [9] +cov [5] * parameter1 [12] +cov [6]
* parameter1 [7] +cov [7] * parameter1 [10] +cov [8] * parameter1 [13];
double a=parameter2 [2] −parameter1 [2]; double b=parameter2 [3] −parameter1 [3];
double c=parameter2 [4] −parameter1 [4];
//计算（7—28）式第三项
double multiValue=a * (cov [0] * a+cov [3] * b+cov [6] * c) +b * (cov [1] * a+cov [4] *
b+cov [7] * c) +c * (cov [2] * a+cov [5] * b+cov [8] * c);
return logValue+trace+multiValue;}
```

高斯分布的 KL 距离计算仅仅与高斯函数参数有关，工程上放松了对区域间颜色等级重叠程度的要求。由于 KL 距离是 KL 散度的延伸，虽然弥补了 KL 散度的非对称性，但

失效于对颜色完全不重叠两区域分布相似性的衡量。

图像区域分割算法常常将空间近邻颜色相似的区域进行合并，合并后的区域颜色包含了合并前两区域的所有颜色。学者们根据区域合并前后颜色信息相似性提出了 JS 散度。假设两区域颜色分布为 $X \sim p(x)$，$Y \sim q(y)$，其区域合并后颜色为 $Z = X + Y$，且 $Z \sim p(z) = p(x) + \dfrac{p(y)}{2}$，则 X,Y 分布的 JS 散度定义为

$$D_{JS}(X \parallel Y) = \frac{1}{2}\big[D_{KL}(X \parallel Z) + D_{KL}(Y \parallel Z)\big]$$

$$= \frac{1}{2}\sum\Big[p(x)\log\frac{2p(x)}{p(x)+q(y)} + p(y)\log\frac{2q(y)}{p(x)+q(y)}\Big]$$

$$(7-29)$$

由于 $Z = X + Y$，即 Z 包含了 X 和 Y 的所有随机变量，故 $D_{KL}(\cdot \parallel \cdot)$ 均有意义。JS 散度继承了 KL 距离对称性的优点，放松了 KL 距离的前提条件。

一幅灰度图像存在两个区域：一个区域包含 n 个像素，灰度等级范围为 $\{1,2,\cdots,k\}$，其直方图为 $X^F \sim p(x) = \{p_1,p_2,\cdots,p_k\}$；另一个区域包含 m 个像素，灰度等级范围为 $\{1,2,\cdots,n\}$，其直方图为 $X^B \sim q(x) = \{q_1,q_2,\cdots,q_n\}$。若两个区域合并为一个区域，该区域包含 $n + m$ 个像素，灰度等级范围为 $\{1,2,\cdots,l\}$，$l = \max\{k,n\}$，其灰度直方图为 $X \sim k(x) = \{k_1,k_2,\cdots,k_l\}$，该区域的灰度分布为

$$k(x) = \frac{m}{m+n}\times p(x) + \frac{n}{m+n}\times q(x), x = 1,2,\cdots,l$$

区域间灰度分度的 JS 散度可计算为

$$D_{JS}^H(X^F,X^B) = \frac{1}{2}\big[D_{KL}(X^F \parallel X) + D_{KL}(X^B \parallel X)\big]$$

$$= \frac{1}{2}\Big[\sum_{x\in X}p(x)\log\frac{p(x)}{k(x)} + \sum_{x\in X}q(x)\log\frac{q(x)}{k(x)}\Big]$$

$$= \frac{1}{2}\sum_{x\in X}\{p(x)\log p(x) + q(x)\log q(x) - [p(x)+q(x)]\log k(x)\}$$

$$(7-30)$$

假设某图像存在两个区域：一个区域包含 n 个像素，其像素集合为 $\{u_i, i = 1,2,\cdots,n\}$，该区域颜色分布为 $X^F \sim G^1(u) = N(u \mid \mu_1,\Sigma_1)$；另一个区域包含 m 个像素，其像素集合为 $\{u_i, i = n+1,n+2,\cdots,n+m\}$，该区域颜色分布为 $X^B \sim G^2(u) = N(u \mid \mu_2,\Sigma_2)$。由极大似然估计，可知 μ_1 和 μ_2 为

$$\begin{cases} \mu_1 = \dfrac{1}{n}\sum_{i=1}^{n}u_i, i = 1,2,\cdots,n \\ \mu_2 = \dfrac{1}{m}\sum_{i=n+1}^{n+m}u_j, i = n+1,n+2,\cdots,n+m \end{cases}$$

协方差矩阵 Σ_1 和 Σ_2 分别为

$$\Sigma_1 = \frac{1}{n-1}v_1, \Sigma_2 = \frac{1}{m-1}v_2$$

式中，

$$\begin{cases} \boldsymbol{v}_1 = \sum_{i=1}^{n} (\boldsymbol{u}_i - \boldsymbol{\mu}_1)(\boldsymbol{u}_i - \boldsymbol{\mu}_1)^{\mathrm{T}} = \sum_{i=1}^{n} \boldsymbol{u}_i \boldsymbol{u}_i^{\mathrm{T}} - n \boldsymbol{\mu}_1 \boldsymbol{\mu}_1^{\mathrm{T}} \\ \boldsymbol{v}_2 = \sum_{i=n+1}^{n+m} (\boldsymbol{u}_i - \boldsymbol{\mu}_1)(\boldsymbol{u}_i - \boldsymbol{\mu}_1)^{\mathrm{T}} = \sum_{i=n+1}^{n+m} \boldsymbol{u}_i \boldsymbol{u}_i^{\mathrm{T}} - m \boldsymbol{\mu}_2 \boldsymbol{\mu}_2^{\mathrm{T}} \end{cases}$$

若两个区域合并，则合并后的区域包含 $n+m$ 个像素，其颜色分布也服从高斯分布 $X \sim G(\boldsymbol{u}) = N(\boldsymbol{u}|\boldsymbol{\mu}, \boldsymbol{\Sigma})$，根据极大似然估计，参数 $\boldsymbol{\mu}$ 和 $\boldsymbol{v}$ 分别为

$$\boldsymbol{\mu} = \frac{1}{n+m} \sum_{i=1}^{n+m} \boldsymbol{u}_i = \frac{1}{n+m} \left(\sum_{i=1}^{n} \boldsymbol{u}_i + \sum_{i=n+1}^{n+m} \boldsymbol{u}_i \right) = \frac{n}{n+m} \boldsymbol{\mu}_1 + \frac{m}{n+m} \boldsymbol{\mu}_2 \quad (7-31)$$

$$\boldsymbol{v} = \sum_{i=1}^{n+m} (\boldsymbol{u}_i - \boldsymbol{\mu})(\boldsymbol{u}_i - \boldsymbol{\mu})^{\mathrm{T}} = \sum_{i=1}^{n} (\boldsymbol{u}_i - \boldsymbol{\mu})(\boldsymbol{u}_i - \boldsymbol{\mu})^{\mathrm{T}} + \sum_{i=n+1}^{n+m} (\boldsymbol{u}_i - \boldsymbol{\mu})(\boldsymbol{u}_i - \boldsymbol{\mu})^{\mathrm{T}}$$

上式中第一项可计算为

$$\begin{aligned} \sum_{i=1}^{n} (\boldsymbol{u}_i - \boldsymbol{\mu})(\boldsymbol{u}_i - \boldsymbol{\mu})^{\mathrm{T}} &= \sum_{i=1}^{n} \boldsymbol{u}_i \boldsymbol{u}_i^{\mathrm{T}} - \sum_{i=1}^{n} \boldsymbol{u}_i \boldsymbol{\mu}^{\mathrm{T}} - \sum_{i=1}^{n} \boldsymbol{\mu} \boldsymbol{u}_i^{\mathrm{T}} + \sum_{i=1}^{n} \boldsymbol{\mu} \boldsymbol{\mu}^{\mathrm{T}} \\ &= \boldsymbol{v}_1 + n \boldsymbol{\mu}_1 \boldsymbol{\mu}^{\mathrm{T}} - n \boldsymbol{\mu} \boldsymbol{\mu}_1^{\mathrm{T}} + n \boldsymbol{\mu} \boldsymbol{\mu}^{\mathrm{T}} \\ &= \boldsymbol{v}_1 + n (\boldsymbol{\mu}_1 - \boldsymbol{\mu})(\boldsymbol{\mu}_1 - \boldsymbol{\mu})^{\mathrm{T}} \end{aligned}$$

第二项可计算为

$$\sum_{i=n+1}^{n+m} (\boldsymbol{u}_i - \boldsymbol{\mu})(\boldsymbol{u}_i - \boldsymbol{\mu})^{\mathrm{T}} = \boldsymbol{v}_2 + m (\boldsymbol{\mu}_2 - \boldsymbol{\mu})(\boldsymbol{\mu}_2 - \boldsymbol{\mu})^{\mathrm{T}}$$

则有

$$\boldsymbol{v} = \boldsymbol{v}_1 + n (\boldsymbol{\mu}_1 - \boldsymbol{\mu})(\boldsymbol{\mu}_1 - \boldsymbol{\mu})^{\mathrm{T}} + \boldsymbol{v}_2 + m (\boldsymbol{\mu}_2 - \boldsymbol{\mu})(\boldsymbol{\mu}_2 - \boldsymbol{\mu})^{\mathrm{T}}$$

由于

$$\begin{cases} \boldsymbol{\mu}_1 - \boldsymbol{\mu} = \boldsymbol{\mu}_1 - \dfrac{n}{n+m} \boldsymbol{\mu}_1 - \dfrac{m}{n+m} \boldsymbol{\mu}_2 = \dfrac{m}{n+m} (\boldsymbol{\mu}_1 - \boldsymbol{\mu}_2) \\ \boldsymbol{\mu}_2 - \boldsymbol{\mu} = \boldsymbol{\mu}_2 - \dfrac{n}{n+m} \boldsymbol{\mu}_1 - \dfrac{m}{n+m} \boldsymbol{\mu}_2 = -\dfrac{n}{n+m} (\boldsymbol{\mu}_1 - \boldsymbol{\mu}_2) \end{cases}$$

所以 $\boldsymbol{v}$ 可简写为

$$\begin{aligned} \boldsymbol{v} &= \boldsymbol{v}_1 + n \left(\frac{m}{n+m} \right)^2 (\boldsymbol{\mu}_1 - \boldsymbol{\mu}_2)(\boldsymbol{\mu}_1 - \boldsymbol{\mu}_2)^{\mathrm{T}} + \boldsymbol{v}_2 + m \left(\frac{m}{n+m} \right)^2 (\boldsymbol{\mu}_1 - \boldsymbol{\mu}_2)(\boldsymbol{\mu}_1 - \boldsymbol{\mu}_2)^{\mathrm{T}} \\ &= \boldsymbol{v}_1 + \boldsymbol{v}_2 + \frac{nm}{n+m} (\boldsymbol{\mu}_1 - \boldsymbol{\mu}_2)(\boldsymbol{\mu}_1 - \boldsymbol{\mu}_2)^{\mathrm{T}} \\ &= (n-1) \boldsymbol{\Sigma}_1 + (m-1) \boldsymbol{\Sigma}_2 + \frac{nm}{n+m} (\boldsymbol{\mu}_1 - \boldsymbol{\mu}_2)(\boldsymbol{\mu}_1 - \boldsymbol{\mu}_2)^{\mathrm{T}} \end{aligned}$$

合并后，区域颜色分布的协方差矩阵 $\boldsymbol{\Sigma}$ 为

$$\begin{aligned} \boldsymbol{\Sigma} &= \frac{\boldsymbol{v}}{n+m-1} \\ &= \frac{1}{n+m-1} \left[(n-1) \boldsymbol{\Sigma}_1 + (m-1) \boldsymbol{\Sigma}_2 + \frac{nm}{n+m} (\boldsymbol{\mu}_1 - \boldsymbol{\mu}_2)(\boldsymbol{\mu}_1 - \boldsymbol{\mu}_2)^{\mathrm{T}} \right] \\ &= \frac{(n-1) \boldsymbol{\Sigma}_1}{n+m-1} + \frac{(m-1) \boldsymbol{\Sigma}_2}{n+m-1} + \frac{nm}{(n+m)(n+m-1)} (\boldsymbol{\mu}_1 - \boldsymbol{\mu}_2)(\boldsymbol{\mu}_1 - \boldsymbol{\mu}_2)^{\mathrm{T}} \end{aligned}$$

$$(7-32)$$

因此，JS 散度计算可表示为

$$D_{\mathrm{JS}}^G(X^F, X^B) = \frac{1}{2}\big[D_{\mathrm{KL}}(X^F \parallel X) + D_{\mathrm{KL}}(X^B \parallel X)\big]$$

$$= \frac{1}{2}\big[D_{\mathrm{KL}}(G^1(\boldsymbol{\mu}_1, \boldsymbol{\Sigma}_1) \parallel G(\boldsymbol{\mu}, \boldsymbol{\Sigma})) + D_{\mathrm{KL}}(G^2(\boldsymbol{\mu}_2, \boldsymbol{\Sigma}_2) \parallel G(\boldsymbol{\mu}, \boldsymbol{\Sigma}))\big]$$

$$(7-33)$$

两个高斯分布的 JS 散度的计算代码见程序 7-5。

程序 7-5　高斯分布的 JS 散度

```
double JSDivergence (double * parameter1, double * parameter2) {/ * parameter1 和 parameter1 分别
表示两个高斯分布参数，其参数构成：[0] 图像维度 [1] 协方差矩阵行列式 [2-4] R、G、B 值的
均值 [5-13] 协方差矩阵元素 * /
for (i=0; i<3; i++) {//区域合并颜色均值 u (i)
parameter3 [i+1] =n/ (n+m) * parameter1 [i+1] +m/ (n+m) * parameter2 [i+1];
tempU [i] =parameter1 [i+1] −parameter2 [i+1]; //计算 u1−u2}
for (i=0; i<3; i++) {tempC [i * 3] =tempU [i] * tempU [0];
tempC [i * 3+1] =tempU [i] * tempU [1]; tempC [i * 3+2] =tempU [i] * tempU [2];}
double coef1= (n−1) / (n+m−1), coef2= (m−1) / (n+m−1), coef3=n * m/ ( (n+m) * (n+m−1));
for (j=4; j<13; j++) {
parameter3 [j] =coef1 * parameter1 [j] +coef2 * parameter2 [j] +coef3 * tempC [j−4];
ov [j−4] =parameter3 [j];}
double det=0.0f; InverseCov _ Det (cov, det); parameter3 [0] =det;
for (j=0; j<9; j++) parameter3 [j+13] =cov [j];
distance=KLDivergence _ Gaussions (parameter1, parameter3);
double kl=0.0; kl=KLDivergence _ Gaussions (parameter2, parameter3); //见程序 7-4
distance=0.5 * (distance+kl); return distance;
```

7.3　区域形状

在图像的各种视觉信息中，对象形状具有特殊意义。大脑皮层可快速识别任意对象的形状，但计算机视觉对形状的识别却相当困难，原因在于：①目前形状特征的提取和描述侧重于局部特性，若要描述整体形状，则要求较高的计算时间和存储量；②用于机器视觉的形状特征与大脑直观感觉不完全一致，如在特征空间中，形状的相似性测度有别于人视觉系统感受；③图像表示的对象形状具有片面性，图像为 3D 物体在某一平面的投影，只能表示 3D 物体在某一视角的信息，而不能反映其他视角信息。因此，如何使计算机能够快速、准确地识别对象形状仍然面临挑战。

在图像工程中，学者们提出了许多区域形状特征描述方法，大致可分为边界特征法、几何参数法、形状不变矩和傅里叶描绘子。边界特征法通过对边界描述来获取形状参数；几何参数法主要是测度区域的面积、周长、圆度、偏心率和边界曲率等参数；傅里叶描绘子是分析物体边界频谱特性，利用边界的封闭性和周期性，将形状描述的二维问题转化为一维问题。由于图像区域具有有限的面积和周长，其区域边界具有封闭性和周期性，所以傅里叶描绘子可有效表示区域形状信息。

傅里叶描绘子是基于区域边界坐标序列的傅里叶变换，可看作对闭合曲线的频谱分

析，其高频成分反映边界的不规则性，低频成分主要反映区域边界的整体形状。其基本过程是：首先将区域边界表示为复数序列 $x(l)+jy(l)$，该序列周期即为曲线周长，对其进行傅里叶级数表示，将其傅里叶级数系数定义为傅里叶描绘子。当取到足够阶次的傅里叶系数时，傅里叶描绘子可恢复物体形状。

设图像中某区域边界由 N 个离散点构成，该边界的复数序列为

$$p(l)=x(l)+jy(l), \quad l=0,1,\cdots,N-1 \tag{7-34}$$

该复数序列的一维离散傅里叶变换为

$$z(k) = \frac{1}{N}\sum_{l=0}^{N} p(l)\exp\left(-j\frac{2\pi kl}{N}\right), \quad k=0,1,\cdots,N-1 \tag{7-35}$$

其傅里叶逆变换为

$$\tilde{p}(l) = \frac{1}{N}\sum_{k=0}^{N} z(k)\exp\left(j\frac{2\pi kl}{N}\right), \quad l=0,1,\cdots,N-1 \tag{7-36}$$

傅里叶描绘子对图像区域边界的绝对坐标序列进行频谱分析，其坐标序列敏感于区域边界的平移（闭曲线的起点选择）、尺度和旋转。边界的平移、尺度和旋转对傅里叶描绘子的影响如下：

（1）旋转对傅里叶系数的影响。曲线旋转 θ 角后，其绝对坐标序列可表示为 $p_R(l)=p(l)\exp(j\theta)$，旋转后傅里叶描绘子为

$$\begin{aligned}
z_R(k) &= \frac{1}{N}\sum_{l=0}^{N} p_R(l)\exp\left(-j\frac{2\pi kl}{N}\right) \\
&= \frac{1}{N}\sum_{l=0}^{N} p(l)\exp(j\theta)\exp\left(-j\frac{2\pi kl}{N}\right) \\
&= z(k)\exp(j\theta)
\end{aligned} \tag{7-37}$$

从（7-37）式可知，旋转仅仅改变了相频特性。

（2）平移对傅里叶系数的影响：曲线平移 p_0 后，其绝对坐标序列可表示为 $p_T(l)=p(l)+p_0$，平移后傅里叶描绘子为

$$\begin{aligned}
z_T(k) &= \frac{1}{N}\sum_{l=0}^{N} p_T(l)\exp\left(-j\frac{2\pi kl}{N}\right) \\
&= \frac{1}{N}\sum_{l=0}^{N} [p(l)+p_0]\exp\left(-j\frac{2\pi kl}{N}\right) \\
&= \frac{1}{N}\sum_{l=0}^{N} p(l)\exp\left(-j\frac{2\pi kl}{N}\right) + \frac{1}{N}\sum_{l=0}^{N} p_0\exp\left(-j\frac{2\pi kl}{N}\right) \\
&= z(k)+z_0
\end{aligned} \tag{7-38}$$

平移仅仅改变了傅里叶的直流系数，即 $z_T(0)=z(0)+z_0$。

（3）尺度对傅里叶系数的影响。假设对区域重心位于坐标原点的边界曲线进行伸缩处理，伸缩的倍数为 α，即 $p_S(l)=\alpha p(l)$，则收缩后的傅里叶描绘子为

$$\begin{aligned}
z_S(k) &= \frac{1}{N}\sum_{l=0}^{N} p_S(l)\exp\left(-j\frac{2\pi kl}{N}\right) \\
&= \frac{1}{N}\sum_{l=0}^{N} \alpha p(l)\exp(j\theta)\exp\left(-j\frac{2\pi kl}{N}\right) \\
&= \alpha z(k)
\end{aligned} \tag{7-39}$$

综上可知，区域形状的傅里叶描绘子敏感于曲线的初始点、尺度及方向。

7.4　区域纹理

图像纹理表现为对象表面的亮度/颜色缓慢变化或者周期性变化，体现了对象表面组织结构的排列属性，反映了同质现象的视觉特征。纹理具有三大标志，即某种局部序列性不断重复、非随机排列和区域内均匀的统一体。纹理不同于灰度、颜色等图像特征，它通过像素及其周围空间邻域的亮度/颜色分布（即局部纹理信息）来表现。局部纹理信息不同程度上的重复性形成了全局纹理信息。纹理特征在体现全局特征性质时也描述了其对应景物的表面性质。然而纹理只是物体表面的特性，并不能完全反映物体的本质属性，因此，仅仅利用纹理特征是无法获得高层次图像内容的。

图像纹理常常表现为亮度/颜色有规律的缓慢变化，为了提取图像纹理特征，学者们常常根据纹理的区域性，分析区域内亮度/颜色分布。依据分析方法的不同，纹理特征可以分为统计型纹理特征、模型型纹理特征、结构型纹理特征和信号处理型纹理特征。四种纹理特征提取方法中，信号处理型纹理特征主要从变换域提取纹理特征，其余三种纹理特征提取方法则直接从图像域提取纹理特征。

统计型纹理特征主要是计算区域亮度/颜色分布的一阶、二阶或高阶统计特性，典型的纹理统计特性分析是灰度共生矩阵，该方法运用窗口内像素亮度/颜色的能量、惯量、熵和相关性等四个关键特征来表示纹理特性。这些关键特征计算简单、易于实现，并且具有较强的适应性与鲁棒性，但它们独立于人类视觉模型，难以表示不同区域灰度/颜色的内在依赖关系，所以不能有效表示图像纹理的全局信息。

模型型纹理特征假设纹理是以某种参数控制的分布模型。经典模型型纹理特征提取方法大致分为随机场模型方法和分形模型方法。随机场模型方法试图以概率模型来描述纹理的随机过程，如马尔可夫随机场模型法、Gibbs 随机场模型法和自回归模型法。它们首先统计分析随机数据或特征估计模型参数，其次对模型参数进行聚类构建纹理模型，最后对图像逐像素估计最大后验概率。随机场模型可有效表征像素对及其邻域的统计依赖关系，兼顾纹理的局部随机性和整体规律性，有利于研究纹理尺度间的依赖关系，但该模型侧重于描述邻域像素的统计依赖关系。分形模型方法把图像的空间信息和灰度信息简单而又有机地结合起来，以分形维数来描述图像区域的纹理特征。

对象表面可认为是纹理基元的类型、数目和基元之间重复的空间组织结构和排列规则。不同类型的纹理基元、方向及数目共同决定了区域间纹理的多样性。以"纹理基元"为基本单位表示纹理特征称为结构型纹理特征，该特征强调纹理的规律性，对人造纹理具有高效性。而自然对象的纹理通常是不规则的，因此，该方法常常失效于自然对象的纹理描述。

信号处理型纹理特征是建立在时—频域分析与多尺度基础之上，将纹理区域变换到某特征空间，在该空间中分析区域内的一致性以及区域间的相异性。信号处理类的纹理特征主要是利用某种线性变换、滤波器或者滤波器组将纹理转换到变换域，然后应用某种能量准则提取纹理特征。因此，基于信号处理的方法也称为滤波方法。

图像纹理表现为区域亮度/颜色的缓慢变化，区域亮度/颜色具有频域、多方向和多尺度等特性，因此，图像纹理在视觉上可以转化为时—频域的联合表示。频域分析法是通过图像变换将图像从空域变换到频域，设信号 $s(t)$ 在 $(-\infty, +\infty)$ 上满足狄氏条件，即在一个函数周期内绝对可积，则可以通过傅里叶变换把时域信号 $s(t)$ 转化到频域进行处理，傅里叶变换函数如下：

$$F(f) = \int_{-\infty}^{+\infty} s(t)\exp(-\mathrm{j}2\pi ft)\mathrm{d}t \tag{7-40}$$

傅里叶变换提供了一种把时域信号转换到频域进行分析的途径，实现了时域和频域的一一映射关系。由傅里叶变换的定义也可看出，傅里叶变换是信号在整个时域内的积分，信号在某时刻发生微小变化，信号的整个频谱都要受到影响，不能有效描述局部变化。为了解决傅里叶变换的局限性问题，学者们提出了 Gabor 变换。

Gabor 变换是 D. Gabor 于 1946 年提出的，在信号傅里叶变换的基础上引入了时间局部化的窗函数，得到了短时傅里叶变换。这个变换又称为 Gabor 变换。Gabor 变换的基本思想是把信号划分成很多小的时间间隔，用傅里叶变换分析每个时间间隔，以便确定信号在该时间间隔内的频域信息，其处理方法是对信号 $s(t)$ 加一个滑动窗后进行傅里叶变换。信号 $s(t)$ 的 Gabor 变换定义为

$$G_f(a,b,f) = \int_{-\infty}^{+\infty} s(t)g_a(t-b)\exp(-\mathrm{j}2\pi ft)\mathrm{d}t \tag{7-41}$$

式中，$g_a(t)$ 为窗函数，$a>0$，$b>0$。$g_a(t-b)$ 是一个时间局部化的窗函数，其中参数 b 控制窗口平移，以便覆盖整个时域 $(-\infty, +\infty)$，对参数 b 积分，则有

$$\int_{-\infty}^{+\infty} G_f(a,b,f)\mathrm{d}b = \tilde{s}(f), f \in \mathbf{R}$$

Gabor 变换中窗函数常常采用高斯函数 $g_a(t) = \exp(-t^2/4a)/2\sqrt{\pi a}$，原因在于：①高斯函数的傅里叶变换仍为高斯函数，这使得其逆变换也用该窗函数进行局部化，有利于频域局部化；②Gabor 变换是最优的窗口傅里叶变换，变换后具有时间—频率分析特性，既能反映信号的整体信息，又能提供任意时间段内信号的局部信息。高斯窗函数的窗口宽度和高度的积为

$$\left(b-\sqrt{a}, b+\sqrt{a}\right) \times \left(f - \frac{1}{a\sqrt{a}}, f + \frac{1}{a\sqrt{a}}\right) = 2$$

由此可知，Gabor 变换的局限性为时间频率的宽度对所有频率是固定不变的。这要求窗口的大小随频率的变化而变化，频率越高窗口应越小，使其满足实际问题中高频信号的分辨率低于低频信号的要求。

相比于傅里叶变换，Gabor 变换具有良好的时频局部化特性，即易于调整 Gabor 变换方向、基频带宽及中心频率，从而能够更好地兼顾信号在时域和频域中的分辨能力。Gabor 变换具有多分辨率特性，即变焦能力，可以采用多通道滤波技术，将一组具有不同时—频域特性的 Gabor 变换核函数应用于图像变换，每个通道都能得到输入图像的某种局部特性，这样可以根据需要在不同粗细粒度上分析图像。在特征提取方面，一方面，Gabor 变换处理的数据量较少，能满足系统的实时性要求；另一方面，该变换对光照变化不敏感，且能容忍一定程度的图像旋转和变形。当采用基于欧氏距离度量特征相似性时，特征模式不需要严格的对应，这样能提高系统的鲁棒性。

Gabor 变换和脊椎动物视觉皮层感受野响应的比较如图 7—1 所示，第一行代表脊椎动物的视觉皮层感受野，第二行是 Gabor 变换，第三行是两者的残差，可见两者相差极小。这一性质使得 Gabor 变换常常用于图像预处理。

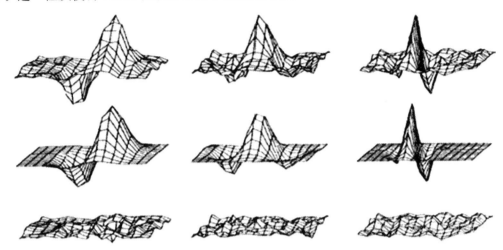

图 7—1　Gabor 变换和脊椎动物视觉皮层感受野响应的比较

Gabor 变换核函数模仿了人眼视觉的生物效应，它对应的冲激响应为复指数振荡函数乘以高斯包络函数所得的结果。其二维核函数表示为

$$g(x,y,\omega_0,\theta) = \frac{1}{2\pi\sigma^2}\exp\left[\frac{-(x\cos\theta+y\sin\theta)^2+(-x\sin\theta+y\cos\theta)^2}{2\sigma^2}\right]$$
$$\exp(j\omega_0 x\cos\theta+\omega_0 y\sin\theta) \tag{7—42}$$

式中，ω_0 为 Gabor 变换的中心频率；θ 刻画了人眼视觉的方向性；σ 为高斯函数在 x 轴和 y 轴的标准差，它表示人眼对水平方向和竖直方向的感受野。实际中人眼在水平方向和竖直方向的感受野是不同的，为了简化计算，工程上常常认为人眼对水平方向和竖直方向的感受野相同，即 $\sigma_x=\sigma_y=\sigma$。二维 Gabor 变换的核函数为一个复函数，其实部为余弦函数，在高斯包络函数的约束范围内，余弦函数的积分值为 $\exp\left(-\frac{\omega_0^2\sigma^2}{2}\right)$。

纹理在时域上表现为区域亮度/颜色的缓慢变化，而在频域上主要位于中高频段。为了消除 Gabor 变换核函数的实部积分值对图像纹理特征提取的负面影响，在二维核函数的实部减去 $\exp\left(-\frac{\omega_0^2\sigma^2}{2}\right)$。此时，Gabor 变换提取的纹理特征不依赖于图像整体亮度。纹理提取的二维核函数可表示为

$$G(x,y,\omega_0,\theta) = \frac{1}{2\pi\sigma^2}\exp\left[-\frac{(x\cos\theta+y\sin\theta)^2+(-x\sin\theta+y\cos\theta)^2}{2\sigma^2}\right]$$
$$\left[\exp(j\omega_0 x\cos\theta+\omega_0 y\sin\theta)-\exp\left(\frac{\omega_0^2\sigma^2}{2}\right)\right] \tag{7—43}$$

Gabor 变换核函数生成代码见程序 7—6，其实部和虚部计算见程序 7—7 和 7—8。图像的 Gabor 变换见程序 7—9。

程序 7-6　Gabor 变换核函数

```
BOOL CalculateKernel (int Orientation, int Frequency) {double real=0; double img=0;
for (int x=-(GaborWidth-1)/2; x<(GaborWidth-1)/2+1; x++)
for (int y=-(GaborHeight-1)/2; y<(GaborHeight-1)/2+1; y++) {
real=KernelRealPart (x, y, Orientation, Frequency); //计算实部，见程序 7-7
img=KernelImgPart (x, y, Orientation, Frequency); //计算虚部，见程序 7-8
(KernelRealData. get()) [x+(GaborWidth-1)/2, y+(GaborHeight-1)/2]=real;
(KernelImgData. get()) [x+(GaborWidth-1)/2, y+(GaborHeight-1)/2]=img;}
return FUN_OK;}
```

程序 7-7　核函数实部计算

```
Double KernelRealPart (int x, int y, int Orientation, int Frequency) {
double U, V, Sigma, Kv, Qu, tmp1, tmp2, Real; U=Orientation; V=Frequency;
Sigma=2 * PI * PI; Kv=PI * pow (2, -(V+2)/2.0); Qu=U * PI/8;
tmp1=exp(-(Kv * Kv * (x * x+y * y)/(2 * Sigma)));
tmp2=cos(Kv * cos(Qu) * x+Kv * sin(Qu) * y) -exp(-(Sigma/2));
real= tmp1 * tmp2 * Kv * Kv/Sigma; return real;}
```

程序 7-8　核函数虚部计算

```
double KernelImgPart (int x, int y, int Orientation, int Frequency) {
double U, V, Sigma, Kv, Qu, tmp1, tmp2, Img; U=Orientation; V=Frequency;
Sigma=2 * PI * PI; Kv=PI * pow (2, -(V+2)/2.0); Qu=U * PI/8;
tmp1=exp(-(Kv * Kv * (x * x+y * y)/(2 * Sigma)));
tmp2=sin(Kv * cos(Qu) * x+Kv * sin(Qu) * y)-exp(-(Sigma/2));
Img= tmp1 * tmp2 * Kv * Kv/Sigma; return Img;}
```

程序 7-9　图像的 Gabor 变换

```
BYTE GaborTransform (BYTE * lpData, LONG Width, LONG Height, int Orientation, int
Frequency) {int y, x;
GaborHeight=(int)(pow(2, (3+Frequency)/2.0)+0.5); vari=sqrt(2) * PI;
GaborWidth=(int)(pow (2, (3+Frequency)/2.0)+0.5);
lpBmpData=std:: auto_ptr<BYTE> (new BYTE [Width * Height]);
KernelRealData=std:: auto_ptr<double> (new double [GaborWidth * GaborHeight]);
KernelImgData=std:: auto_ptr<double> (new double [GaborWidth * GaborHeight]);
CalculateKernel (Orientation, Frequency); //初始化数据，见程序 7-6
double real=0, img=0;
double * TempData=new double [Width * Height];
for (y=0; y<Height; y++) for (x=0; x<Width; x++) {
for (int y1=0; y1<GaborHeight; y1++) for (int x1=0; x1<GaborWidth; x1++) {
if (((y-GaborHeight/2+y1)>=0) &&((y-GaborHeight/2+y1)<Height) &&.
((x-GaborWidth/2+x1)>=0) &&((x-GaborWidth/2+x1)<Width)) {
real+=lpData[(y-GaborHeight/2+y1) * Width+x-GaborWidth/2+x1] * (KernelRealData. get())
[((GaborWidth-1)-x1) * GaborWidth+(GaborHeight-1)-y1];
img+=lpData[(y-GaborHeight/2+y1) * Width+x-GaborWidth/2+x1] * (KernelImgData. get())
[((GaborWidth-1)-x1) * GaborWidth+(GaborHeight-1)-y1];}}
TempData[y*Width+x]=sqrt(real*real+img*img);real=0;img=0;}
Quantize(TempData);delete[]TempData;double Avg=0,Deta=0;
for(y=0;y<Width*Height;y++)//计算均值
Avg+=(lpBmpData. get())[y];Avg=Avg/(Height*Width);
for(y=0;y<Width*Height;y++)//计算方差
Deta+=((lpBmpData. get())[y]-Avg)*((lpBmpData. get())[y]-Avg);
Deta=Deta/(Height*Width);return FUN_OK;}
```

对图像进行 Gabor 变换虽然可以得到不同尺度和方向的纹理信息，但分析得到的纹理尺度和方向取决于事先设定的 Gabor 参数。Lades 的信号视频分析实验表明，对信号进行滤波处理时，若滤波器的最大中心频率为 $\frac{\pi}{2}$，带宽为 0.5 倍频程，对信号的滤波效果最好。根据这一实验结论，Gabor 函数既在空间域有良好的方向选择性，又在频率域有良好的频率选择性，因此，图像的 Gabor 变换在空间域和频率域均可得到较好的分辨能力。

Gabor 变换在一定程度上解决了图像局部纹理分析的问题，但对于突变信号和非平稳信号仍难以得到满意的结果，即信号的 Gabor 变换仍存在缺陷。

Gabor 变换的时频窗口大小、形状不变，只有位置发生变化，而实际应用中常常希望时频窗口的大小、形状要随频率的变化而变化，因为信号的频率与周期成反比，对高频部分希望能给出相对较窄的时间窗口，以提高分辨率，在低频部分则希望能给出相对较宽的时间窗口，以保证信息的完整性。

Gabor 变换核函数不能构成正交系，为了不丢失信息，在信号分析或数值计算时必须采用非正交的冗余基，这就增加了不必要的计算量和存储量。

习题与讨论

7-1 从 K-means 算法对图像像素聚类的原理出发，分析该算法对哪些形状的区域聚类效果较好。

7-2 SLIC 算法对图像区域分割常常采用均匀分布设置初始种子点。假设在空间分辨率为 $W \times H$ 的图像中设置 m 个初始种子点。①试计算这些初始点在图像中的位置。②将该图像顺时针旋转 $90°$，重新计算初始点在图像中的位置。③试比较旋转前后初始点的位置。④通过实验分析图像旋转对 SLIC 算法的影响，并给出原因。

7-3 K-means 和 SLIC 算法均是对图像像素进行聚类分析。K-means 算法易将空间距离较远且灰度/颜色相等的像素划分为一个区域，而 SLIC 算法保证了区域内像素的空间连续性。试分析 SLIC 算法是如何实现图像区域像素的空间近邻性的。

7-4 基于图论的区域分割利用特征向量对图像进行分割，试分析特征向量个数与分割区域个数之间的关系。

7-5 傅里叶描绘子可有效表示区域形状信息，其高频成分反映边界的不规则性，低频成分反映区域的整体形状，然而其系数敏感于曲线初始点、尺度及方向，试根据傅里叶描绘子系数与初始点、尺度及方向间的关系，设计一种不依赖于初始点、尺度及方向的描绘子。

参考文献

[1] Comaniciu D，Meer P. Mean shift：a robust approach toward feature space analysis [J]. IEEE Transactions on Pattern Analysis and Machine Intelligence，2002，24（5）：603-619.

［2］ Everingham M，Van Gool L，Williams C K I，et al. The PASCAL Visual Object Classes Challenge ［J］. International Journal of Computer Vision (IJCV)，2010，88 (2)：303－338.

［3］ Felzenszwalb P，Huttenlocher D. Efficient graph-based image segmentation ［J］. International Journal of Computer Vision，2004，59 (2)：167－181.

［4］ Fulkerson B，Vedaldi A，Soatto S. Class segmentation and object localization with superpixel neighborhoods ［C］. In International Conference on Computer Vision (ICCV)，2009.

［5］ Gould S，Rodgers J，Cohen D，et al. Multi-class segmentation with relative location prior ［J］. International Journal of Computer Vision (IJCV)，2008，80 (3)：300－316.

［6］ Kanungo T，Mount D M. A local search approximation algorithm for k-means clustering ［C］. Eighteenth annual symposium on Computational geometry，2002：10－18.

［7］ Kwatra V，Schodl A，Essa I，et al. Graphcut textures：Image and video synthesis using graph cuts ［J］. ACM Transactions on Graphics，SIGGRAPH 2003，22 (3)：277－286.

［8］ Li Y，Sun J，Tang Chi-Keung，et al. Lazy snapping ［J］. ACM Transactions on Graphics (SIGGRAPH)，2004，23 (3)：303－308.

［9］ Shi J，Malik J. Normalized cuts and image segmentation ［J］. IEEE Transactions on Pattern Analysis and Machine Intelligence (PAMI)，2002，2 (8)：888－905.

［10］ Verevka O，Buchanan J W. Local k-means algorithm for color image quantization ［J］. Graphics Interface，1995：128－135.

［11］ Vincent L，Soille P. Watersheds in digital spaces：An efficient algorithm based on immersion simulations ［J］. IEEE Transactions on Pattern Analalysis and Machine Intelligence，1991，13 (6)：583－598.

［12］ Zitnick C L，Kang S B. Stereo for image-based rendering using image over segmentation ［J］. International Journal of Computer Vision (IJCV)，2007，75：49－65.

［13］ Vincent L. Soille Watersheds in digital spaces：an efficient algorithm based on immersion simulations ［J］. IEEE transactions on pattern analysis and machine intelligence，1991，13 (6)：583－598.

［14］ 王国权，周小红，蔚立磊. 基于分水岭算法的图像分割方法研究 ［J］. 计算机仿真，2009，26 (5)：255－258.

［15］ 松卡，赫拉瓦奇，博伊尔. 图像处理、分析与机器视觉 ［M］. 北京：人民邮电出版社，2002.

第8章 基于活动轮廓的图像分割

    图像常常被看作自然界物体或场景的影像，它可以直接作用于人眼并产生视知觉。场景的视知觉实体通常被定义为语义对象，该对象常常被人眼感知为空间相邻的几个视觉区域，视觉区域及其空间关系表达了对象的几何和物理属性。图像中对象几何形状和空间位置的有机结合描述了其内容，不同图像虽然承载着不同的内容，但所有图像内容均通过几个对象及其空间关系的有机组合表现出来。图像中不同对象对视觉的贡献各不相同，其中观察者最关注的对象为感兴趣对象，它是观察者认知图像内容的主要视知觉实体。哪些语义对象为感兴趣对象取决于观察者期望从图像中捕捉的信息。

    为了便于用户从图像中提取各自关注的对象，学者们根据对象低层视觉感知特性、对象的区域及其几何属性，结合有限的对象先验信息建立了基于人机交互的对象提取模型。"魔术棒"是最简单的对象提取技术，该技术假设对象和背景灰度/颜色存在显著差异，将用户标注像素作为对象先验信息，分析未标注像素灰度/颜色与标注像素的相似性，计算出一组相似性满足给定阈值的像素集合，该集合即为用户关注的语义对象。该技术原理简单、易于理解，但对象提取结果敏感于阈值：高阈值可能将部分对象像素划分为背景，低阈值易将背景像素误识别为对象。为了弥补不适当阈值对对象提取的负面影响，学者们联合对象和背景视觉差异，通过附加部分背景像素的标注，提出了基于随机游走的对象提取模型——随机游走模型。该模型将像素与对象相似性分析转化为像素达到对象和背景的相似度计算，依据最大相似度准则对未标注像素进行二分类。相对于"魔术棒"，随机游走模型不需要人为给定阈值，克服了固定阈值的负面影响，但增加了部分背景像素的人工标注。"魔术棒"和随机游走模型均假设图像中感兴趣对象的灰度/颜色与其他对象存在显著差异，将人机标注部分像素的灰度/颜色作为先验信息，依据像素灰度/颜色的相似性建立了对象提取算法。基于该算法的对象提取结果敏感于标注像素的数量和质量，标注像素的数量取决于感兴趣对象的结构复杂性，标注像素的质量依赖于图像各区域灰度/颜色的分布。基于像素低层特征相似性的对象提取模型对图像进行逐像素分析识别，其生物机理简单、易于理解，但忽略了人眼视觉的空间接近法则、对象几何属性对图像分割的贡献。

    自然界中任意语义对象的几何测度是有限的，其有限性在图像中直观地表现为对象封闭的轮廓及其有限的面积。学者们从对象轮廓出发，结合曲线演化理论提出了基于活动轮廓的对象提取模型——活动轮廓模型。该模型以人机交互在对象外围标注的封闭初始曲线为前提，结合曲线演化和对象的几何属性设计对象提取的能量泛函，该能量泛函由曲线内部能量和外部能量构成，内部能量促使曲线收缩并约束其形状变形，外部能量驱使曲线收敛于对象轮廓。活动轮廓模型在曲线演化理论的指导下将对象提取问题转变为曲线演化问题。

8.1 对象轮廓表示

由于自然界中任意物体的几何度量均是有限的，所以图像中感兴趣对象可视为由封闭曲线围成的区域，该封闭曲线即对象轮廓。由闭曲线的数学表示来看，对象轮廓表示方法大致可分为参数和集合两种方式。

8.1.1 轮廓的参数表示

自然界中物体的形状千变万化，其轮廓难以表示为圆、椭圆和矩形等规则图形及其组合。对此，学者们常常将平面上的曲线表示为 $C(s): R \rightarrow R^2$，其中 s 为参数，如以弧长为参数，曲线可表示为 $C(s) = (x(s), y(s))$。曲线弧长定义为从点 $C(s)|_a = (x(a), y(a))$ 到点 $C(s)|_p = (x(p), y(p))$ 经过的路径长度。根据微积分理论，曲线上两点间的弧长可计算为

$$s(p) = \int_a^p \sqrt{x_p^2(\tau) + y_p^2(\tau)} \, d\tau \tag{8-1}$$

由变上限积分的导数可知，弧长的变化速率为

$$\frac{ds}{dp} = \sqrt{x_p^2(p) + y_p^2(p)}$$

曲线切线的矢量 T 为

$$T = \frac{dC(s)}{ds} = \left(\frac{dx(s)}{ds}, \frac{dy(s)}{ds} \right) = (x_s(s), y_s(s))^T \tag{8-2}$$

根据切、法矢量间的关系，单位法矢量应为

$$N = \left(-\frac{y_s(s)}{\sqrt{x_s^2(s) + y_s^2(s)}}, \frac{x_s(s)}{\sqrt{x_s^2(s) + y_s^2(s)}} \right)^T \tag{8-3}$$

8.1.2 轮廓的集合表示

曲线参数方程表示的对象轮廓可有效描述轮廓平移和旋转。由于弧长参数的连续性，不可能用同一参数表示多条闭曲线，所以曲线参数方程难以描述轮廓拓扑结构随时间的不确定性和形状动态变化。因此，以弧长为参数的曲线方程失效于描述轮廓的几何拓扑形变（分裂和合并）。

三维物体正交投影在平面上的轮廓呈现为一条封闭曲线。根据投影的性质可知，平面上的封闭曲线 $C(x, y) = \{(x, y) \mid y = f(x)\}$ 可以表示为一个三维曲面函数 $z(x, y) = y - f(x)$ 与平面 $z = C_0$ 的交线，即

$$C(x,y) = \{(x,y) \,|\, \varphi(x,y) = y - f(x) - C_0\} \tag{8-4}$$

在（8-4）式中，封闭曲线内部点满足 $\varphi(x,y) < 0$，外部点满足 $\varphi(x,y) > 0$，曲线上点满足 $\varphi(x,y) = 0$。在工程上常常将 C_0 设置为 0，此时曲线上的点集合称为水平集。也就是说，平面曲线可以看作满足方程 $\varphi(x,y) = 0$ 的点集合，$\varphi(x,y)$ 称为曲线 $C(x,y)$ 的水平集函数。曲线的集合表示的基本思想是将二维闭曲线隐式地表示为一个三维曲面函数 $z = \varphi(x,y)$ 与水平面的交集，即 $\varphi(x,y) = 0$。根据水平集函数 $z = \varphi(x,y)$ 与曲线 $C(x,y)$ 上点之间的关系，可知：

（1）若点位于封闭曲线外部，则该点对应水平集函数值大于零，即 $\varphi(x,y) > 0$。

（2）若点位于封闭曲线内部，则该点对应水平集函数值小于零，即 $\varphi(x,y) < 0$。

（3）若点位于封闭曲线上，则该点对应水平集函数值等于零，即 $\varphi(x,y) = 0$。

由于水平集函数 $\varphi(x,y)$ 的梯度 $\nabla\varphi(x,y)$ 平行于曲线的法线方向矢量，所以水平集表示的曲线单位法矢量为

$$\mathbf{N} = \pm \frac{\nabla\varphi(x,y)}{|\nabla\varphi(x,y)|} \tag{8-5}$$

8.2　曲线演化

曲线演化是指曲线上各点随时间的运动变化。设闭曲线 $C(p) = (x(p),y(p))$ 上任意点随时间变化形成的曲线簇，记为 $C(p,t) = \{(x(p,t),y(p,t)) \,|\, t > 0\}$。为了分析演化过程中曲线上任意点的运动情况，将曲线上任意点的移动速度分解为曲线在该点切、法线方向构成的局部正交坐标系统中（TON），则该点的移动速度可表示为

$$\begin{cases} \dfrac{\partial C(p,t)}{\partial t} = \mathbf{V} = \alpha(p,t)\mathbf{T} + \beta(p,t)\mathbf{N} \\ C(p,0) = C(p) \end{cases} \tag{8-6}$$

式中，$\alpha(p,t)$ 和 $\beta(p,t)$ 分别表示 p 点在 t 时刻的切、法线方向速率。

8.2.1　参数化曲线演化

假设曲线 $C(s)$ 表示为函数 $y = f(x)$，曲线上任意点 $C(s) = (x,y) = (x,f(x))$ 的单位切矢量和法矢量分别为 $\mathbf{T} = (1,f_x)/\sqrt{1+f_x^2}$ 和 $\mathbf{N} = (-f_x,1)/\sqrt{1+f_x^2}$。该曲线上任意点的移动速率为

$$\begin{cases} \dfrac{\mathrm{d}y}{\mathrm{d}t} = \alpha\,\dfrac{f_x}{\sqrt{1+f_x^2}} + \beta\,\dfrac{1}{\sqrt{1+f_x^2}} \\ \dfrac{\mathrm{d}x}{\mathrm{d}t} = \alpha\,\dfrac{1}{\sqrt{1+f_x^2}} + \beta\,\dfrac{-f_x}{\sqrt{1+f_x^2}} \end{cases} \tag{8-7}$$

式中，α 和 β 分别表示该点沿切、法线方向的变化速率。

曲线 $y = f(x)$ 随时间变化形成的曲线簇可表示为 $y = f(x,t)$，该曲线随时间的变化可计算为

$$\frac{\mathrm{d}y}{\mathrm{d}t} = \frac{\partial f}{\partial x}\frac{\mathrm{d}x}{\mathrm{d}t} + \frac{\partial f}{\partial t} = f_x\frac{\mathrm{d}x}{\mathrm{d}t} + f_t$$

结合（8-7）式，f_t 可简化为

$$f_t = \frac{\mathrm{d}y}{\mathrm{d}t} - f_x\frac{\mathrm{d}x}{\mathrm{d}t}$$

$$= \alpha\frac{f_x}{\sqrt{1+f_x^2}} + \beta\frac{1}{\sqrt{1+f_x^2}} - \alpha\frac{f_x}{\sqrt{1+f_x^2}} + \beta\frac{f_x^2}{\sqrt{1+f_x^2}}$$

$$= \beta\frac{1+f_x^2}{\sqrt{1+f_x^2}} = \beta\sqrt{1+f_x^2}$$

由上式可知，曲线上点随时间的运动变化只与法线方向的移动速率有关，而与切线方向无关。换言之，曲线上任意点切线方向的移动不改变曲线拓扑结构形状。由此可见，曲线演化仅考虑任意点沿法线方向上的运动，（8-6）式可简化为以下偏微分方程：

$$\begin{cases} \dfrac{\partial C(p,t)}{\partial t} = \beta(p,t)\boldsymbol{N} \\ C(p,0) = C(p) \end{cases} \tag{8-8}$$

8.2.2　水平集演化

水平集的曲线采用曲面和平面的交集方式隐式地表达闭合曲线，设初始时刻 t_0 的曲面 $\varphi(x,y,t_0)$ 与平面 $z=0$ 的交集表示曲线 $C(x,y)$。水平集函数 $\varphi(x,y)=0$ 随时间变化导致曲线 $C(x,y)$ 的拓扑结构发生变化，如图 8-1 所示。图 8-1（a）、（b）分别表示在 t_0,t_1 时刻嵌入函数 $z=\varphi(x,y,t)$ 和水平面 $z=0$ 的交线与曲线 $C(x,y,t)$ 之间的对应关系。从 t_0 到 t_1 时刻，曲线 $C(x,y,t_0)$ 从一个封闭曲线分裂成两个互不相交的封闭曲线，曲线的拓扑结构发生了变化。但嵌入函数 $z=\varphi(x,y,t)$ 仅仅上下移动，其水平集拓扑结构就发生改变。这表明了曲线的水平集函数表示方法可通过不断更新嵌入函数，从而使得曲线几何拓扑结构形变。上述过程表明，三维水平集函数随时间的变化导致在平面上对应曲线所围区域的形状变化，而水平集函数对应的嵌入函数未发生任何形变。此现象同样适用于利用 $N+1$ 维空间水平集函数随时间的演化表示 N 维空间曲线的拓扑变形，如四维空间的水平集函数表示三维曲线的拓扑变形。可见，曲线的演化可借助高维嵌入函数随时间的变化来处理拓扑结构变化，以避免曲线参数化表示所带来的一些问题，如分裂或合并。

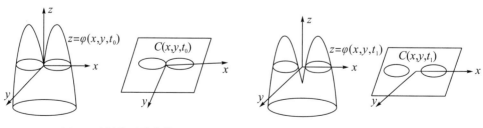

（a）t_0 时刻曲面及曲线　　　　　　　（b）t_1 时刻曲面及曲线

图 8-1　水平集演化

水平集表示的封闭曲线 $C(x,y) = \{(x,y) \,|\, \varphi(x,y) = 0\}$ 随时间变化形成的曲线簇可以表示为

$$C((x,y),t) = \{(x,y) \,|\, \varphi(x,y,t) = 0\}$$

曲线上任意点随时间的变化率为

$$\frac{\partial C((x,y),t)}{\partial t} = 0$$

$$\frac{\partial \varphi}{\partial t} + \frac{\partial \varphi}{\partial x}\frac{\partial x}{\partial t} + \frac{\partial \varphi}{\partial y}\frac{\partial y}{\partial t} = 0$$

$$\frac{\partial \varphi}{\partial t} + \left(\frac{\partial \varphi}{\partial x}, \frac{\partial \varphi}{\partial y}\right) \cdot \left(\frac{\partial x}{\partial t} \cdot \frac{\partial y}{\partial t}\right)^{\mathrm{T}} = 0$$

结合曲线上任意点位置移动速度 $\boldsymbol{V}(x,y,t) = \left(\frac{\partial x}{\partial t} \cdot \frac{\partial y}{\partial t}\right)^{\mathrm{T}}$，可得

$$\frac{\partial \varphi}{\partial t} = -\left(\frac{\partial \varphi}{\partial x}, \frac{\partial \varphi}{\partial y}\right) \cdot \boldsymbol{V} = -\nabla\varphi \cdot \boldsymbol{V}$$

$$= -\nabla\varphi \cdot \boldsymbol{V} \frac{|\nabla\varphi|}{|\nabla\varphi|} = |\nabla\varphi| \left(-\frac{\nabla\varphi}{|\nabla\varphi|}\right) \cdot \boldsymbol{V}$$

$$= |\nabla\varphi| \boldsymbol{N} \cdot \boldsymbol{V} = \beta |\nabla\varphi| \tag{8-9}$$

式中，$\beta = \boldsymbol{V} \cdot \boldsymbol{N}$ 是法线方向的运动速率。

由（8-9）式可知，水平集曲线随时间变化具有如下特点：①曲线上任意点的位置更新只与法线方向移动速率有关；②水平集函数表示的曲线演化可转化为函数演化。

工程上，为了保证曲线演化过程中数值计算的准确性，水平集函数的构造应考虑以下因素：

（1）在初始时刻的水平集对应于给定初始曲线。结合水平集函数与闭曲线之间的关系，工程上常借助点 (x,y) 到曲线 C 的符号距离函数作为水平集函数，任意时刻曲线 $C((x,y),t)$ 对应的水平集函数 $\varphi(x,y,t)$ 为

$$\varphi(x,y,t) = sign((x,y), C((x,y),t)) \cdot dist((x,y), C((x,y),t))$$

式中，函数 $dist((x,y), C((x,y),t))$ 表示 t 时刻平面上点 (x,y) 到曲线 $C((x,y),t)$ 的距离，符号因子 $sign((x,y), C((x,y),t))$ 表示点 (x,y) 与闭曲线的位置关系。若点位于闭曲线内，则符号因子的值为 1；若点位于闭曲线外，则符号因子的值为 -1；若点位于闭曲线上，则符号因子的值为 0。符号距离函数表示的曲线解决了水平集函数多样性的问题，但仍存在以下不足：

①在曲线演化过程中，任意时刻的水平集函数计算较大。任意时刻曲线对应的水平集函数的更新需要执行两步：首先，在一个确定区域 Ω 内分析区域内任意点 (x,y) 与曲线的位置关系，以便确定水平集函数的正负号，即计算 $sign((x,y), C((x,y),t))$；其次，计算任意点到曲线的距离。如果闭曲线 $C((x,y),t)$ 为简单规则的闭合曲线（圆或矩形），则点到这类曲线的距离计算相对简单。若计算点到不规则形状闭曲线的距离，必须先计算该点到曲线上任意点的距离，然后求出其中的最小值，计算成本较高。

②水平集函数经过一段时间演化后，由于局部震荡，一方面可能导致水平集函数表示的曲线失去处处光滑的特点，另一方面可导致函数失去符号距离的特性。对此，工程上每隔一定时间需重新初始化水平集函数，使其保持特有的性质，该初始化虽然保证了水平集

函数的稳定性和收敛性，但增加了计算成本。

（2）为了确保曲线演化的稳定性，在演化过程中需时刻维持水平集函数的光滑性。由（8-9）式可知，水平集曲线演化需要计算函数梯度 $|\nabla\varphi|$，工程上函数的微分常常借助离散网格的差分逼近。水平集函数簇的梯度计算首先进行演化时间离散化，其时间离散化的采样步长为 Δt；其次将 t 时刻水平集函数 $\varphi(x,y,t)$ 平面离散网格化，其离散间隔为 h（在图像处理领域常常设 $h=1$），函数 $\varphi(x,y,t)$ 被离散化为 $\varphi(ih,jh,n\Delta t)$（缩写为 φ_{ij}^n），那么演化方程（8-9）可以离散化为

$$\frac{\varphi_{ij}^{n+1}-\varphi_{ij}^n}{\Delta t}=\beta_{ij}^n|\nabla_{ij}\varphi_{ij}^n| \tag{8-10}$$

式中，β_{ij}^n 表示网格点 (i,j) 在 n 时刻沿其法线方向移动的速率。离散二维函数的一阶中心差分、前向差分和后向差分分别定义为

$$\begin{cases}\varphi_x^0=\dfrac{\varphi_{i+1,j}-\varphi_{i-1,j}}{2h}\\[2mm]\varphi_x^+=\dfrac{\varphi_{i+1,j}-\varphi_{i,j}}{h}\\[2mm]\varphi_x^-=\dfrac{\varphi_{i,j}-\varphi_{i-1,j}}{h}\end{cases},\begin{cases}\varphi_y^0=\dfrac{\varphi_{i,j+1}-\varphi_{i,j-1}}{2h}\\[2mm]\varphi_y^+=\dfrac{\varphi_{i,j+1}-\varphi_{i,j}}{h}\\[2mm]\varphi_y^-=\dfrac{\varphi_{i,j}-\varphi_{i,j-1}}{h}\end{cases}$$

则（8-10）式可改写为

$$\varphi_{ij}^{n+1}=\varphi^n+\Delta t[\max(\beta_{ij}^n,0)\nabla^++\min(\beta_{ij}^n,0)\nabla^-] \tag{8-11}$$

式中，∇^+ 和 ∇^- 可分别表示如下：

$$\begin{cases}\nabla^+=[\max(\varphi_x^-,0)^2+\min(\varphi_x^+,0)^2+\max(\varphi_y^-,0)^2+\min(\varphi_y^+,0)^2]^{1/2}\\\nabla^-=[\max(\varphi_x^+,0)^2+\min(\varphi_x^-,0)^2+\max(\varphi_y^+,0)^2+\min(\varphi_y^-,0)^2]^{1/2}\end{cases}$$

为了提高符号距离函数演化效率，学者们常常采用简化的符号距离函数来表示水平集函数，该函数仅仅给出了区域内任意点与闭曲线 $C((x,y),t)$ 的位置关系。除了曲线上点外，其他点到闭曲线的距离均为常数，即

$$\varphi(x,y)=\begin{cases}+\rho,&(x,y)\in inside(C(x,y))\\0,&(x,y)\in C(x,y)\\-\rho,&(x,y)\in outside(C(x,y))\end{cases} \tag{8-12}$$

（8-12）式所示的函数 $\varphi(x,y)$ 的梯度为

$$\nabla\varphi(x,y)=(\varphi_T,\varphi_N)=(0,\varphi_N)$$

设曲线上点 (x,y) 沿法矢量方向变化 $\Delta\eta$，其函数 $\varphi(x,y)$ 的变化量为 $\Delta\varphi(x,y)$。由于 $\varphi(x,y)$ 是距离函数，所以 $\Delta\varphi(x,y)$ 为距离的变化量 Δd，即法矢量方向上坐标的变化量 $\Delta\eta$，则

$$|\Delta\varphi(x,y)|=|\Delta d|=|\Delta\eta|$$

可得

$$|\nabla\varphi(x,y)|=\lim_{\Delta\eta\to0}\frac{|\Delta\varphi(x,y)|}{|\Delta\eta|}=1$$

可见，简化的符号距离函数具有 $|\nabla\varphi|\equiv1$，这意味着 $\varphi(x,y)$ 的变化率处处相等，这有利于在数值计算过程保持稳定。

根据曲线表示方式，曲线演化可分为参数曲线演化和水平集曲线演化。后者相对于前

者具有以下特点：

①如果水平集函数任意点的运动速度是连续光滑的，则演化的水平集函数簇在任意时刻的函数均能保证曲线处处光滑。同时，随着时间变化，函数表示的曲线拓扑结构自然地发生变化，比如发生分裂和合并。这一特性使得曲线水平集表示在多目标分割中具有广泛的应用。

②水平集函数以一种隐式方式表示了平面闭合曲线，将平面上闭曲线形变演化问题转化成函数演化问题，利用连续函数的偏微分方程求解闭曲线演化，从而回避曲线演化计算过程中的点跟踪问题。

③在演化过程中，水平集函数在任意时刻保持光滑的特性，曲线的几何属性（单位法向矢量和曲率）可以直接借助水平集函数来进行计算。因此，水平集曲线演化易于运用有限差分法进行离散逼近。

④平面上的水平集曲线演化具有较强的数学理论支撑，且易于扩展到高维空间的曲面演化。

8.3　曲线演化速率

无论曲线采用何种表示方式，其演化都具有相同之处，即在二维平面上，曲线演化可描述为一条光滑闭合曲线沿着其法线方向运动而形成的曲线簇。演化过程可表示为时间的偏微分方程：

$$\frac{\partial C}{\partial t} = F \cdot N \tag{8-13}$$

式中，F 表示曲线上点的运动速率，运动速率可分为恒速率或变速率两种情况。N 表示任意时刻曲线的单位法向矢量，它决定了曲线上点的运动方向。如果某时刻曲线上某点或曲线段的法矢量指向闭曲线内部，则该点或曲线段在下一时刻向内部收缩，倘若后续时间它们的法矢量也指向闭曲线内部，则该点或曲线段继续向内部收缩，直至闭曲线分裂为两条或多条闭曲线。如果某时刻曲线上某点或曲线段的法矢量指向闭曲线外部，则该点或曲线段向外膨胀，向外膨胀可导致两条或多条闭曲线存在重叠区域，将多条闭曲线合并成一条闭曲线。

8.3.1　恒速率演化

在曲线演化过程中，常常假设曲线上任意点的移动速率是已知的。如果曲线上点沿法线方向的移动速率处处相等，即 $F_0 = const$，那么曲线演化即为常值演化。如果曲线上任意点以相同速率运动，则曲线演化方程可简化为如下微分方程：

$$\frac{\partial C}{\partial t} = F_0 \cdot N$$

曲线常值演化的微分方程常常采用"标注质点"法进行计算。"标注质点"法是在一条连续光滑的曲线上标注足够多的离散点，分析计算曲线点的法矢量，并沿各点法矢量移动相同的距离得到新的位置，逐点连接形成新的曲线。

设一条连续曲线由两条直线段构成，如图 8−2（a）所示。其函数表达式为

$$y(x) = \begin{cases} 0.5 + x, & 0 \leqslant x \leqslant 0.5 \\ 0.5 - x, & 0.5 < x \leqslant 1 \end{cases}$$

当 $0 < x < 0.5$ 时，对应的左侧直线段 $\frac{\mathrm{d}x}{\mathrm{d}y} = 1$，该直线段上任意点的单位法矢量为 $\mathbf{N} = \left(\frac{\sqrt{2}}{2}, -\frac{\sqrt{2}}{2}\right)$；当 $0.5 < x < 1$ 时，对应的右侧直线段 $\frac{\mathrm{d}x}{\mathrm{d}y} = -1$，该直线段上任意点的单位法矢量为 $\mathbf{N} = \left(-\frac{\sqrt{2}}{2}, -\frac{\sqrt{2}}{2}\right)$；而在 $x = 0.5$ 处，该曲线连续且不可导。

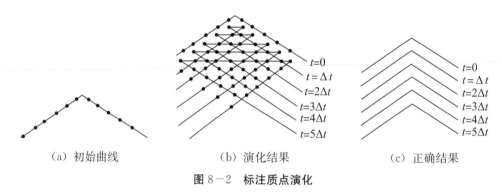

（a）初始曲线　　　　（b）演化结果　　　　（c）正确结果

图 8−2　标注质点演化

运用"标注质点"法计算该曲线的演化过程，假设该曲线上任意点移动的速率恒为单位距离。当 $0 < x < 0.5$ 时，对应的直线段上各点沿 135°方向（单位法矢量）向右下移动单位距离；当 $0.5 < x < 1$ 时，对应的直线段上各点沿 45°方向（单位法矢量）向左下移动单位距离，逐点连接各点形成新的曲线，如图 8−2（b）所示。然而，曲线上任意点以恒定速率移动的结果应如图 8−2（c）所示。演化结果与正确结果存在较大差异，主要原因在于曲线演化前提是任意时刻的曲线处处可导，而该曲线在 $x = 0.5$ 处的左、右导数分别为 $+1$ 和 -1，若分别沿其左、右导数计算的法矢量方向移动距离，则该点将分裂为两点，导致出现如图 8−2（b）所示的现象。

8.3.2　曲率演化

曲线曲率就是曲线上某点切线方向对弧长的转动率。在几何上，通常运用曲率描述曲线偏离直线的程度，即曲线上某点曲率越大，表明该点邻域偏离直线较大；反之，曲线越平坦。

以图 8−3 所示的曲线为例，曲线上点 M 沿曲线移动到点 M'，该点移动方向为其切线方向。设点 M 的切线方向角度为 α，点 M' 的切线方向角度为 $\alpha + \Delta\alpha$，即从点 M 到点 M' 切线方向偏转了 $\Delta\alpha$ 角度，移动路程为 $|\Delta s| = \widehat{MM'}$，那么单位路程上切线方向的角度变化可表示为 $\left|\frac{\Delta\alpha}{\Delta s}\right|$。令点 M' 沿曲线趋近于点 M，即 $|\Delta s| \to 0$，则点 M 的曲率为

$$\kappa = \lim_{\Delta s \to 0} \left|\frac{\Delta\alpha}{\Delta s}\right| \tag{8-14}$$

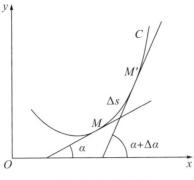

图 8-3　曲线曲率

根据 $\lim\limits_{\Delta s \to 0}\left|\dfrac{\Delta\alpha}{\Delta s}\right| = \dfrac{\mathrm{d}\alpha}{\mathrm{d}s}$，则曲率可表示为

$$\kappa(s) = \frac{\mathrm{d}\alpha}{\mathrm{d}s} \tag{8-15}$$

由（8-15）式可知曲率 $\kappa(s)$ 表示曲线上任意点切矢量随弧长的变化速率。设曲线上弧长为 s 的点的单位切矢量 $\boldsymbol{T}(s)$ 和法矢量 $\boldsymbol{N}(s)$ 分别为

$$\begin{cases} \boldsymbol{T}(s) = (\cos\alpha, \sin\alpha) \\ \boldsymbol{N}(s) = (-\sin\alpha, \cos\alpha) \end{cases}$$

式中，α 为该点切矢量与 x 轴的夹角。设曲线上点沿曲线移动到弧长 $s+\Delta s$ 时，该点切矢量的变化率为

$$\boldsymbol{T}_s = \frac{\boldsymbol{T}(s+\Delta s) - \boldsymbol{T}(s)}{\Delta s} \approx \left(-\frac{\Delta\alpha}{\Delta s}\sin\alpha, \frac{\Delta\alpha}{\Delta s}\cos\alpha\right) = \frac{\Delta\alpha}{\Delta s}(-\sin\alpha, \cos\alpha) = \frac{\Delta\alpha}{\Delta s}\boldsymbol{N}(s)$$

当 $\Delta s \to 0$ 时，可得

$$\boldsymbol{T}_s = \kappa(s)\boldsymbol{N}(s) \tag{8-16}$$

由（8-16）式可知，曲线上任意点的曲率可表示为该点切矢量的旋转角速度。

同理，曲线上任意点法矢量的变化率为

$$\boldsymbol{N}_s = \frac{\boldsymbol{N}(s+\Delta s) - \boldsymbol{N}(s)}{\Delta s} \approx \left(-\cos\alpha\frac{\Delta\alpha}{\Delta s}, -\sin\alpha\frac{\Delta\alpha}{\Delta s}\right) = -\frac{\Delta\alpha}{\Delta s}(\cos\alpha, \sin\alpha) = -\frac{\Delta\alpha}{\Delta s}\boldsymbol{T}(s)$$

当 $\Delta s \to 0$ 时，可得

$$\boldsymbol{N}_s = \kappa(s)\boldsymbol{T}(s) \tag{8-17}$$

（8-17）式表明了曲率也是法矢量的旋转角速度。规定点沿曲线移动，若其法线沿逆时针方向旋转，则该点曲率为正值；反之，为负值。

在 xOy 坐标系中，曲线上任意点的单位法矢量 $\boldsymbol{N} = (n_1, n_2) = (-\sin\alpha, \cos\alpha)$，弧长增量 $\mathrm{d}s = \mathrm{d}x\cos\alpha + \mathrm{d}y\sin\alpha$，法线偏导数 $\left(\dfrac{\partial n_1}{\partial x}, \dfrac{\partial n_2}{\partial y}\right)$ 为

$$\begin{cases} \dfrac{\partial n_1}{\partial x} = \dfrac{\partial n_1}{\partial\alpha}\dfrac{\partial\alpha}{\partial s}\dfrac{\partial s}{\partial x} = -\cos\alpha \cdot \kappa \cdot \dfrac{\partial s}{\partial x} \\[2mm] \dfrac{\partial n_2}{\partial y} = \dfrac{\partial n_1}{\partial\alpha}\dfrac{\partial\alpha}{\partial s}\dfrac{\partial s}{\partial y} = \sin\alpha \cdot \kappa \cdot \dfrac{\partial s}{\partial y} \end{cases}$$

可知 $\left(\dfrac{\partial s}{\partial x}, \dfrac{\partial s}{\partial y}\right) = (\cos\alpha, \sin\alpha)$，则 $\left(\dfrac{\partial n_1}{\partial x}, \dfrac{\partial n_2}{\partial y}\right) = (-\kappa\cos^2\theta, -\kappa\sin^2\theta)$，从而可得曲率的另一种表示，即

$$\kappa = -\left(\frac{\partial n_1}{\partial x} + \frac{\partial n_2}{\partial y}\right) = -\operatorname{div}(\boldsymbol{N}) \tag{8-18}$$

由（8-18）式可知，曲率可表示为单位法矢量的散度。

以弧长为参数表示的曲线曲率计算如下，首先计算曲线对弧长的一阶导数：

$$\frac{\mathrm{d}C(p)}{\mathrm{d}s} = C_s(p) = (x_p, y_p), \quad \frac{\mathrm{d}p}{\mathrm{d}s} = \frac{1}{\sqrt{x_p^2 + y_p^2}}(x_p, y_p) = \boldsymbol{T}$$

其次计算曲线对弧长的二阶导数：

$$
\begin{aligned}
C_{ss}(p) &= \frac{\mathrm{d}C_s(p)}{\mathrm{d}p}\frac{\mathrm{d}p}{\mathrm{d}s} \\
&= \frac{x_p y_{pp} - x_{pp}y_p}{\sqrt{(x_p^2 + y_p^2)^3}}(-y_p, x_p)\frac{\mathrm{d}p}{\mathrm{d}s} \\
&= \frac{x_p y_{pp} - x_{pp}y_p}{\sqrt{(x_p^2 + y_p^2)^3}}\frac{1}{\sqrt{x_p^2 + y_p^2}}(-y_p, x_p) \\
&= \frac{x_p y_{pp} - x_{pp}y_p}{\sqrt{(x_p^2 + y_p^2)^3}}\boldsymbol{N}
\end{aligned}
$$

曲率可计算为

$$\kappa = \frac{1}{\sqrt{(x_p^2 + y_p^2)^3}}(x_p y_{pp} - x_{pp}y_p)$$

同理，水平集曲线的曲率可计算为

$$
\begin{aligned}
\kappa &= -\operatorname{div}(\boldsymbol{N}) \\
&= \operatorname{div}\left(\frac{\nabla\varphi}{|\nabla\varphi|}\right) \\
&= \operatorname{div}\left(\frac{\varphi_x}{\sqrt{\varphi_x^2 + \varphi_y^2}}, \frac{\varphi_y}{\sqrt{\varphi_x^2 + \varphi_y^2}}\right) \\
&= \frac{1}{\sqrt{(\varphi_x^2 + \varphi_y^2)^3}}(\varphi_{xx}\varphi_y^2 - 2\varphi_x\varphi_y\varphi_{xy} + \varphi_{yy}\varphi_x^2)
\end{aligned} \tag{8-19}
$$

曲线曲率表达了曲线偏离直线的程度，曲率越大，曲线的弯曲程度越大。如果曲线上任意点沿法线方向依曲率进行移动，由于曲线上任意点曲率各不相同，所以曲线上各点移动的速率也不相同，可见曲率演化是曲线上点的变速移动。弯曲部分的点移动速率较大，平坦段的点移动速率较小。由此可见，曲线依其曲率运动可将任意形状的闭曲线演化为一个圆，直至消失。

曲率驱动的曲线演化方程可表示为以下偏微分方程：

$$\frac{\partial C}{\partial t} = \kappa\boldsymbol{N}$$

在工程上，曲线上点的运动速率分为常值和曲率。在常值演化中，曲线上各点运动速率相同，一段时间后更新的曲线可能会出现断裂或者尖点。依曲率演化，曲线上弯曲部分运动快，平坦部分运动慢，一段时间后任意形状的封闭曲线可演化成一个圆。

8.4 参数活动轮廓模型

自然界中任意实体对象均具有有限的几何测度，使得对象影像在平面上具有一定的形状，且形状边界为封闭曲线，即对象轮廓。学者们从对象的轮廓出发，提出了基于曲线演化的对象提取模型。该模型在人机交互的封闭初始曲线前提下，结合曲线演化理论设计对象提取的能量泛函，将对象提取问题转变为曲线能量泛函最小化问题。该模型的能量泛函由曲线内部能量和外部能量构成。内部能量以曲线几何测度为参数，促使曲线收缩约束其形状变化；外部能量驱使曲线收敛于对象轮廓。基于曲线演化的对象提取融入了对象高层信息——几何测度，调和了对象的上层知识（曲线内力）和底层图像特征（曲线外力）这一对矛盾。

依据曲线表示方法，基于曲线演化的对象提取可分为参数活动轮廓模型和几何活动轮廓模型。参数活动轮廓模型的曲线表示是以弧长为变量的参数方程，根据曲线的光滑性结合图像低层特征设计对象提取能量泛函。该能量泛函的求解是以人工绘制封闭曲线为初始条件，在曲线自身弹力和图像边缘作用下逐点更新曲线位置，最终使得曲线收敛于对象轮廓。

1987 年 Kass 等提出了基于参数活动轮廓的对象提取模型——Snake 模型。该模型是以任意光滑闭曲线在自身弹性作用下演化为圆而最终消失为基础，运用图像局部特征调和人机交互的闭曲线演化，从而使闭曲线在演化过程中逼近对象轮廓而停止演化。假设任意语义对象在图像论域中占据的区域是连通而封闭的，且该区域的轮廓（边界）曲线是光滑的，该模型联合闭曲线的几何特性和图像局部特征设计了对象提取能量泛函，其表示如下：

$$E_{snake}(\boldsymbol{X}(s)) = E_{int}(\boldsymbol{X}(s)) + E_{ext}(\boldsymbol{X}(s)) \tag{8-20}$$

该模型由一些控制点 $\boldsymbol{X}(s) = [x(s), y(s)], s \in [0,1]$ 表示轮廓线，这些控制点首尾以直线相连构成闭曲线，其中 $x(s)$ 和 $y(s)$ 表示每个控制点在图像中的坐标位置，s 表示控制点弧长。$E_{int}(\boldsymbol{X}(s))$ 描述了闭曲线在自身弹性作用下形变的能量函数，控制曲线的连续性和弯曲程度，该项仅仅依赖曲线的几何特性而独立于图像特征，又称为曲线内部能量。$E_{ext}(\boldsymbol{X}(s))$ 描述了任意时刻曲线与图像局部特征的吻合程度，该项主要取决于图像局部特征。相对于曲线自身弹性，该项又称为外部能量。

（8-20）式的能量泛函有机结合了曲线演化和对象轮廓，调和了对象轮廓（图像分割的上层知识）和图像局部特征之间的矛盾，将对象形状的几何特性融合进曲线形变能量泛函中，使得曲线在内外部能量的作用下收敛于对象轮廓。

8.4.1 Snake 模型的能量泛函

Snake 模型的能量泛函由曲线内部能量和外部能量两部分组成，其中曲线内部能量促使曲线在演化过程中收缩和弯曲，同时确保任意时刻曲线的光滑性，该能量泛函可表示为

$$E_{\text{int}}(\boldsymbol{X}(s)) = \int_0^1 \frac{1}{2}\left[\alpha(s)\left(\boldsymbol{X}'(s)\right)^2 + \beta(s)\left(\boldsymbol{X}''(s)\right)^2\right]\mathrm{d}s \qquad (8-21)$$

该能量泛函由曲线导数构成，其中一阶导数项表示曲线的弹性能量，二阶导数项表示曲线上任意点的曲率，其能量大小决定了曲线的弯曲程度，确保了演化过程中曲线的光滑性。$\alpha(s)$ 和 $\beta(s)$ 为非负常数，前者控制演化过程中曲线的连续性，后者控制曲线的弯曲程度。当 $\alpha(s)=0$ 时，曲线在内部能量驱使下可能导致不连续；若 $\beta(s)=0$，则演化的曲线簇中可能存在不可导点。由此可知，在该能量泛函极小化过程中，其能量保证了在演化过程中曲线的连续性，同时把任意闭曲线压缩成一个光滑的圆。

（8-20）式中的外部能量项 $E_{\text{ext}}(\boldsymbol{X}(s))$ 利用图像的局部特征驱使初始闭曲线在演化过程中收敛于对象轮廓。在图像工程中该项也称为图像能量，图像能量表征了变形曲线与对象轮廓的吻合程度。

图像中对象轮廓在像素级别上的表现随图像类型的不同而异，在由线段或者曲线构成的图像（边缘图像）中，对象在视觉上表现为封闭曲线构成的区域，其轮廓表现为像素灰度值的大小。在灰度和彩色图像中，对象在视觉上表现为由一个或者多个视觉区域根据某规则构成的整体，视觉区域内灰度/颜色具有相似性，视觉区域间存在显著差异，这些差异在局部上表现为图像边缘。对象轮廓和图像边缘在像素级别上具有相似之处，即灰度/颜色的突变。由于图像在采集、传输和存储过程易受到噪声的攻击，噪声和图像纹理加剧了邻域像素灰度/颜色的变化，从而形成伪边缘。为了抑制噪声和纹理的负面影响，常常对图像进行高斯平滑预处理，在一定程度可去除伪边缘的负面影响。

针对不同图像类型，Snake 模型对论域为 Ω 的图像 $\boldsymbol{u}(x,y)$ 建立了以下四种外部能量泛函：

$$\begin{cases} E_{\text{ext}}^1(\boldsymbol{X}(s)) = \iint_\Omega \boldsymbol{u}(x,y)\mathrm{d}x\,\mathrm{d}y \\[2mm] E_{\text{ext}}^2(\boldsymbol{X}(s)) = \iint_\Omega -|\nabla\boldsymbol{u}(x,y)|^2\mathrm{d}x\,\mathrm{d}y \\[2mm] E_{\text{ext}}^3(\boldsymbol{X}(s)) = \iint_\Omega -|\nabla G_\sigma(x,y)*\boldsymbol{u}(x,y)|^2\mathrm{d}x\,\mathrm{d}y \\[2mm] E_{\text{ext}}^4(\boldsymbol{X}(s)) = \iint_\Omega \nabla G_\sigma(x,y)*\boldsymbol{u}(x,y)\mathrm{d}x\,\mathrm{d}y \end{cases} \qquad (8-22)$$

式中，$G_\sigma(x,y)$ 表示方差为 σ 的高斯核函数，其中方差 σ 的大小决定了高斯函数的平滑能力。

在（8-22）式，外部能量 $E_{\text{ext}}^1(\boldsymbol{X}(s))$ 主要适应于线段或者曲线构成的图像，如简笔画图像，这主要是因为该能量项仅根据图像灰度信息约束变形曲线。对于二值图像、灰度图像或彩色图像，图像处理工程中常常假设对象轮廓处的灰度/颜色存在突然变化，所以在 Snake 模型中采用以图像梯度为变量的函数限制曲线形变，如 $E_{\text{ext}}^2(\boldsymbol{X}(s))$，$E_{\text{ext}}^3(\boldsymbol{X}(s))$，$E_{\text{ext}}^4(\boldsymbol{X}(s))$。其中 $E_{\text{ext}}^2(\boldsymbol{X}(s))$ 直接运用图像梯度幅度约束曲线演化，该能量可有效地从二值图像中提取对象，但对灰度和彩色图像效果较差。灰度图像和彩色图像含有大量纹理信息，并且在图像采集、传播和存储过程易受到噪声攻击，噪声和纹理加速了像素灰度/颜色变化，导致图像梯度极值位置偏移。为了抑制噪声和纹理对图像梯度的负面影响，改善对象提取质量，常常对图像进行高斯平滑，将平滑后的图像梯度作为外部能量，如 $E_{\text{ext}}^3(\boldsymbol{X}(s))$ 和 $E_{\text{ext}}^4(\boldsymbol{X}(s))$。图像的高斯平滑虽然在一定程度上去除了纹理和噪声对边缘的影响，但高斯平滑的本质为各向同性扩散，它在去除噪声和平滑纹理的过程中也模糊了图像边缘信息，使得曲线收敛于对象轮廓邻域，导致定位精度降低。$E_{\text{ext}}^2(\boldsymbol{X}(s))$ 和 $E_{\text{ext}}^3(\boldsymbol{X}(s))$ 仅考虑了图像梯度幅度对曲线演化的约束，而忽略了梯度的方向信息。$E_{\text{ext}}^4(\boldsymbol{X}(s))$ 运用图像梯度作为外部能量，充分考虑了高斯平滑后图像像素灰度/颜色的变化方向。从外部能量泛函来看，对象轮廓处图像边缘越明显，提取效果越好，否则曲线容易越过边缘导致提取效果下降。

（8-21）式的能量泛函最小化过程实质上是在曲线内外能量的作用下，驱使初始曲线不断收缩直至对象轮廓。根据变分原理，该能量泛函的最优解 $\boldsymbol{X}(s)$ 满足以下欧拉方程：

$$\alpha \boldsymbol{X}''(s) - \beta \boldsymbol{X}^{(4)}(s) - \nabla E_{\text{ext}} = 0 \tag{8-23}$$

式中，$\alpha \boldsymbol{X}''(s) - \beta \boldsymbol{X}^{(4)}(s)$ 控制曲线的拉伸和弯曲，∇E_{ext} 驱使曲线收敛于对象轮廓目标。为求解（8-23）式，工程上常常引入时间参数 t，将初始曲线 $\boldsymbol{X}(s)$ 演化看作时间的函数簇 $\boldsymbol{X}(s,t)$，运用梯度下降算法进行求解，其梯度流为

$$\frac{\partial \boldsymbol{X}(s,t)}{\partial t} = \alpha \boldsymbol{X}''(s,t) - \beta \boldsymbol{X}^{(4)}(s,t) - \nabla E_{\text{ext}} \tag{8-24}$$

8.4.2　Snake 模型的离散计算

Snake 模型刻画了图像论域内连续光滑闭曲线的演化过程，而数字图像像素灰度/颜色常常为序列离散数据，因此，基于 Snake 模型的图像对象提取能量泛函求解必须进行离散化处理。对此，学者们相继提出了贪婪算法、动态规划法、有限元法和有限差分法等对其能量泛函进行数值优化计算。有限差分法因收敛速度较快、存储成本较低，广泛用于曲线演化的数值计算。该方法首先将初始闭曲线进行空间域离散（采样间隔为 h），其次对演化时间进行采样（采样间隔为 Δt），如在 $t = k\Delta t$ 时刻，演化曲线 $\boldsymbol{X}(s,t)$ 可表示为 $\boldsymbol{X}_i^k = (x_i^k, y_i^k) = (x(h_i, k\Delta t), y(h_i, k\Delta t))$，$i = 1, 2, \cdots$。$\boldsymbol{X}_s(s,t)$，$\boldsymbol{X}_{ss}(s,t)$，$\boldsymbol{X}_t(s,t)$ 可离散计算为

$$\begin{cases} \boldsymbol{X}_s(s,t) = \dfrac{\partial \boldsymbol{X}(s,t)}{\partial s} = \dfrac{\boldsymbol{X}_{i+1} - \boldsymbol{X}_i}{h} \\[3mm] \boldsymbol{X}_{ss}(s,t) = \dfrac{\partial \boldsymbol{X}^2(s,t)}{\partial s^2} = \dfrac{\boldsymbol{X}_{i+1} - 2\boldsymbol{X}_i + \boldsymbol{X}_{i-1}}{h^2} \\[3mm] \boldsymbol{X}_t(s,t) = \dfrac{\partial \boldsymbol{X}(s,t)}{\partial t} = \dfrac{\boldsymbol{X}_i^{k+1} - \boldsymbol{X}_i^k}{\Delta t} \end{cases}$$

则（8-24）式可离散化为

$$\frac{\partial \boldsymbol{X}(s,t)}{\partial t} \approx \frac{\boldsymbol{X}_i^{k+1} - \boldsymbol{X}_i^k}{\Delta t} = \frac{\alpha_{i+1}(\boldsymbol{X}_{i+1}^{k+1} - \boldsymbol{X}_i^{k+1}) - \alpha_i(\boldsymbol{X}_i^{k+1} - \boldsymbol{X}_{i-1}^{k+1})}{h^2} - \nabla E_{\text{ext}}(\boldsymbol{X}_i^{k-1}) -$$

$$\frac{\beta_{i-1}(\boldsymbol{X}_{i-2}^{k+1} - 2\boldsymbol{X}_{i-1}^{k+1} + \boldsymbol{X}_i^k) - 2\beta_i(\boldsymbol{X}_{i-1}^{k+1} - 2\boldsymbol{X}_i^{k+1} + \boldsymbol{X}_{i+1}^{k+1}) + \beta_{i+1}(\boldsymbol{X}_i^{k+1} - 2\boldsymbol{X}_{i+1}^{k+1} + \boldsymbol{X}_{i+2}^{k+1})}{h^4}$$

式中，$\alpha_i = \alpha h_i$，$\beta_i = \beta h_i$。

工程上（8-24）式中 α 和 β 通常设置为常量。为了简化，设 $F_{\text{ext}} = -\nabla E_{\text{ext}}$，$a = -\dfrac{\beta}{h^4}$，$b = \dfrac{4\beta}{h^4} + \dfrac{\alpha}{h^2}$，$c = -\dfrac{6\beta}{h^4} - \dfrac{2\alpha}{h^2}$，（8-24）式可离散化为

$$
\begin{cases}
\dfrac{\boldsymbol{X}^{k+1} - \boldsymbol{X}^k}{\Delta t} = \boldsymbol{M}\boldsymbol{X}^{k+1} + F_{\text{ext}}(\boldsymbol{X}^k) \\[2mm]
F_{\text{ext}} = (F_x, F_y) = \left(-\dfrac{\partial E_{\text{ext}}}{\partial x}, -\dfrac{\partial E_{\text{ext}}}{\partial y} \right)
\end{cases}
\tag{8-25}
$$

式中，

$$
\boldsymbol{M} =
\begin{bmatrix}
c & b & a & 0 & 0 & 0 & a & b \\
b & c & b & a & 0 & 0 & 0 & a \\
a & b & c & b & a & 0 & 0 & 0 \\
0 & a & b & c & b & a & 0 & 0 \\
0 & 0 & a & b & c & b & a & 0 \\
0 & 0 & 0 & a & b & c & b & a \\
a & 0 & 0 & 0 & a & b & c & b \\
b & a & 0 & 0 & 0 & a & b & c
\end{bmatrix}
$$

则（8-25）式中的 $\boldsymbol{X}^{k+1}$ 可由 $\boldsymbol{X}^k$ 更新为

$$
\boldsymbol{X}^{k+1} = (\boldsymbol{I} - \Delta t\boldsymbol{M})^{-1}\left[\boldsymbol{X}^k + \Delta t F_{\text{ext}}(\boldsymbol{X}^k)\right]
\tag{8-26}
$$

式中，$\boldsymbol{I}$ 为单位矩阵，由于 $\boldsymbol{I} - \Delta t\boldsymbol{M}$ 为带宽矩阵，$(\boldsymbol{I} - \Delta t\boldsymbol{M})^{-1}$ 可运用矩阵的 LU 分解计算得到。当相邻时刻曲线距离小于给定阈值时，迭代停止。

Snake 模型是经典的参数活动轮廓模型，该模型假设在图像论域中任意语义对象占据的区域是连通而封闭的，且对象轮廓曲线处处光滑，利用曲线自身的弹性形变并与图像局部特征相匹配，联合闭曲线的几何特性和图像局部特征设计图像对象提取能量泛函。该泛函既承载了曲线形变，又融合了图像低层特征，因此调和了对象轮廓和图像局部特征之间的矛盾。

Snake 模型常常运用梯度下降算法分析演化曲线簇，其计算结果敏感于初始曲线。为了提高对象提取质量，人机交互的初始闭曲线必须毗邻对象轮廓，这一要求限制了 Snake 模型的广泛应用。该模型曲线表示为弧长的参数函数，任意时刻曲线上点的弧长独立计算，难以描述相邻时刻空间近邻点间的关系，使得在闭曲线演化过程中只能逐点运用"标注质点"法更新位置，这大大增加了计算成本。同时，图像梯度敏感于噪声和纹理，导致收敛曲线定位精度差。

8.5 几何活动轮廓模型

曲线的参数化表示虽然可有效描述演化过程中曲线的平移和旋转，但失效于描述其几何拓扑形变。为了高效表示演化过程中曲线的拓扑形变，学者们利用三维曲面与水平面的交集表示闭曲线，将曲线演化转化为曲面函数随时间的变化。初始曲面函数在演化过程中随时间的变化形成曲面簇，曲面簇的拓扑形状未发生任何变化，但曲面簇与水平面交集的拓扑结构可能分裂和合并。

几何活动轮廓模型是由 Caselles 于 1993 年提出的，它与参数活动轮廓模型的主要区别在于其初始轮廓是在曲线几何特性推动下向着目标轮廓移动的。该模型的理论基础是曲线演化理论和水平集方法，原理是将平面闭曲线隐含地表达为三维曲面函数的水平集，曲线在曲率、法向量等几何参数的驱使下形变，甚至发生拓扑结构变化。

几何活动轮廓模型假设对象在图像论域中的区域是连通而封闭的，且轮廓曲线处处光滑，根据水平集的曲率和对象区域几何测度（周长和面积）的有界性设计的对象提取能量泛函为

$$E_{\text{levelset}}(\varphi) = \alpha E_{\text{int}}(\varphi) + \beta E_{\text{ext}}(\varphi) \tag{8-27}$$

式中，$E_{\text{int}}(\varphi)$ 表示水平集演化的内部能量函数，φ 为水平集函数。

曲线演化过程中可能导致曲线失去光滑性，甚至发生分裂或合并。分裂或合并导致对应的符号距离函数失去其固有特性，对此，演化一定时间后水平集函数需要更新其符号距离函数。由于符号距离函数的更新需要重新计算图像任意像素到曲线的距离和符号，所以计算成本较高。为了解决这个问题，学者们提出了水平集正则化方法，即要求在演化过程中，水平集函数处处满足 $|\nabla\varphi(x,y)| = 1$。正则化水平集在图像域 Ω 中演化的内部能量函数可简单表示为

$$E_{\text{int}}(\varphi) = \frac{1}{2}\int_{\Omega}\left[|\nabla\varphi(x,y)| - 1\right]^2 \mathrm{d}x\,\mathrm{d}y \tag{8-28}$$

当梯度 $|\nabla\varphi(x,y)|$ 较大时，该能量函数值较大，最小化内部能量则可驱使水平集趋于平滑，保证了水平集梯度 $|\nabla\varphi(x,y)| = 1$。

(8-27) 式中 $E_{\text{ext}}(\varphi)$ 驱使水平集逼近对象轮廓的外部能量项。外部能量项主要依托图像中对象轮廓的周长和面积。工程上为了计算闭曲线的周长和面积，常常引入 Heaviside 函数 $H(\varphi)$，即

$$H(\varphi) = \begin{cases} 1, & \varphi \geq 0 \\ 0, & \varphi < 0 \end{cases}$$

曲线内部面积为

$$S_{\text{inside}} = \int_{\Omega}\left[1 - H(\varphi)\right]\mathrm{d}\Omega = \int_{\Omega}H(-\varphi)\mathrm{d}\Omega$$

Dirac 函数 $\hat{\delta}(\varphi)$ 定义为 Heaviside 函数在法线方向上的导数：

$$\hat{\delta}(x) = \nabla H(\varphi(x)) \cdot N = H'(\varphi(x)) \cdot \nabla\varphi \cdot \frac{\nabla\varphi}{|\nabla\varphi|} = H'(\varphi(x)) \cdot |\nabla\varphi| = \delta(\varphi) \cdot |\nabla\varphi|$$

式中，$\delta(\varphi) = H'(\varphi)$。运用 Dirac 函数可计算曲线周长：

$$L(\varphi) = \int_{\Omega}|\nabla H(\varphi)|\mathrm{d}\Omega = \int_{\Omega}\delta(\varphi)|\nabla\varphi|\mathrm{d}\Omega$$

Dirac 函数是 Heaviside 函数的广义导数，工程计算必须对其正则化。目前存在以下两种形式的正则化 Heaviside 函数和 Dirac 函数：

$$H_{\varepsilon}(x) = \frac{1}{2}\left(1 + \frac{2}{\pi}\arctan\frac{x}{\varepsilon}\right), \quad \delta_{\varepsilon}(x) = H'_{\varepsilon}(x) = \frac{1}{\pi}\frac{\varepsilon}{\varepsilon^2 + x^2} \tag{8-29}$$

$$H_{\varepsilon}(x) = \begin{cases} 0, & x < -\varepsilon \\ \frac{1}{2}\left(1 + \frac{x}{\varepsilon} + \frac{1}{\pi}\sin\frac{\pi x}{\varepsilon}\right), & |x| < \varepsilon \\ 1, & x > \varepsilon \end{cases}, \quad \delta_{\varepsilon}(x) = \begin{cases} 0, & |x| > \varepsilon \\ \frac{1}{2\varepsilon}\left(1 + \cos\frac{\pi x}{\varepsilon}\right), & |x| < \varepsilon \end{cases}$$

$$\tag{8-30}$$

正则化 Dirac 函数（$\varepsilon = 1.5$）生成代码见程序 8-1。

程序 8-1　正则化 Dirac 函数生成代码

```
Dirac (double * Data, double sigma, int Width, int Height) {
int Temi, Temj; double pi=3.14;
for (Temi=0; Temi<Height; Temi++) for (Temj=0; Temj<Width; Temj++) {
if (Data [Temi * Width+Temj] <=sigma && Data [Temi * Width+Temj] >=-sigma)
Data [Temi * Width+Temj] = (0.5/sigma) * (1+cos ((pi * Data [Temi * Width+Temj]) /sigma));
elseData [Temi * Width+Temj] =0;}} return FUN_OK;}
```

8.5.1　基于边缘的几何活动轮廓模型

对象轮廓邻域灰度/颜色存在显著差异，因此，对象轮廓均可表示图像梯度的函数——边缘指示函数。然而，图像在采集、传输和存储过程中常常受到噪声攻击，噪声和纹理加速了像素灰度/颜色变化形成伪边缘，伪边缘会对边缘指示函数产生负面影响。对此，学者们常常对图像进行高斯平滑，平滑后图像的边缘指示函数定义为

$$g(\boldsymbol{u}_0) = \frac{1}{1 + |\nabla G_\sigma * \boldsymbol{u}_0|} \tag{8-31}$$

对于图像平滑区，经高斯平滑后该区梯度幅度趋于 0，其边缘指示函数接近于 1；位于边缘上的像素，其边缘指示函数接近于 0。综上所述，边缘指示函数从像素级别上描述了对象轮廓。给定图像 $\boldsymbol{u}_0$ 的边缘指示函数计算代码见程序 8-2。

程序 8-2　边缘指示函数计算代码

```
EdgeFunction (double * lpData, int Width, int Height, double * EdgeData, double sigma) {
int Temi; double a;
double * Ix=new double [Width * Height]; double * Iy=new double [Width * Height];
GaussianSmooth (lpData, Width, Height, sigma); //程序 5-5
CenterGradient (lpData, Ix, Iy, Width, Height, 0); //程序 6-1
for (Temi=0; Temi<Width * Height; Temi++) { a= (Ix [Temi] * Ix [Temi] +Iy [Temi] * Iy [Temi]);
if (a<0.01) a=0.01; EdgeData [Temi] =1.0/ (1+a);} delete [] Ix; delete [] Iy; return FUN_OK;}
```

联合水平集函数和边缘指示函数，对象轮廓在图像论域 Ω 中的周长 $L(\boldsymbol{u}_0, \varphi)$ 及其区域面积 $S(\boldsymbol{u}_0, \varphi)$ 可表示为

$$\begin{cases} L(\boldsymbol{u}_0, \varphi) = \int_\Omega g(\boldsymbol{u}_0)\delta(\varphi)|\nabla\varphi|\mathrm{d}\Omega \\ S(\boldsymbol{u}_0, \varphi) = \int_\Omega g(\boldsymbol{u}_0)H(-\varphi)\mathrm{d}\Omega \end{cases} \tag{8-32}$$

曲线演化的外部能量可表示为对象周长和面积的加权和，即

$$\begin{aligned} E_{\mathrm{ext}}(\boldsymbol{u}_0, \varphi) &= \lambda L(\boldsymbol{u}_0, \varphi) + \nu S(\boldsymbol{u}_0, \varphi) \\ &= \lambda \int_\Omega g(\boldsymbol{u}_0)\delta(\varphi)|\nabla\varphi|\mathrm{d}x\mathrm{d}y + \nu \int_\Omega g(\boldsymbol{u}_0)H(-\varphi)\mathrm{d}x\mathrm{d}y \end{aligned} \tag{8-33}$$

式中，λ 和 ν 分别表示周长和面积在外部能量中的权重。

根据对象轮廓在像素级别上与图像边缘的共性，Li 等人结合水平集内部能量和外部

能量，提出了基于边缘的活动轮廓模型（Li 模型），该模型的对象提取可阐述为以下能量泛函的最小化问题：

$$E_{Li}(\boldsymbol{u}_0, \varphi) = E_{ext}(\boldsymbol{u}_0, \varphi) + \mu E_{int}(\varphi)$$

$$= \lambda \int_{\Omega} g(\boldsymbol{u}_0) \delta(\varphi) |\nabla \varphi| \, d\Omega + \nu \int_{\Omega} g(\boldsymbol{u}_0) H(-\varphi) d\Omega + \frac{\mu}{2} \int_{\Omega} (|\nabla \varphi| - 1)^2 d\Omega$$

$$(8-34)$$

（8-34）式极小化问题利用变分法可得

$$\frac{\partial E_{Li}(\boldsymbol{u}_0, \varphi)}{\partial \varphi} = -\mu \left[\Delta \varphi - \text{div}\left(\frac{\nabla \varphi}{|\nabla \varphi|} \right) \right] - \lambda \delta(\varphi) \text{div}\left[g(\boldsymbol{u}_0) \frac{\nabla \varphi}{|\nabla \varphi|} \right] - \nu g(\boldsymbol{u}_0) \delta(\varphi)$$

由隐函数求导法则可知，水平集函数对时间的偏导数为

$$\frac{\partial \varphi}{\partial t} = -\frac{\partial E_{Li}(\boldsymbol{u}_0, \varphi)}{\partial \varphi}$$

$$= \mu \left[\Delta \varphi - \text{div}\left(\frac{\nabla \varphi}{|\nabla \varphi|} \right) \right] + \lambda \delta(\varphi) \text{div}\left[g(\boldsymbol{u}_0) \frac{\nabla \varphi}{|\nabla \varphi|} \right] + \nu g(\boldsymbol{u}_0) \delta(\varphi)$$

$$(8-35)$$

根据水平集曲线曲率（8-19）式，可知

$$\text{div}\left[g(\boldsymbol{u}_0) \frac{\nabla \varphi}{|\nabla \varphi|} \right] = g(\boldsymbol{u}_0) \text{div}\left(\frac{\nabla \varphi}{|\nabla \varphi|} \right) = \kappa g(\boldsymbol{u}_0)$$

则（8-35）式可以简化为

$$\frac{\partial \varphi}{\partial t} = \mu(\Delta \varphi - \kappa) + \lambda \kappa \delta(\varphi) + \nu g(\boldsymbol{u}_0) \delta(\varphi)$$

$$= \mu \Delta \varphi + [\lambda \delta(\varphi) - \mu] \kappa + \nu g(\boldsymbol{u}_0) \delta(\varphi)$$

由上式可知，基于边缘的活动轮廓模型实质上是初始水平集在其几何参数（曲率和法向量）和图像梯度的联合驱动下收敛于对象轮廓。

基于边缘的活动轮廓模型刻画了连续论域内水平集函数在自身的曲率和图像边缘指示函数驱使下的形变规律。在计算机中，图像灰度/颜色值为序列离散数据，因此该模型的能量泛函求解必须将水平集在图像域表示为离散网格，则 m 时刻水平集在网格点 (i, j) 上记为 $\varphi_{i,j}^m$，相邻时刻的时间间隔为 Δt，运用前向差分法计算水平集函数随时间的变化率 $\frac{\partial \varphi}{\partial t}$。（8-35）式的离散化表达式为

$$\frac{\varphi_{i,j}^{m+1} - \varphi_{i,j}^m}{\Delta t} = \mu \left[\Delta \varphi_{i,j}^m - \text{div}\left(\frac{\nabla \varphi_{i,j}^m}{|\nabla \varphi_{i,j}^m|} \right) \right] + \lambda \delta_\varepsilon(\varphi_{i,j}^m) g_{i,j} \text{div}\left(\frac{\nabla \varphi_{i,j}^m}{|\nabla \varphi_{i,j}^m|} \right) + \nu g_{i,j} \delta_\varepsilon(\varphi_{i,j}^m)$$

则 $m+1$ 时刻水平集在网格点 (i, j) 上可更新为

$$\varphi_{i,j}^{m+1} = \varphi_{i,j}^m + \Delta t \left\{ \mu \left[\Delta \varphi_{i,j}^m - \text{div}\left(\frac{\nabla \varphi_{i,j}^m}{|\nabla \varphi_{i,j}^m|} \right) \right] + \lambda \delta_\varepsilon(\varphi_{i,j}^m) \ g_{i,j} \text{div}\left(\frac{\nabla \varphi_{i,j}^m}{|\nabla \varphi_{i,j}^m|} \right) + \right.$$

$$\left. \nu g_j \delta_\varepsilon(\varphi_{i,j}^m) \right\}$$

$$(8-36)$$

式中，$\Delta \varphi = \varphi_{xx} + \varphi_{yy}$ 为 Laplace 算子。水平集更新计算代码见程序 8-3。

程序8-3　水平集更新计算代码

```
Evolution (double * u, double * g, int lambda, double mu, double alf, double epsilon, int delt, int
Height, int Width) {int Temi, Temj; double * distribute=new double [Height * Width];
double * vx=new double [Height * Width]; double * vy=new double [Height * Width];
double * ux=new double [Height * Width]; double * uy=new double [Height * Width];
double * diracU=new double [Height * Width]; double * del=new double [Height * Width];
double weightedLengthTerm, weightedAreaTerm, penalizingTerm;
CenterGradient (g, vx, vy, Width, Height, 0); //计算水平集一阶差分，见程序6-1
memcpy (diracU, u, sizeof (double) * Width * Height); Dirac (diracU, epsilon, Width, Height);
memcpy (distribute, u, sizeof (double) * Width * Height);
CenterGradient (distribute, ux, uy, Width, Height, 2); //计算散度，见程序6-1
Discrete_Lap (u, del, Height, Width); //计算水平集Laplace算子
for (Temi=0; Temi<Height; Temi++)
for (Temj=0; Temj<Width; Temj++) {
weightedLengthTerm=lambda * diracU [Temi * Width+Temj] * (vx [Temi * Width+Temj]
* ux [Temi * Width+Temj] +vy [Temi * Width+Temj] * uy [Temi * Width+Temj]
+g [Temi * Width+Temj] * distribute [Temi * Width+Temj]); //周长增量
weightedAreaTerm=alf * diracU [Temi * Width+Temj] * g [Temi * Width+Temj]; //面积增量
penalizingTerm=mu * (del [Temi * Width+Temj] −distribute [Temi * Width+Temj]); //正则项增量
u [Temi * Width+Temj] +=delt * (weightedLengthTerm+weightedAreaTerm+penalizingTerm);}
delete [] vx; delete [] vy; delete [] ux; delete [] uy; delete [] diracU; delete [] del;
delete [] distribute; return FUN_OK;}
```

　　基于边缘的几何活动轮廓模型是演化初始闭曲线直至收敛于对象轮廓，然而对象轮廓是未知的。为了评价曲线是否收敛到对象轮廓，学者们常常分析相邻时刻曲线区域的几何特性（面积）差异，如果差异在容许范围内，则停止演化；反之，曲线继续演化。其计算流程如下：

　　（1）用户在图像中标注一条毗邻对象轮廓的封闭曲线，并将初始闭曲线表示为水平集 φ^0。该曲线内部包含了对象和部分背景像素，而外部只有背景像素。

　　（2）计算图像边缘指示函数。

　　（3）计算曲线曲率，结合图像边缘指示函数更新水平集。

　　（4）收敛性判断，若收敛，则演化停止；反之，返回（3）。

　　上述迭代计算代码见程序8-4。

程序8-4　基于边缘的几何活动轮廓模型迭代计算

```
LiSegmentation (BYTE * lpData, LONG Width, LONG Height, int a [4]) {
double sigma=1.6; double epsilon=1.5; int Temi, Temj, timestep=5;
double mu=0.2/timestep; int lambda=5; double alf=1.5;
double * TempData=new double [Width * Height];
double * initData=new double [Width * Height];
double * EdgeEnergyData=new double [Width * Height];
for (Temi=0; Temi<Height * Width; Temi++)
TempData [Temi] =1.0 * lpData [Temi];
ImageLSF (initData, Width, Height, a); //初始化水平集函数
EdgeFunction (TempData, Width, Height, EdgeEnergyData, sigma); //边缘指示函数，见程序8-2
for (Temi=1; Temi<500; Temi++)
Evolution (initData, EdgeEnergyData, lambda, mu, alf, epsilon, timestep, Height, Width); //水
平集更新，见程序8-3
CurveAndObject (initData, Height, Width, lpBmpPalett, 0); 对象显示
delete [] TempData; delete [] initData; delete [] EdgeEnergyData; return FUN_OK;}
```

为了测试基于边缘的几何活动轮廓模型对图像的分割效果以及对噪声的鲁棒性，将一幅简单图像加上高斯噪声得到不同质量的图像，在相同初始曲线下对指定对象的分割结果如图 8-4 所示。由于该模型运用图像边缘指示函数构建曲线演化的外部能量，为了抑制该函数对噪声的敏感性，工程上常常对图像进行高斯平滑，该平滑在一定程度去除了噪声对图像边缘的影响，抑制了噪声的负面影响。但由于高斯平滑具有各向同性，模糊了图像弱边缘形成的对象轮廓，因此，该模型对弱边缘图像和噪声图像的分割效果不理想。

（a）图像及初始曲线

（b）分割结果

图 8-4　基于边缘的几何活动轮廓模型对图像的分割结果

8.5.2　基于区域的几何活动轮廓模型

在基于边缘的几何活动轮廓模型中，驱动曲线演化的外部力主要是曲线邻域的边缘指示函数。由于该函数敏感于图像纹理和噪声，使初始曲线收敛于对象轮廓附近，导致定位精度较差。为了提高外部力对纹理和噪声的鲁棒性，学者们假设对象灰度/颜色具有同质性且对象间灰度/颜色差异较大，结合曲线演化理论，提出了基于区域的几何活动轮廓模型——CV 模型。该模型将图像在初始曲线内外的灰度/颜色方差作为曲线演化外部能量，驱使曲线收敛到对象轮廓。对于给定图像 $u_0(x,y)$ 的对象提取能量泛函为

$$E(u_0,C) = \mu \, length(C) + \lambda \int_{\Omega_1} \left[u_0(x,y) - m_1 \right]^2 \mathrm{d}\Omega + \nu \int_{\Omega_2} \left[u_0(x,y) - m_2 \right]^2 \mathrm{d}\Omega$$

$$(8-37)$$

式中，Ω_1 和 Ω_2 分别表示图像论域内闭曲线内、外区域，μ，λ，ν 均是正常数，m_1 和 m_2 分别是图像在演化曲线内、外部分的灰度/颜色均值。（8-37）式中第一项是曲线长度约束项，第二项和第三项负责将演化曲线吸引到对象轮廓上。若用水平集函数 $\varphi(x,y)$ 表示曲线 C，则该闭曲线将图像像素划分为两类：一类是位于曲线内部的像素，另一类是位于曲线外部的像素。设定若点 (x,y) 位于闭曲线内部，则 $\varphi(x,y)>0$；若点 (x,y) 位于闭曲线外部，则 $\varphi(x,y)<0$；若点 (x,y) 位于闭曲线上，则 $\varphi(x,y)=0$。以该模型

将曲线内、外区域像素的统计均值表示其灰度/颜色分布，并将其方差作为驱动水平集函数 $\varphi(x,y)$ 演化的外部能量。CV 模型的能量泛函为

$$E_{\mathrm{CV}}(m_1,m_2,\varphi(x,y)) = \mu\int_\Omega \delta_\varepsilon(\varphi(x,y))\,|\nabla\varphi(x,y)|\,\mathrm{d}\Omega +$$

$$\lambda\int_\Omega [u_0(x,y)-m_1]^2 H_\varepsilon(\varphi(x,y))\mathrm{d}\Omega +$$

$$\nu\int_\Omega [u_0(x,y)-m_2]^2 [1-H_\varepsilon(\varphi(x,y))]\mathrm{d}\Omega$$

$$(8-38)$$

对闭曲线内、外部分灰度/颜色分布的均值 m_1 和 m_2 的计算分别为

$$\begin{cases} m_1 = \dfrac{\displaystyle\int_\Omega \boldsymbol{u}_0(x,y)H_\varepsilon(\varphi(x,y))\mathrm{d}\Omega}{\displaystyle\int_\Omega H_\varepsilon(\varphi(x,y))\mathrm{d}\Omega} \\[3em] m_2 = \dfrac{\displaystyle\int_\Omega \boldsymbol{u}_0(x,y)[1-H_\varepsilon(\varphi(x,y))]\mathrm{d}\Omega}{\displaystyle\int_\Omega 1-H_\varepsilon(\varphi(x,y))\mathrm{d}\Omega} \end{cases}$$

$$(8-39)$$

根据隐函数求导法则，水平集函数对时间的偏导数可计算为

$$\frac{\partial\varphi(x,y,t)}{\partial t} = -\frac{\partial E_{\mathrm{CV}}(m_1,m_2,\varphi(x,y))}{\partial\varphi}$$

$$= \mu\,\mathrm{div}\Big(\frac{\nabla\varphi(x,y,t)}{|\nabla\varphi(x,y,t)|}\Big) - \delta(\varphi(x,y,t)) +$$

$$\{\lambda[\boldsymbol{u}_0(x,y)-m_1]^2 - \nu[\boldsymbol{u}_0(x,y)-m_2]^2\} \qquad (8-40)$$

式中，第一项为水平集曲线曲率，这表明 CV 模型中驱使水平集曲线演化的内力为曲率，解决了演化过程中曲线的拓扑结构变化。由于 m_1 和 m_2 随曲线的变化而变化，因此 (8-40) 式的最优解采用迭代计算，其算法流程如下：

（1）初始闭曲线。用户在图像中标注一条毗邻对象的封闭曲线，并初始化对应的水平集 $\varphi^0(x,y)$。

（2）离散计算水平函数的散度。

（3）计算闭曲线内、外部分的灰度/颜色均值。

（4）更新水平集函数，计算水平集曲线上任意点在 Δt 时间内的变化量。

（5）判断水平集函数是否收敛，若收敛，则演化停止；反之，返回（2）。

为了测试基于区域的几何活动轮廓模型对图像的分割效果以及对噪声的鲁棒性，将一幅简单图像加上高斯噪声得到不同质量的图像，在相同初始曲线下对指定对象的分割结果如图 8-5 所示。该模型利用了对象间灰度/颜色的统计特性构建曲线演化的外部能量，在一定程度上弥补了噪声对分割的负面影响。

（a）图像及初始曲线

（b）分割结果

图 8-5　基于区域的几何活动轮廓模型对图像的分割结果

　　基于区域的几何活动轮廓模型假设对象灰度/颜色具有同质性，在曲线曲率和图像中曲线内、外区域灰度/颜色方差的联合驱动下促使初始曲线收敛于对象轮廓。相对于参数活动轮廓模型，该模型运用水平集代替了弧长参数的曲线表示方法，有效地实现了曲线演化的拓扑结构变形。相对于基于边缘的几何活动轮廓模型，该模型在一定程度上弥补了纹理和噪声对分割的负面影响，可有效从图像中分割出非连通区域对象。但对象亮度/颜色的同质性限制了对象结构的复杂程度，结构复杂的对象是指对象有多个视觉区域，每个视觉区域的灰度/颜色分布波动较小，且视觉区域间的灰度/颜色存在显著差异。若对结构复杂的对象运用均值描述灰度/颜色分布，则会引起误差，各视觉区域的误差积累可能大于对象间的均值差异，导致提取效果较差。

8.6　分割算法评价

　　图像分割是计算机视觉的关键环节，学者们根据图像特征提出了大量的分割算法，并广泛应用于图像目标检测、对象识别和视频对象跟踪等领域。为了测评一个分割算法性能，研究人员结合参考模板提出了许多分割算法的评价准则，这些准则大致可分为像素级别精度和区域级精度，常用像素级别精度的评价方法主要有混淆矩阵、准确率、召回率和综合评价指标。设某算法从图 8-6（a）中提取的对象分割模板如图 8-6（b）所示。该对象分割模板表示为变量 $\boldsymbol{x}=\{x_1,\cdots,x_i,\cdots,x_N\}$，其中 $x_i\in\{0,1\}$，$x_i=0$ 表示第 i 像素属于对象，$x_i=1$ 表示第 i 像素属于背景。该对象参考模板表示为变量 $\boldsymbol{y}=\{y_1,\cdots,y_i,\cdots,y_N\}$，其中 $y_i\in\{0,1\}$，$y_i=0$ 表示像素属于对象，$y_i=1$ 表示像素属于背景，如图 8-6（c）所示。

（a）原始图像  （b）分割模板  （c）参考模板

图 8-6　分割和参考模板

混淆矩阵也称误差矩阵，用于衡量提取对象与参考对象间的重合程度。该测评方法将提取的对象和背景与参考对象和背景间的关系划分为真阳性（True Positive，TP）、假阳性（False Positive，FP）、真阴性（True Negative，TN）、假阴性（False Negative，FN）四种情形。

真阳性表示提取的对象中包含的参考对象：

$$TP = \{i \mid x_i = 0, \text{and } y_i = 0\}$$

假阳性表示提取的对象中包含的参考背景：

$$FP = \{i \mid x_i = 0, \text{and } y_i = 1\}$$

真阴性表示提取的背景中包含的参考背景：

$$TN = \{i \mid x_i = 1, \text{and } y_i = 1\}$$

假阴性表示提取的背景中包含的参考对象：

$$FN = \{i \mid x_i = 1, \text{and } y_i = 0\}$$

混淆矩阵可表示为

$$\boldsymbol{M} = \begin{bmatrix} |TP| & |FN| \\ |FP| & |TN| \end{bmatrix} \tag{8-41}$$

式中，$|\cdot|$ 表示集合基数。

准确率（precision）也叫查准率，衡量分割的精确度，即分割对象是否精确地覆盖到了参考对象。召回率（recall）也叫查全率，强调是否能将对象的所有像素分割出来。准确率和召回率分别为

$$precision = \frac{|TP|}{|TP \cup FP|}, \quad recall = \frac{|TP|}{|TP \cup FN|} \tag{8-42}$$

准确率与召回率通常是此消彼长的，它们只能相对片面地评价某一方面的能力。研究人员通常需要综合考虑多个指标，如 *F-measure*。*F-measure* 综合考量了 *precision* 和 *recall* 指标，定义为

$$F\text{-}measure = \frac{(1 + \alpha^2) \times precision \times recall}{\alpha^2 (precision + recall)} \tag{8-43}$$

当参数 $\alpha = 1$ 时，即为 F_1 综合评价指标，当 F_1 较高时，说明分割算法比较有效。F_1 定义为

$$F_1 = \frac{2 \times precision \times recall}{precision + recall} \tag{8-44}$$

交并比（Intersection over Union）是指分割对象和参考对象区域的交并比值，即

$$IOU = \frac{|TP|}{|TP \cup FP \cup FN|} \tag{8-45}$$

习题与讨论

8-1 在活动轮廓模型中常常将曲线表示为弧长参数方程或水平集函数,分析两种表示方法在演化过程中各自的优缺点。

8-2 曲线演化本质上是曲线上任意点沿其法线方向移动导致其形状变化。分析曲线上任意点恒速演化与曲率演化的差异性。

8-3 分组讨论几何活动轮廓模型对初始曲线的敏感性,讨论如何运用较少人机交互标注毗邻于对象轮廓的初始曲线。

8-4 活动轮廓模型是建立在对象与背景存在显著差异的条件上,即对象间存在强边缘或者灰度/颜色具有显著差异,这一条件在自然图像中并不成立。针对对象间灰度/颜色缓慢变化形成的对象视觉轮廓,可否构建外部能量驱使曲线收敛于对象视觉轮廓?

8-5 活动轮廓模型以图像低层特征为基础,如图像边缘指示函数或曲线内、外部分的灰度/颜色整体方差。这些特征敏感于图像分析尺度,由于不同分析尺度下图像的边缘和灰度/颜色分布方差差异较大,其分割效果大相径庭。试设计一个尺度不变的活动轮廓算法。

参考文献

[1] Wang L,Hua G,Xue J R,et al. Joint segmentation and Recognition of Categorized Objects from Noisy Web Image Collection [J]. IEEE Transactions on Image Processing,2014,23 (9):4070-4086.

[2] 王相海,方玲玲. 活动轮廓模型的图像分割方法综述 [J]. 模式识别与人工智能,2013,26 (8):751-760.

[3] 张永平,郑南宁,赵荣椿. 基于变分的图像分割算法 [J]. 中国科学,2002,32 (1):133-144.

[4] 陈立潮,牛玉梅,潘理虎. Snake 模型的研究进展 [J]. 计算机应用研究,2014,31 (7):1931-1936.

[5] Chan T F,Vese L. Active contours without edges [J]. IEEE Transactions on Image Processing,2001,10 (2):266-277.

[6] Qin L M,Zhu C,Zhao Y. Generalized gradient vector flow for snakes:new observations,analysis,and improvement [J]. IEEE Transactions on Circuits and Systems for Video Technology,2013,23 (5):883-897.

[7] Velasco F A,Marroquin J L. Growing snakes:active contours for complex active contours [J]. Pattern Recognition,2003,36 (2):475-482.

[8] Sachdeva J,Kumar V,Gupta I. A novel content-based active contour model for brain tumor segmentation [J]. Magnetic Resonance Imaging,2012,30 (5):694-715.

[9] Dagher I,Tom K E. Water balloons:a hybrid watershed balloon snake segmentation [J]. Image and Vision Computing,2008,26 (7):905-912.

[10] Estrada F J,Jepson A D. Benchmarking image segmentation algorithms [J]. International Journal

of Computer Vision，2009，85（2）：167－181.

[11] Khadidos A，Sanchez V，Li C T. Active contours based on weighted gradient vector flow and balloon forces for medical image segmentation [C]. 2014 IEEE International Conference on Image Processing. Paris：IEEE，2014：902－906.

[12] 胡学刚，汤宏静. 一种改进的 NGVF Snake 模型 [J]. 西南大学学报（自然科学版），2014，4（36）：139－145.

[13] Cheng J Y，Sun X Y. Medical image segmentation with improved gradient vector flow [J]. Research Journal of Applied Sciences，Engineering and Technology，2012，20：3951－3957.

[14] 王继策，吴成茂. 基于全散度的变分 CV 模型及其分割算法 [J]. 计算机科学，2015，42（4）：306－310.

[15] 潘改，高立群. 改进的参数活动轮廓模型 [J]. 华南理工大学学报（自然科学版），2013，41（9）：40－45.

[16] Cao G，Li Y，Liu Y. Automatic change detection in high-resolution remote-sensing images by means of level set evolution and support vector machine classification [J]. International Journal of Remote Sensing，2014，35（16）：6255－6270.

[17] 时华良，李维国. 基于局部与全局拟合的活动轮廓模型 [J]. 计算机工程，2012，38（18）：203－206.

[18] Li Q，Liu Q，Lei L. An Improved Method Based on CV and Snake Model for Ultrasound Image Segmentation [C]. Seventh International Conference on Image and Graphics. IEEE，2013：160－163.

[19] He C J，Wang Y，Chen Q. Active contours driven by local Gaussian distribution fitting energy [J]. Signal Processing，2012，92（2）：587－600.

第9章 基于图论的对象提取

图像分割可以看作将其像素划分为互不相交的对象区域，学者们根据对象视觉区域在像素级别上的表现，结合图像灰度/颜色的视觉感知，分析任意像素与对象的匹配概率，建立对象提取图模型。该图模型结合人眼视觉对其感受野的灰度/颜色感知和像素空间近邻关系，将图像像素及其低层特征的相似性表示为无向加权图。加权图中节点与图像像素一一对应，且节点权重表示对应像素的低层信息，如灰度、颜色等。各节点点度（与节点相连的边数）取决于人眼视野大小，如果视野较大，则该像素对应节点连接的边数较多；反之，连接的边数较少。为了将图像像素划分为感兴趣对象和背景，在无向加权图中增加对象和背景模式节点，且分别与无向加权图中所有节点相连接，其边权重刻画了像素与对象和背景的匹配概率。图模型将对象提取转化为无向加权图的图分割问题。

本章以图像对象提取图模型为主线，首先分析了对象提取图构造，阐述了图中节点的视觉意义及边描述的像素间视觉关系，解释了边权重的视觉依据；其次介绍了在不同标注方法下对象和背景模式设计的生物数学依据，运用数理统计估计对象和背景灰度/颜色总体分布参数，同时分析了像素与对象间不同测度对图像分割的影响；最后介绍了网络的最大流和最小割算法，理论上证明了两者的关系，并运用最大流算法计算对象提取问题。

9.1 对象提取图模型

数字图像中语义对象常常通过像素点阵表现出来，如果独立观察点阵单元，则难以提取语义对象。学者们分析人眼对图像灰度/颜色的感知效应，结合像素空间近邻性和灰度/颜色相似性，将图像像素表示为无向加权图。图中节点表示对应像素灰度/颜色的视觉感知；边连接的两节点表示对应像素在图像中具有近邻性，且边权重刻画了像素对的灰度/颜色相似性。无向加权图将图像像素的近邻性和灰度/颜色视觉相似性转化为图表示，该图从一定层次描述了图像的低层视觉特性。

9.1.1　图像图表示

为了简单直观地表示人眼对图像灰度/颜色的视觉相似性和空间近邻性，学者们将分辨率为 $M \times N$ 的图像 u_0 表示为一个无向加权图 $G = (V, E, W)$，该加权图由节点集、边集和边权重集构成。节点集 $V = \{v_1, \cdots, v_i, v_j, \cdots\}$ 表示图像像素，该集合基数为像素个数。集合中元素与像素一一对应，节点权重不仅可以表示像素光谱能量（灰度和颜色），还可表示人眼对光谱的视觉效应，如饱和度和色度。

边集 $E = \{(v_1, v_2), \cdots, (v_i, v_j), \cdots\}$ 模拟了人眼视觉感受野，刻画了像素的空间近邻性。在无向加权图中，若两节点间无边，则表示对应像素点不满足视觉空间近邻性；反之，表示对应像素在视觉感受野范围内。边集的基数与感受野和图像分辨率有关，对于给定的图像，感受野越大，边集的基数越大。在给定感受野的条件下，图像空间分辨率越高，边集的基数越大。

边权重集 $W = \{\omega_{1,2}, \cdots, \omega_{i,j}, \cdots\}$ 表示空间近邻像素对灰度/颜色的视觉相似度。一幅图像的像素点阵及其无向加权图如图 9-1 所示，图 9-1（c）中黑色的圆点表示图像像素点，与像素点连接边数刻画了该像素点的邻域大小，它表征了人眼视觉感受野范围，即人眼关注像素点借助余光可观察的像素个数。工程上节点 i,j 的边权重 $\omega_{i,j}$ 常常表征像素灰度/颜色的相似性，两像素灰度/颜色的相似性越大，其权重越大。

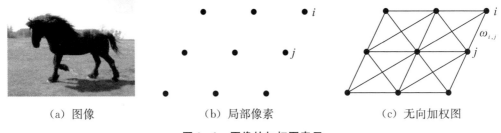

　　（a）图像　　　　　　　（b）局部像素　　　　　　（c）无向加权图

图 9-1　图像的加权图表示

为了刻画像素对灰度/颜色的视觉感知，学者们常常分析像素对的灰度/颜色差异。灰度图像的像素仅仅表征场景在该处的亮度，像素对亮度的差异可简化为灰度值的绝对或相对差值。前者描述了人眼对灰度的绝对对比度，后者反映了图像灰度的相对对比度。彩色图像像素表示了场景在该处的颜色，在图像显示时一般表示为 RGB 颜色模式，在分析颜色的视觉效果时通常采用视觉颜色模式（如 HSV）。无论采用何种颜色模式，彩色图像的像素颜色均可表示为矢量。工程上，矢量间差异计算常常依据需求而定，如果强调矢量模，则常常使用欧氏距离；如果侧重于矢量方向，则采用点集运算其夹角。根据人眼对颜色的视觉感知，节点对 (i,j) 的边权重定义为

$$\omega_{i,j} = \frac{1}{dis(i,j)} \left[1 + \gamma \exp\left(-\frac{(u_i - u_j)^2}{\lambda} \right) \right] \tag{9-1}$$

边权重由空间近邻项和颜色视觉感知项构成。空间近邻项 $\frac{1}{dis(i,j)}$ 模拟了人眼对空间距离的敏感性，$dis(i,j)$ 为像素 i,j 的空间距离，若像素对 i,j 的距离较大，则人眼对两像素

的注意力较弱，该项值较小；反之，该项值较大。颜色视觉感知项 $\exp\left(-\dfrac{(u_i-u_j)^2}{\lambda}\right)$ 表征了人眼对灰度/颜色差异的视觉效应，当像素间灰度/颜色差异较小时，该项值较大；反之，趋于零。常数 λ 定义为图像中所有像素对灰度/颜色差异的平均值，即

$$\lambda = \frac{\sum\limits_{(i,j)\in E} \| u_i - u_j \|_2^2}{\| E \|} \tag{9-2}$$

式中，$\| E \|$ 表示无向加权图的边集基数，它取决于图像分辨率和视觉感受野。在图像处理中，人眼感受野大小常常表示为像素点邻域尺寸。在图像分割中，为了有效模拟连续对象轮廓曲线，节点相连的边数越多越好，这样可有效减少对象轮廓曲线离散化的几何伪影。然而，增加节点连接边数虽然能减少几何伪影，但计算量却成倍增加。无向图中节点相连接的边数取决于该节点对应像素的邻域大小。假设以 8 邻域像素为分析基元，图像中不同位置（角点、图像边界和内部区域）的邻域像素个数不相同，则无向图中对应节点连接边数也不相同，如图 9-2 所示，大致分为以下三种情况：

（1）当像素位于图像角点时，无向图中对应节点的连接边数为 3，如图 9-2（a）所示。

（2）当像素位于图像边界而非角点处时，无向图中对应节点的连接边数为 5，如图 9-2（b）所示。

（3）当像素位于图像内点时，无向图中对应节点的连接边数为 8，如图 9-2（c）所示。

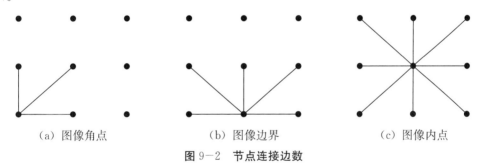

（a）图像角点　　　　　　　（b）图像边界　　　　　　　（c）图像内点

图 9-2　节点连接边数

对于分辨率为 $M \times N$ 的图像，以 8 邻域像素为分析基元，该图像对应加权图的边集合基数为

$$\| E \| = 4M \times N - 3(M+N) + 2 \tag{9-3}$$

（9-1）式中常数 λ 为图像中所有像素对灰度/颜色差异的平均值，以 8 邻域像素为分析基元，所有像素对灰度/颜色差异的平均值计算代码见程序 9-1。

程序 9-1　图像灰度/颜色差异的平均值计算代码

```
double CalcBeta (const double * img, int Width, int Height, int dimension) {
double beta=0; double * color=new double [dimension];
for (int i=0; i<Height; ++i) { for (int j=0; j<Width; ++j) {
for (k=0; k<dimension; k++) color [k] =img [dimension * (i * Width+j) +k];
if (j>0) for (k=0; k<dimension; k++)
beta+= (color [k] -img [dimension * (i * Width+j-1) +k]) * (color [k] -img [dimension *
(i * Width+j-1) +k]);
```

```
if (j>0 && i>0) for (int k=0; k<dimension; k++)
beta+= (color [k] -img [dimension * ((i-1) * Width+j-1) +k]) * (color [k] -img
[dimension * ((i-1) * Width+j-1) +k]);
if (i>0) for (k=0; k<dimension; k++)
beta+= (color [k] -img [dimension * ((i-1) * Width+j) +k]) * (color [k] -img
[dimension * ((i-1) * Width+j) +k]);
if (i>0 && j<Width-1) for (k=0; k<dimension; k++)
beta+= (color [k] -img [dimension * ((i-1) * Width+j+1) +k]) * (color [k] -img
[dimension * ((i-1) * Width+j+1) +k]);}}
if (beta<=std:: numeric _ limits<double>:: epsilon ()) beta=0;
else beta=1.0/ (2 * beta/ (4 * Height * Width-3 * Height-3 * Width+2));
delete [] color; return beta;}
```

常数 γ 协调了颜色与空间距离视觉感知，当 $\gamma=0$ 时，边权重 $\omega_{i,j}$ 仅表示了像素 i,j 的空间近邻程度；当 $\gamma\to\infty$ 时，边权重 $\omega_{i,j}$ 为像素对 i,j 的灰度/颜色视觉效果，而忽略了其空间距离。边权重计算代码见程序 9-2。

程序 9-2　边权重计算代码

```
BOOL CalcEdgeWeights (double * img, double * leftW, double * upleftW, double * upW, double *
uprightW, double beta, double gamma, int Width, int Height, int dimension) {
/ * beta 计算，见程序 9-1 * /
const double gamma; DivSqrt2=gamma/sqrt (2.0f); int i, j, k;
double r, * color=new double [dimension];
for (i=0; i<Height; i++) for (j=0; j<Width; j++) {
for (k=0; k<dimension; k++) color [k] =img [dimension * (i * Width+j) +k];
if (j-1>=0) {/ * left * /r=0;
for (k=0; k<dimension; k++) r+=pow ((color [k] -img [dimension * (i * Width+j-1) +k]), 2);
leftW [i * Width+j] =gamma * exp (-beta * r);}
else leftW [i * Width+j] =0; if (i-1>=0 && j-1>=0) {/ * upleft * /r=0;
for (k=0; k<dimension; k++) r+=pow ((color [k] -img [dimension * ((i-1) * Width+j-1) +k]), 2);
upleftW [i * Width+j] =gammaDivSqrt2 * exp (-beta * r);}
else upleftW [i * Width+j] =0; if (i-1>=0) {/ * up * /r=0;
for (k=0; k<dimension; k++)
r+=pow ((color [k] -img [dimension * ((i-1) * Width+j) +k]), 2);
upW [i * Width+j] =gamma * exp (-beta * r);}
else upW [i * Width+j] =0; if (j+1<Width && i-1>=0) {/ * upright * /r=0;
for (k=0; k<dimension; k++) r+=pow (color [k] -img [dimension * ( (i-1) * Width+j+1) +k]), 2);
uprightW [i * Width+j] =gammaDivSqrt2 * exp (-beta * r);}
else uprightW [i * Width+j] =0;} delete [] color; return FUN _ OK;}
```

9.1.2　对象提取图表示

图像中指定对象提取可看作是根据用户先验信息将图像像素分类为对象和背景。这相当于在对象和背景的先验信息指导下将无向加权图分割成两个连通分支，连通分支具有以下特性：

（1）连通分支内对应像素间灰度/颜色具有较大相似性。根据无向加权图边权重与灰度/颜色相似性的关系，可知连通分支内边权重之和最大。

（2）连通分支间的灰度/颜色相似性较小。像素灰度/颜色相似度越小，对应边权重越小，可知不同连通分支间的边权重之和最小。

在工程实践中，对象和背景模型常常表示为用户标注像素灰度/颜色的统计信息，如统计参数（均值）和分布密度函数。将对象和背景模式看作节点并嵌入无向加权图中构造对象提取图，如图 9-3 所示。

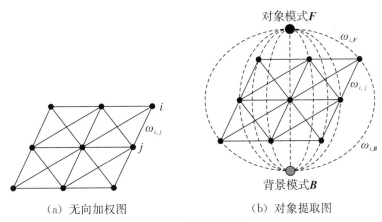

（a）无向加权图　　　　　　　　（b）对象提取图

图 9-3　对象提取图表示

相对于图 9-3（a），图 9-3（b）中新增的两个节点分别表示对象模式 $\boldsymbol{F}$ 和背景模式 $\boldsymbol{B}$。在图 9-3（b）中，虚线表示像素属于对象和背景的概率，该概率常常用于衡量像素灰度/颜色或其视觉效应（饱和度和色度）与对象和背景模式的匹配测度，匹配测度可借助条件概率计算如下：

$$\begin{cases} \omega_{i,\boldsymbol{F}} = P(u_i \mid \boldsymbol{F}) \\ \omega_{i,\boldsymbol{B}} = P(u_i \mid \boldsymbol{B}) \end{cases} \tag{9-4}$$

对象提取图不仅直观表示了人眼对图像像素的近邻性、灰度/颜色的相似性，而且描述了根据对象和背景的低层统计特性对像素赋予语义标签的概率。首先，根据视觉近邻性和灰度/颜色相似性，将图像像素表示为无向加权图。在加权图中，节点表示了对应像素的低层视觉信息，边刻画了图像像素间的视觉关系，如空间近邻性和灰度/颜色相似性。其次，融合对象和背景模式，在无向加权图中增加对象和背景模式节点，并分别与无向加权图的所有节点相连接，其边权重刻画了任意像素与对象和背景模式的匹配测度。最后，建立对象提取图模型，该图模型不仅表示了图像像素的低层特性，而且表征了对象或背景的模式。图模型中边权重由两部分构成：一是像素间的近邻性和灰度/颜色相似性，二是像素属于对象或背景的可能性。分割图构建的代码见程序 9-3。

程序 9-3　分割图构建的代码

```
BOOL ConstructGraph（GCGraph < double > &graph, double * img, BYTE * mask, BYTE *
compIdxs, GMM * bgdGMM, GMM * fgdGMM, double gamma, double beta, double * leftW,
double * upleftW, double * upW, double * uprightW, int Width, int Height, int dimension）{
int i, j, k, lamda=450; double * color=new double［dimension］; int vtxCount=Height * Width;
int edgeCount=2 *（4 * Height * Width-3 *（Height+Width）+2）; //计算边集基数
```

```
graph. create (vtxCount, edgeCount)；//构造节点集和边集
for (i=0; i<Height; i++) for (j=0; j<Width; j++) {
int vtxIdx=graph. addVtx ();
for (k=0; k<dimension; k++) color [k] =img [dimension * (i * Width+j) +k];
double fromSource, toSink; //像素到对象、背景的边
if (mask [i * Width+j] =GC_PR_BGD ‖ mask [i * Width+j] =GC_PR_FGD) {
fromSource=-log (Compute1 (bgdGMM, color, dimension));
toSink=-log (Compute1 (fgdGMM, color, dimension));}
else if (mask [i * Width+j] =GC_BGD) {fromSource=0; toSink=lamda;}
else { fromSource=lamda; toSink=0;}
graph. addTermWeights (vtxIdx, fromSource, toSink); //图像像素无向图
if (j>0) {/ * left * /
double w=leftW [i * Width+j]; graph. addEdges (vtxIdx, vtxIdx-1, w, w);}
if (i>0 && j>0) {/ * upleft * /
double w=upleftW [i * Width+j]; graph. addEdges (vtxIdx, vtxIdx-1-Width, w, w);}
if (i>0) {/ * up * /
double w=upW [i * Width+j]; graph. addEdges (vtxIdx, vtxIdx-Width, w, w);}
if (j+1<Width && i-1>=0) {/ * upright * /
double w=uprightW [i * Width+j]; graph. addEdges (vtxIdx, vtxIdx-Width+1, w, w);}}
delete [] color; return FUN_OK;}
```

9.2 对象模式及其权重

观察者因自身先验知识或个人兴趣不同，对一幅图像内容的理解也各不相同，因此，关注对象也因人而异。为了有助于用户在图像中提取所关注的语义对象，学者们常常在图像中标注对象部分像素，根据这些像素构造对象模式。假设标注像素灰度/颜色是来自同一总体（对象或者背景）的随机样本，运用统计学理论分析其标注像素灰度/颜色，构建对象模式。根据灰度/颜色分布的统计表示方法，对象模式大致可分为含参数和无参数两种。含参数模式假设组成对象的任意区域灰度/颜色服从高斯分布，根据大数定理和中心极限定理估计高斯分布参数，结合各个区域的高斯分布线性组合，建立对象的高斯混合模型。无参数模式常常是直接统计分析标注像素的灰度/颜色分布，如局部直方图。

9.2.1 局部直方图模式

假设用户标注像素集合均来自同一总体（对象或者背景），像素的灰度/颜色服从同一分布且相互独立的样本。标注像素集合的灰度/颜色分布可表示为局部直方图（Local Histogram），它是随机样本统计频率的具体应用。对象模式的局部直方图表示具有以下性质：

(1) 该模式只能反映标注像素分布信息（频率），而不能刻画位置信息。

(2) 该模式与标注像素之间的关系是一对多的映射关系。

灰度图像的灰度等级只有 256 级，所以灰度图像中标注像素直方图计算比较简单。然

而，彩色图像表示的颜色多达 256^3 种，每个颜色等级在图像中出现的频率较小，导致不同对象颜色分布差异性较小，甚至不满足线性可分条件。为了提高不同对象颜色直方图的可分性，学者们结合人眼对颜色的分辨率，将 RGB 颜色模式转化为伪彩色，对伪彩色进行统计分析，建立对象的颜色分布模式。

由统计相关理论可知，当样本容量无限大时，样本频率趋近总体分布。局部直方图表示的对象模式准确性依赖于用户标注数量，标注像素数量越多，对象模式的准确性越高。该模式忽略了标注像素的视觉相似性，不利于表示像素灰度/颜色的视觉特性。

9.2.2　高斯混合模式

自然场景中不同对象形状各异、结构复杂，难以运用数学方法描述对象的形状和结构。但图像中任意对象都是由一个或者几个视觉区域构成的，区域内灰度/颜色在视觉上呈现相似性，其灰度/颜色可看作来自同一总体的随机样本。区域间像素的灰度/颜色在视觉上差异较大，不同区域像素颜色可认为是来自不同总体的随机样本。假设组成对象的每个视觉区域的像素个数为无穷大，且每个像素的灰度/颜色都是独立的。依据中心极限定理，大量相互独立、服从同一分布的随机样本的总体服从高斯分布，图像视觉区域颜色可描述为高斯分布。

设图像中某对象由 N 个视觉区域构成，且每个视觉区域的颜色服从高斯分布。其中第 m 个视觉区域有 N_m 个像素，则该区域颜色分布密度函数可表示为

$$G^m(\boldsymbol{\mu}_m, \boldsymbol{\Sigma}_m, \boldsymbol{u}_i^m) = \frac{1}{\sqrt{(2\pi)^3 \det(\boldsymbol{\Sigma}_m)}} \exp(-\frac{1}{2}(\boldsymbol{u}_i^m - \boldsymbol{\mu}_m)^{\mathrm{T}} \boldsymbol{\Sigma}_m^{-1}(\boldsymbol{u}_i^m - \boldsymbol{\mu}_m)) \quad (9-5)$$

式中，$\boldsymbol{\mu}_m$ 和 $\boldsymbol{\Sigma}_m$ 分别表示第 m 个视觉区域像素颜色的均值向量和协方差阵。根据数理统计，参数 $\boldsymbol{\mu}_m$ 和 $\boldsymbol{\Sigma}_m$ 可运用最大似然估计方法得到。

该对象颜色分布模式可表示为 N 个高斯函数的加权和，即高斯混合模式：

$$\boldsymbol{F}^G = \sum_{m=1}^{N_F} \pi_m G_F^m(\boldsymbol{\mu}_m, \boldsymbol{\Sigma}_m, \boldsymbol{u}_i^m) \quad (9-6)$$

式中，π_m 表示第 m 个区域相对于对象面积的比值。

高斯混合模式利用区域颜色和对象的区域个数构建对象模型，该模型的构建必须已知对象包含的区域个数以及区域由哪些像素构成。为了构建对象的高斯模式，工程上常常假设已知对象包含的视觉区域个数，结合视觉区域像素颜色的相似性，运用 K-means 算法对对象进行视觉区域划分。

9.2.3　权重计算

在对象提取图中，对象和背景模式被看作节点与加权图的任意节点相连接，其边权重表示像素与对象和背景模式的匹配测度。工程上，为了获得对象和背景模式，常常在图像中标注部分像素。由于标注的像素是人为确定它们属于对象还是背景模式，所以这些标注的像素与对象和背景模式之间的连接边权重一般设定为常数 k，该常数只要确保标注的像素在分割过程中不会被错分即可。

图像中未标注的像素称为不确定集合，记为 T_U。该集合中任意像素 $u_i \in T_U$ 与对象和背景模式的权重计算取决于对象和背景模式。如果对象和背景模式表示为局部直方图，即 F^H 和 B^H，未标注的像素 u_i 看作随机样本，则像素 u_i 与对象和背景模式的匹配测度 $p(u_i | F^H)$ 和 $p(u_i | B^H)$ 可运用插值算法由局部直方图计算得到。如果对象和背景模式表示为高斯混合模式 F^G 和 B^G，则该模式表示了对象和背景灰度/颜色的分布密度。像素 u_i 与对象和背景模式的匹配测度 $p(u_i | F^G)$ 和 $p(u_i | B^G)$ 可分别计算如下：

$$\begin{cases} p(u_i | F^G) = \sum_{m=1}^{N_F} \pi_m G_F^m(\boldsymbol{\mu}_m, \boldsymbol{\Sigma}_m, u_i^m) \\ p(u_i | B^G) = \sum_{m=1}^{N_B} \pi_m G_B^m(\boldsymbol{\mu}_m, \boldsymbol{\Sigma}_m, u_i^m) \end{cases} \tag{9-7}$$

式中，N_F 和 N_B 分别表示对象和背景包含的区域个数。

工程上采用条件概率的负对数表示图 9-3（b）中未标注的像素 u_i 与对象和背景模式的边权重系数，即

$$\begin{cases} \omega_{i,F} = -\ln p(u_i | F) \\ \omega_{i,B} = -\ln p(u_i | B) \end{cases} \tag{9-8}$$

当未标注的像素 u_i 位于对象内时，该像素与对象某区域的灰度/颜色相似性大于背景，即 $p(u_i | F) > p(u_i | B)$，则该像素对应节点与对象连接边权重小于背景 $\omega_{i,F} < \omega_{i,B}$；反之，$\omega_{i,F} > \omega_{i,B}$。对于标注的像素 u_i，若该像素来自对象，则人为赋予 $\omega_{i,F} = 500$ 且 $\omega_{i,B} = 0$；若该像素来自背景，则人为赋予 $\omega_{i,F} = 0$ 且 $\omega_{i,B} = 500$。

9.3 图割理论

对象提取图的节点和边表示了图像像素的视觉信息和对象的低层语义信息，图中节点集合由图像像素、对象模式 F 和背景模式 B 等组成。像素灰度/颜色节点表示图像像素光谱在人眼的视觉感知信息；节点 F 表示用户在图像中感兴趣对象模式，该节点描述了对象的低层语义性；节点 B 刻画了去除感兴趣对象以外的区域灰度/颜色分布模式，一般情况下该节点表示的模式没有确切语义。图中任意边都具有权重，且边权重定量描述了节点间的关系。根据连接节点的不同，边权重分为两类：一类是连接节点均来自图像像素，其边权重模拟了图像像素灰度/颜色的低层视觉效应，描述了图像邻域像素的相似性，称为相似权重；另一类是连接节点分别为像素和对象（背景）模式，这些边刻画了像素与对象/背景模式的相似测度。

用户标注对象提取实质上是将图像像素标记为二类标签，即图像每个像素要么标签为对象 F，要么标签为背景 B，二者必居其一。这等价于将分割图进行删边处理得到连通分支为 2 的子图，其删边子图满足以下条件：

（1）图像中对象或背景常常表现为空间相邻的几个视觉区域，视觉区域内像素灰度/颜色变化缓慢，其灰度/颜色差异较小，而视觉区域间灰度/颜色存在显著差异。图像空间近邻且灰度/颜色相似的像素常常被视为整体，其对应节点的边权重较大；反之，人眼将

它们视为来自不同区域的像素，认为它们毗邻于分界线，其边权重较小。根据对象/背景的视觉感知效应，即对象或背景内部节点连接边权较大，对象或背景间对应节点连接边权重较小，删边问题可阐述为以下最小问题：

$$cut_1(\boldsymbol{F},\boldsymbol{B}) = \sum_{i \in F} \sum_{j \in B} \omega_{i,j} \tag{9-9}$$

（2）从对象提取结果来看，对象提取是将像素进行分类划分，使得图像每个像素要么属于背景，要么属于对象。在对象提取图中，对象和背景模式均与图像像素点相连接，且边权重表示了像素与对象和背景模式的相似性测度。如果像素的灰度/颜色在视觉上来自对象，那么图中对应节点与对象连接的边权重小于与背景连接的边权重，即 $\omega_{i,F} < \omega_{i,B}$，此时只需要删除节点与背景连接的边即可；反之，删除节点与对象连接的边。由上述可知，这一删边问题可阐述为以下最小问题：

$$cut_2(\boldsymbol{F},\boldsymbol{B}) = \sum_{i \in T_U} (\omega_{i,F} + \omega_{i,B}) \tag{9-10}$$

综合用户标注对象提取满足的条件，图像二分类问题可转化为分割图的最小化割集问题，其能量泛函表示为

$$cut(\boldsymbol{F},\boldsymbol{B}) = cut_1(\boldsymbol{F},\boldsymbol{B}) + cut_2(\boldsymbol{F},\boldsymbol{B}) = \sum_{i \in F} \sum_{j \in B} \omega_{i,j} + \sum_{i \in T_U} (\omega_{i,F} + \omega_{i,B}) \tag{9-11}$$

在无向加权图 G 中，设对象模式 $\boldsymbol{F}$ 和背景模式 $\boldsymbol{B}$ 分别为源点和汇点。若存在边集 E' 为 E 的子集，将 G 分为两个子图 G_F 和 G_B，节点集 V 被划分为两个节点子集合 V_F 和 V_B，其中 $\boldsymbol{F} \in V_F$，$\boldsymbol{B} \in V_B$，且节点子集满足以下性质：

（1）完备性，即 $V_F \cup V_B = V$。

（2）无交集，即 $V_F \cap V_B = \varnothing$，其中 $\varnothing$ 表示空集。

此时 E' 为图 G 割集。割集 E' 具有以下两个性质：

（1）若把割集中所有的边从无向加权图 $G = (V,E,W)$ 中删除，则不存在从 $\boldsymbol{F}$ 到 $\boldsymbol{B}$ 的道路，即删边子图 $G' = (V,E-E',W')$ 不连通。

（2）若把割集的部分边 $E'' \subset E'$ 从无向加权图 $G = (V,E,W)$ 中删除，则至少存在一条从 $\boldsymbol{F}$ 到 $\boldsymbol{B}$ 的道路，即删边子图 $G'' = (V,E-E'',W')$ 仍连通。

由割集的性质可知，割集是从源点 $\boldsymbol{F}$ 到汇点 $\boldsymbol{B}$ 的必经之路，割集中所有的边权重之和称为图的割集容量，记为 $cut(V_F,V_B)$。一个无向加权图 $G = (V,E,W)$ 存在很多割集，其中容量最小的割集称为该图的最小割。

9.3.1　网络流

任意连通网络可表示为一个连通赋权有向图 $D(V,E,C)$，其中 V 是网络节点集合，E 是边集合，C 是边容量集合。在节点集合 V 中，入度为零的节点称为源点，出度为零的节点称为汇点，既非源点又非汇点的节点称为中间节点。边集合 E 中，任意边 $e(i,j) \in E$ 的权重称为该边的最大容量，记为 $c_{ij} \in C$，其权重表示网络中传送某种物质或信息时，边 $e(i,j)$ 所能输送的最大承载量。

设在有向图 $D(V,E,C)$ 中，源点和汇点分别为 v_s 和 v_t。若存在非空集合 $E' \subset E$，从有向图 D 中删除 E' 中所有边，则有向图 D 中的节点集合 V 被划分为两个节点集合 S，

$\bar{S}$，使其满足 $S \cup \bar{S} = V$ 和 $S \cap \bar{S} = \varnothing$，并且 $v_s \in S$，$v_t \in \bar{S}$。若非空集合 E' 满足以下两个性质，则称 E' 为有向图 D 的割集，记为 $E' = (S, \bar{S})$。

(1) 若从有向图 D 中删除 E' 中所有边，其删边子图 $(V, E - E')$ 是不连通的，在该子图中不存在从 v_s 到达 v_t 的有向道路。

(2) 若从有向图 D 中删除 $E'' \subset E'$ 中所有边，其删边子图 $(V, E - E'')$ 仍是连通的，在该子图中存在从 v_s 到达 v_t 的有向道路。

由此可知，割集是从源点 v_s 到达汇点 v_t 的必经之路。割集的所有边权重之和称为割集容量，记为 $C(S, \bar{S})$。在连通网络图中，从源点到汇点的道路称为网络流，网络流中任意节点对 $\langle u, v \rangle$ 的可行流量可表示为函数 $f(u,v):V \times V \to R$，节点对 $\langle u, v \rangle$ 的可行流量大小 $f(u,v)$ 满足以下性质：

(1) 容量限制。

网络中任意边的可行流量不能超过其最大容量。换言之，节点对 $\langle u, v \rangle$ 边的最大可行流量为其边的最大容量，即 $f(u,v) \leqslant c_{uv}$。

(2) 斜对称。

网络中节点对 $\langle u, v \rangle$ 边中，从 u 流向 v 的流量必须等于从 v 流向 u 的流量，即 $f(u,v) = -f(v,u)$。

(3) 流守恒。

网络中除了 $u = v_s$ 或 $u = v_t$，其他节点要求流入量和流出量保持平衡。网络中从源点流向汇点的最大流可转化为满足以下条件的最大化 f_{v_s, v_t}：

$$\begin{cases} f(v_s, V) - f(V, v_s) = f_{v_s, v_t} \\ f(v_t, V) - f(V, v_t) = -f_{v_s, v_t} \\ f(u, V) - f(V, u) = 0, \ u \in V - \{v_s, v_t\} \\ 0 \leqslant f(u,v) \leqslant c_{uv} \end{cases} \tag{9-12}$$

式中，$f(u,V)$ 表示从中间节点 u 流向其他节点的流量之和，$f(V,u)$ 表示流入中间节点 u 的流量之和。

9.3.2 最大流最小割定理

有向图 $D(V, E, C)$ 的割集是从源点 v_s 到达汇点 v_t 的必经之路。若从有向图 D 中删除割集中所有边，其删边子图由 $D_1(V_1, E_1, C_1)$ 和 $D_2(V_2, E_2, C_2)$ 构成，D_1 和 D_2 均为连通有向图，则从 D_1 节点集合 V_1 到 D_2 节点集合 V_2 的割边流量 $f(V_1, V_2)$ 为

$$f(V_1, V_2) = \sum_{i \in V_1, j \in V_2} f(i,j) \tag{9-13}$$

定理 9-1：在网络 $D(V, E, C)$ 中，该图的割集 $E' = C(S, \bar{S})$，若存在从源点 v_s 到达汇点 v_t 的一个可行流，其流量为 f，则可行流的流量 f 等于正、负向割边的流量之差。

证明：设 V_1 和 V_2 是网络中的两个节点集合，$f(V_1, V_2)$ 表示从 V_1 中的一个节点指向 V_2 的一个节点的所有边流量和。只需证明 $f = f(S, \bar{S}) - f(\bar{S}, S)$ 即可。

下列结论成立：如果 $V_1 \cap V_2 = \varnothing$，将 V_2 划分为两个集合 V_{21}, V_{22}，那么有 $f(V_1, V_2) = f(V_1, V_{21} \cup V_{22}) = f(V_1, V_{21}) + f(V_1, V_{22})$ 成立。

根据网络流的特点，如果 v 既不是源点，也不是汇点，则流入该节点的流量等于流出的流量，即

$$f(v, S \cup \bar{S}) - f(S \cup \bar{S}, v) = 0$$

如果 v 是源点，则

$$f(v, S \cup \bar{S}) - f(S \cup \bar{S}, v) = f$$

对于 S 中的所有节点，上式均成立，则

$$f(S, S \cup \bar{S}) - f(S \cup \bar{S}, S) = f$$

又因为

$$f(S, S \cup \bar{S}) - f(S \cup \bar{S}, S)$$
$$= [f(S, S) + f(\bar{S} \cup S)] - [f(S, S) + f(S \cup \bar{S})]$$
$$= f(S, \bar{S}) - f(\bar{S}, S)$$

所以 $f = f(S, \bar{S}) - f(\bar{S}, S)$，定理成立。

推论 9-1：在网络 $D(V, E, C)$ 中，该图的割集为 $E' = C(S, \bar{S})$，若存在从源点 v_s 到达汇点 v_t 的一个可行流，则网络中的最大流不超过任何割容量。

定理 9-2：在网络 $D(V, E, C)$ 中，该图的割集为 $E' = C(S, \bar{S})$，若存在从源点 v_s 到达汇点 v_t 的一个可行流，其流量为 f，且流量 f 等于 E' 的割容量，那么 f 是一个最大流，而 E' 是一个最小割。

反证：假设割集 $E' = C(S, \bar{S})$ 的容量为 c，且流 f 的流量也为 c，任意流 f_1 的流量为 c_1，根据流量不超过割集的容量，有 $c_1 \leqslant c$，所以 f 是最大流。

假设存在另外的任意割集 $E_1' = C(S_1, \bar{S_1})$，其容量为 c_1，根据流量不超过割集的容量，有 $c_1 \geqslant c$，故 E' 是最小割，证毕。

定理 9-2 是网络流理论的重要定理，即最大流/最小割定理。该定理为有向图最小割的求解奠定了理论基础。

9.3.3　最大流算法

设在连通网络图 $D(V, E, C)$ 中存在一条从源点 v_s 到达汇点 v_t 的道路 μ，规定从 v_s 到 v_t 的方向为道路 μ 的方向，道路上与 μ 的方向一致的边称为前向边，记作 μ^-；反之，称为后向边，记作 μ^+。若 f 是一个可行流，且节点 i 指向 j 的流量为 f_{ij}，如果前向边的非负流量小于容量，或后向边的流量大于 0 不超过其容量，即

$$\begin{cases} 0 \leqslant f_{ij} < c_{ij}, (v_i, v_j) \in \mu^+ \\ c_{ij} \geqslant f_{ij} > 0, (v_i, v_j) \in \mu^- \end{cases}$$

则称 μ 为从 v_s 到 v_t 关于 f 的可增广道路。

根据可行流和可增广道路之间的关系，Ford 和 Fulkerson 从连通网络图中寻找到最大流算法——Ford–Fulkerson 标号法。该算法旨在寻求已有可行流的可增广道路，若可增广道路存在，则将已有可行流更新为更大流量的可行流，重复这个过程，直到不存在可增广道路为止。Ford–Fulkerson 标号法可分两步操作：一是标号，即通过标号来寻找可增广道路；二是更新，在已有可行流上添加增广道路构成新的可行流，并更新可行流流量。

第一步：标号。

（1）对连通网络图 $D(V,E,C)$ 中任意边 $e = (x,y) \in E$，置 $f(x,y) = 0$，并将源点 v_s 标为 $(s^+, +\infty)$。

（2）如果节点 x 已标号，依据以下规则对未标号的邻接节点 y 进行标号：

①当 $f(x,y) < c(x,y)$ 时，令 $\delta_y = \min\{c(x,y) - f(x,y), \delta_x\}$，节点 y 标为 (x^+, δ_y)，其中 x^+ 表示上一个节点，δ_y 表示从上个标号节点到当前标号节点允许的最大调整量，若该节点的调整量不限，可标记为 $+\infty$。

②当 $c(x,y) = f(x,y)$ 时，表明从节点 x 到 y 的边至多可以增加 δ_y 的流量，以提高整个网络的流量，则不对节点 y 进行标号。

③当 $f(y,x) > 0$ 时，令 $\delta_y = \min\{f(y,x), \delta_x\}$，节点 y 标为 (x^-, δ_y)，其中 x^- 表示上一个节点，δ_y 表示从上个标号节点到当前标号节点允许的最大调整量，若该节点的调整量不限，可标记为 $+\infty$。

④当 $f(y,x) = 0$ 时，表明从节点 y 到 x 的边至多可以减少 δ_y 的流量，以提高整个网络的流量，则不对节点 y 进行标号。

（3）不断地重复步骤（2），直至出现以下情况：

①如果汇点被标号，说明在连通网络图 $D(V,E,C)$ 中存在一条从源点 v_s 到达汇点 v_t 的可增广道路，则转向更新。

②如果汇点未被标号，同时不存在其他可以标号的节点，可增广道路寻找结束，此时获得的可行流的流量即为该图从源点 v_s 出发的最大流。这说明连通网络图 $D(V,E,C)$ 中不存在一条从源点 v_s 到达汇点 v_t 的可增广道路。

第二步：更新。

（1）令 $u = v_t$。

（2）若 u 的标号为 (v^+, δ_t)，则 $f(v,u) = f(v,u) + \delta_t$；若 u 的标号为 (v^-, δ_t)，则 $f(u,v) = f(u,v) - \delta_t$。

（3）若 $u = v_s$，则去掉全部标号并回到第一步；否则，令 $u = v$，转步骤（2）。

9.4　对象提取

图像用户指定对象提取实质上是将图像像素进行二类标签，即对像素进行行号。工程上图像论域 Ω 内的像素标记为 $\boldsymbol{x} = \{x_1, \cdots, x_i, \cdots, x_N\}$，$x_i \in \{0,1\}$。其中，标号为 0 的像素表示该像素位于对象，标号为 1 的像素表示该像素位于背景，N 表示图像总像素数，则（9-11）式可具体化为以下能量泛函：

$$cut(\boldsymbol{F},\boldsymbol{B})$$

$$= \sum_{i=1}^{N}\sum_{j\in\Lambda_i}\frac{[x_i\neq x_j]}{dis(i,j)}\left(1+\gamma\exp\left(-\frac{\|u_i-u_j\|_2^2}{\lambda}\right)\right)-\sum_{i\in T_U}\ln P(\boldsymbol{u}_i\mid\boldsymbol{F})+\ln P(\boldsymbol{u}_i\mid\boldsymbol{B})$$

$$= \sum_{i=1}^{N}\sum_{j\in\Lambda_i}\frac{[x_i\neq x_j]}{dis(i,j)}\left(1+\gamma\exp\left(-\frac{\|u_i-u_j\|_2^2}{\lambda}\right)\right)-$$

$$\sum_{i\in T_U}\ln P(\boldsymbol{u}_i\mid\boldsymbol{M}[x_i=0])+\ln P(\boldsymbol{u}_i\mid\boldsymbol{M}[x_i=1]) \tag{9-14}$$

式中，$\boldsymbol{M}[x_i=0]$ 和 $\boldsymbol{M}[x_i=1]$ 分别表示对象和背景模式。

（9-14）式的最优解是将对象提取图分割为两个连通分支的最小割。依据网络图的最大流/最小割定理，工程上常常运用网络图的最大流算法计算（9-14）式的最优解 $\boldsymbol{x}^*$，其解中标号为 0 的像素构成了图像指定对象。

9.4.1　对象标注

用户指定对象体现了图像内容，但不同观察者由于自身的先验知识或个人的兴趣不同，对同一幅图像的内容理解各不相同，所以对象因人而异。比如，观察一匹马漫步在草地上的场景，如图 9-4 所示。如果观察者喜欢马，则认为该场景中主要对象为马；如果对绿色的草地感兴趣，则草地为该场景的关注对象。由于事先没有任何先验信息，观察者们常常在图像中标注各自喜欢的对象。目前，标注对象或背景的简单方法大致可分为两种，即正确局部标注和奇异完备标注。

（a）正确局部标注　　　　　　　　　　（b）奇异完备标注

图 9-4　对象标注

（1）正确局部标注，即在对象和背景内部均标注部分像素。由于该标注得到的数据均来自同一对象，所以称为正确局部标注，图 9-4（a）中灰色区域为标注的背景像素。正确局部标注方法获得的数据均来自同一总体，标注的像素集中不存在奇异像素，这为有效地估计对象和背景的灰度/颜色总体分布提供了条件。同时，标注像素标号正确，因此（9-14）式可简写为

$$\boldsymbol{x}^*=\mathop{\arg\min}_{\boldsymbol{x}}\Big\{\sum_{i=1}^{N}\sum_{j\in\Lambda_i}\frac{[x_i\neq x_j]}{dis(i,j)}\left(1+\gamma\exp\left(-\frac{\|u_i-u_j\|_2^2}{\lambda}\right)\right)-$$

$$\sum_{i\in T_U}\ln P(\boldsymbol{u}_i\mid\boldsymbol{M}[x_i=0])+\ln P(\boldsymbol{u}_i\mid\boldsymbol{M}[x_i=1])\Big\} \tag{9-15}$$

（9-15）式的最优解可运用最大流算法得到。

在（9-15）式的最优过程中，不需要更新对象和背景的灰度/颜色分布参数。由统计理论可知，根据来自同一总体样本估计总体分布参数，其参数估计的有效性仅仅依赖于样本集容量。如果图像中标注了足够多的对象和背景像素，对象和背景灰度/颜色分布参数估计的有效性就较高；反之，则不能有效地逼近对象和背景灰度/颜色的真实分布，这遵循了数理统计中运用样本拟合总体分布的客观规律。为了提高对象和背景灰度/颜色分布参数估计的有效性，最直接简单的方法是增加标注像素数量，但这大大增加了人机交互量，在实际中是不现实的。

（2）奇异完备标注。该标注方法相对于正确局部标注交互量少，仅需在对象外围标注一个外接图形，如图9-4（b）所示。在图中用户利用矩形标注了场景中的马，矩形外部所有像素属于背景，它包含了背景中大部分像素；矩形内部区域覆盖了对象，而矩形内边界邻域的部分背景像素被误作为对象。该标注方法标注了所有像素，但标注的对象样本中存在奇异样本，所以该标注方法称为奇异完备标注。

奇异完备标注将图像像素划分为背景集合和对象集合。标注的背景像素集合是确定的且占据了图像背景绝大部分，这些像素的灰度/颜色为有效估计图像背景灰度/颜色的总体分布参数提供了条件。标注的对象像素集合 T_F 主要由两部分像素组成：一部分是少量的背景像素，另一部分是所有对象像素。由于标注的背景像素集合是确定的，而标注对象像素集合中存在奇异像素，所以对象提取只需要进一步确定 T_F 中像素的标号。（9-14）式可简写为以下能量泛函：

$$\boldsymbol{x}^* = \underset{x,M}{\mathrm{argmin}}\Big\{ \sum_{i=1}^{N}\sum_{j\in\Lambda_i}\frac{[x_i\neq x_j]}{dis(i,j)}\Big(1+\gamma\exp\Big(-\frac{\|u_i-u_j\|_2^2}{\lambda}\Big)\Big)-$$

$$\sum_{i\in T_F}\ln P(\boldsymbol{u}_i|\boldsymbol{M}[x_i=0])+\ln P(\boldsymbol{u}_i|\boldsymbol{M}[x_i=1])\Big\} \tag{9-16}$$

（9-16）式的最优解可运用最大流算法得到。

相对于正确局部标注，奇异完备标注方法是捕获对象像素样本最多、最简单的方法，有助于提高对象模式参数估计的有效性。但是标注对象像素集合中存在少量背景像素，这些背景像素对对象灰度/颜色总体分布参数估计的准确性造成负面影响。为了减少负面影响程度，学者们在求解能量泛函（9-16）式的最优解时采用迭代算法，在迭代过程中交替更新对象模式参数及其像素标号。

9.4.2　对象提取算法

对象提取是在图像的视觉感知和对象先验知识的共同作用下从图像中分离对象。对象提取能量泛函由两项构成：第一项依赖于像素近邻性和灰度/颜色相似性，表征了感知特性对对象提取的贡献，该能量与对象先验知识无关，因此，能量泛函优化过程中该项只需计算一次即可多次使用；第二项描述了像素与对象先验知识的匹配程度，其能量大小敏感于对象先验知识的正确性和有效性。对象先验知识常常表示为其像素灰度/颜色的总体分布，总体分布参数通过对标注像素统计估计分析得到。参数估计的有效性和正确性在一定程度上取决于标注数量和标注方法。

正确局部标注方法标注的像素集不存在奇异样本，标注的像素灰度/颜色可代表对象和背景。如果对象模式表示为局部直方图，则对象提取算法称为 GraphCut；如果对象模式表示为高斯混合模式，则对象提取算法称为 OneCut。无论对象模式采用何种表示方法，由于标注的对象像素集中不存在奇异样本，所以对象提取能量泛函优化过程中均不需要更新对象模式或参数，其能量泛函的最优解 x^* 仅运算一次即可。从能量泛函迭代计算的次数来看，GraphCut 和 OneCut 的能量泛函均只需迭代一次，统称一次割算法。该算法代码见程序 9-4。

程序 9-4　一次割算法代码

```
EstimateSegmentation (GCGraph<double>& graph, BYTE * mask, int Width, int Height) {
int i, j; graph. maxFlow (); //最大流算法
for (i=0; i<Height; i++) for (j=0; j<Width; j++) {
if (mask [i * Width+j] =GC _ PR _ FGD‖ mask [i * Width+j] =GC _ PR _ BGD) {
//一次割后，像素标号更新
if (graph. inSourceSegment (i * Width+j)) mask [i * Width+j] =GC _ PR _ FGD;
else mask [i * Width+j] =GC _ PR _ BGD;} } return FUN _ OK;}
```

奇异完备标注相对于正确局部标注人机交互量较少，可更多地捕获图像中的对象像素样本，这有利于在实践中提高对象模式参数估计的有效性。工程上，该方法标注的对象灰度/颜色分布常常表示为高斯混合模式，其对象提取算法称为 GrabCut。由于 GrabCut 算法采用奇异完备标注，标注的对象像素集中存在少量的背景像素，降低了对象分布参数的准确性，对此，工程上常常采用 EM 算法估计对象模式参数。

奇异完备标注的背景像素集（观察样本点）个数小于真实背景，对象像素集包含了部分背景（隐含数据）。由于标注的对象像素不满足最大似然估计算法的前提条件，所以无法直接用最大似然估计得到模型参数。为了解决含有隐含数据的模型参数估计问题，学者们利用了启发式的迭代算法。该算法先猜想隐含数据，对观察数据和猜测的隐含数据使用最大化似然函数，求解模型参数。由于隐藏数据是猜测的，得到的参数一般是不正确的。此时采用迭代算法，在当前模型参数的基础上，继续猜测隐含数据，然后继续使用最大化似然函数，更新模型参数。以此类推，直到模型参数基本无变化为止。上述启发式的迭代就是最大期望算法（Expectation-maximization algorithm，EM）的思路。

EM 算法是在概率模型中寻找参数最大似然估计或最大后验估计的算法，迭代求解最大值问题。每一次迭代时分为 E 步和 M 步，E 步是计算期望，利用对隐藏变量的现有估计值，计算其最大似然估计值；M 步上最大后验估计得到的估计参数被用于下一个 E 步中。

观测到随机变量 X 产生的 m 个相互独立的样本 $X=\{x_1,x_2,\cdots,x_m\}$，随机变量的分布为联合分布 $p(X,Z;\theta)$，$Z=\{z_1,z_2,\cdots,z_m\}$ 是无法直接观测到的信息，称为隐变量，从样本中估计出模型参数的值 θ，其似然函数为

$$\ell[\theta|(x_1,x_2,\cdots,x_m]=\sum_{i=1}^{m}p(x_i,\theta_i)=\sum_{i=1}^{m}\log\Big[\sum_{z_i}p(x_i,z_i;\theta_i)\Big] \quad (9-17)$$

对（9-17）式直接求导，常常运用 Jensen 不等式对（9-17）式进行缩放：

$$\sum_{i=1}^{m} \log\left[\sum_{z_i} p(x_i, z_i; \theta_i) \right] = \sum_{i=1}^{m} \log\left[\sum_{z_i} q_i(z_i) \frac{p(x_i, z_i; \theta_i)}{q_i(z_i)} \right]$$

$$\geqslant \sum_{i=1}^{m} \sum_{z_i} q_i(z_i) \log\left[\frac{p(x_i, z_i; \theta_i)}{q_i(z_i)} \right] \quad (9-18)$$

（9−18）式引入了一个未知的新的分布 $q_i(z_i)$，同时运用 Jensen 不等式：

$$\log\left(\sum_j \lambda_j q_j \right) \geqslant \sum_j \lambda_j \log q_j, \quad \lambda_j \geqslant 0, \sum_j \lambda_j = 1$$

由于对数函数是凹函数，所以有 $q(E\{x\}) \geqslant E\{q(x)\}$。

如果 $q(x)$ 是凹函数，同时要求满足 Jensen 不等式取等号，则有

$$\frac{p(x_i, z_i; \theta_i)}{q_i(z_i)} = C \text{（} C \text{ 为常数）}$$

在概率论中，$q_i(z_i)$ 常常是一个分布函数，所以满足

$$\sum_{z_i} q(z_i) = 1$$

由上面两式可得

$$q_i(z_i) = \frac{p(x_i, z_i; \theta_i)}{\sum_{z_i} p(x_i, z_i; \theta_i)} = \frac{p(x_i, z_i; \theta_i)}{p(x_i, \theta_i)} = p(z_i \mid x_i; \theta_i)$$

若 $q_i(z_i) = p(z_i \mid x_i; \theta_i)$，则（9−18）式为包含隐藏数据的对数似然一个下界。参数 θ 的估计转化为

$$\widetilde{\theta} = \underset{\theta}{\operatorname{argmax}} \{ \ell[\theta \mid (x_1, x_2, \cdots, x_m)] \}$$

$$= \underset{\theta}{\operatorname{argmax}} \left\{ \sum_{i=1}^{m} \sum_{z_i} q_i(z_i) \log\left[\frac{p(x_i, z_i; \theta_i)}{q_i(z_i)} \right] \right\} \quad (9-19)$$

去掉（9−19）式中为常数的部分，则最大化的对数似然下界为

$$\widetilde{\theta} = \underset{\theta}{\operatorname{argmax}} \left\{ \sum_{i=1}^{m} \sum_{z_i} q_i(z_i) \log[p(x_i, z_i; \theta_i)] \right\} \quad (9-20)$$

（9−20）式中 $q_i(z_i)$ 是一个分布，$\sum_{i=1}^{m} \sum_{z_i} q_i(z_i) \log[p(x_i, z_i; \theta_i)]$ 可以理解为 $\log p(x_i, z_i; \theta_i)$ 基于条件概率分布 $q_i(z_i)$ 的期望。

下面介绍 EM 算法流程。

输入：观察数据 $\boldsymbol{x} = \{x_1, x_2, \cdots, x_m\}$，联合分布 $p(\boldsymbol{x}, \boldsymbol{z}; \theta)$，条件分布 $p(\boldsymbol{x} \mid \boldsymbol{z}; \theta)$：①随机初始化模型参数 θ 的初值 θ^0；②第 k 步迭代（θ^k 已知）。

（1）E 步：计算联合分布的条件概率期望和似然函数：

$$q_i(z_i) = p(z_i \mid x_i; \theta^k)$$

$$\ell(\theta, \theta^k) = \sum_{i=1}^{m} \sum_{z_i} q_i(z_i) \log p(x_i, z_i; \theta_i) = \sum_{i=1}^{m} \sum_{z_i} p(z_i \mid x_i; \theta^k \log p(x_i, z_i; \theta_i))$$

（2）M 步：极大化 $\ell(\theta, \theta^k)$ 得到 $\theta^{k+1} = \underset{\theta}{\operatorname{argmax}} \{ \ell(\theta, \theta^k) \}$。

（3）如果 θ^k 收敛，则算法结束；否则，继续回到步骤（1）进行 E 步迭代。

输出：模型参数 $\theta = \theta^k$。

在上述迭代过程中，由于

$$\ell(\theta,\theta^k) = \sum_{i=1}^{m} \sum_{z_i} q_i(z_i) \log p(x_i,z_i;\theta_i) = \sum_{i=1}^{m} \sum_{z_i} p(z_i|x_i;\theta^k) \log p(x_i,z_i;\theta_i) \tag{9-21}$$

令

$$H(\theta,\theta^k) = \sum_{i=1}^{m} \sum_{z_i} p(z_i|x_i;\theta^k) \log p(z_i|x_i;\theta_i) \tag{9-22}$$

（9-21）式和（9-22）式相减得到

$$\ell(\theta,\theta^k) - H(\theta,\theta^k) = \sum_{i=1}^{m} \sum_{z_i} p(z_i|x_i;\theta^k) \log p(x_i,z_i;\theta_i) -$$

$$\sum_{i=1}^{m} \sum_{z_i} p(z_i|x_i;\theta^k) \log p(z_i|x_i;\theta_i)$$

$$= \sum_{i=1}^{m} \log p(x_i;\theta) \tag{9-23}$$

将（9-22）式中 θ 取为 θ^k 和 θ^{k+1}，并相减得到

$$\sum_{i=1}^{m} \log p(x_i;\theta^{k+1}) - \sum_{i=1}^{m} \log p(x_i;\theta^k)$$

$$= \left[\ell(\theta^{k+1},\theta^k) - H(\theta^{k+1},\theta^k)\right] - \left[\ell(\theta^k,\theta^k) - H(\theta^k,\theta^k)\right]$$

$$= \left[\ell(\theta^{k+1},\theta^k) - \ell(\theta^k,\theta^k)\right] - \left[H(\theta^{k+1},\theta^k) - H(\theta^k,\theta^k)\right] \tag{9-24}$$

由于 θ^{k+1} 是 $\ell(\theta,\theta^k)$ 极大的结果，所以有

$$\ell(\theta^{k+1},\theta^k) - \ell(\theta^k,\theta^k) \geqslant 0 \tag{9-25}$$

同时有

$$H(\theta^{k+1},\theta^k) - H(\theta^k,\theta^k)$$

$$= \sum_{i=1}^{m} \sum_{z_i} p(z_i|x_i;\theta^k) \log p(z_i|x_i;\theta^{k+1}) - \sum_{i=1}^{m} \sum_{z_i} p(z_i|x_i;\theta^k) \log p(z_i|x_i;\theta^k)$$

$$= \sum_{i=1}^{m} \sum_{z_i} p(z_i|x_i;\theta^k) \left[\log p(z_i|x_i;\theta^{k+1}) - \log p(z_i|x_i;\theta^k)\right]$$

$$= \sum_{i=1}^{m} \sum_{z_i} p(z_i|x_i;\theta^k) \log \frac{p(z_i|x_i;\theta^{k+1})}{p(z_i|x_i;\theta^k)}$$

$$\leqslant \sum_{i=1}^{m} \log \left[\sum_{z_i} p(z_i|x_i;\theta^k) \frac{p(z_i|x_i;\theta^{k+1})}{p(z_i|x_i;\theta^k)}\right]$$

$$= \sum_{i=1}^{m} \log \left[\sum_{z_i} p(z_i|x_i;\theta^{k+1})\right]$$

$$= \sum_{i=1}^{m} \log 1 = 0 \tag{9-26}$$

将（9-25）式和（9-26）式代入（9-24）式中，得到

$$\sum_{i=1}^{m} \log p(x_i;\theta^{k+1}) - \sum_{i=1}^{m} \log p(x_i;\theta^k) \geqslant 0 \tag{9-27}$$

由（9-27）式可知 EM 算法的收敛性。从上面的推导可以看出，EM 算法可以保证收敛到一个稳定点，但是却不能保证收敛到全局的极大值点，因此，它是局部最优的算

法。如果优化目标 $\ell(\theta,\theta^k)$ 是凸的，则 EM 算法可以保证收敛到全局最大值。另外，EM 算法只提供了一种逼近似然函数的最大值方法，不能提供任何额外的信息。即使 EM 算法收敛后，仍然不能明确每个观测值来自哪个总体，而仅仅给出每个观测值来自哪个总体的概率。

能量泛函（9-16）式的最优解过程中采用迭代算法，在迭代过程中交替更新对象模式参数及其像素标号。随着迭代次数的增加，对象模板内的背景像素减少，其对象模式参数估计准确性逐渐提高。在工程实践中，能量泛函的最优解仅仅需要迭代 5~10 次即可。其具体流程如下：

（1）初始化。初始化像素标记 x，借助人机交互将图像像素标注为背景集合和对象区域集合 T_F，将背景的像素标记为 $x=1$，对象区域的像素标记为 $x=0$。

（2）分析图像像素的低层视觉特性。计算能量泛函（9-16）式中的第一项，由于该项只与图像像素的近邻性和灰度/颜色的相似性有关，而与对象模式无关，因此，该项在能量泛函优化过程中只需计算一次即可。

（3）估计对象模式参数。对标注的像素运用 K-means 算法对其进行区域分割，并计算各区域的面积比重和个数；利用最大似然估计法统计分析其像素分布的均值矢量和协方差。背景像素的标注均是正确的，但标注的对象像素 T_F 中存在部分背景，这导致对象灰度/颜色分布参数估计不满足最大似然估计法的前提。对此，工程上常常采用 EM 算法估计对象模式参数。

（4）分析像素灰度/颜色与对象模式的相似测度，计算能量泛函（9-16）式中的第二项，运用最大流算法极小化（9-16）式更新 x。

（5）重复步骤（3）和（4），直到收敛。

迭代算法的代码见程序 9-5。

程序 9-5　迭代算法的代码

```
BOOL GrapCut (double * tempData, BYTE * mask, int Width, int Height, int dimension, double
gamma, int iternumber) {/* mask 标注的对象或背景像素, dimension=1 灰度图像；dimension=3 彩
色图像；iternumber 迭代次数 */
int Temi, Temj, maskCount=0; GMM fgdGMM, bgdGMM;
const int modelSize=dimension/* mean */+dimension * dimension/* covariance */+1;
fgdGMM. model=new double [modelSize * componentsCount];
memset (fgdGMM. model, 0, sizeof (double) * modelSize * componentsCount);
fgdGMM. coefs=fgdGMM. model;
fgdGMM. mean=fgdGMM. coefs+componentsCount;
fgdGMM. cov=fgdGMM. mean+dimension * componentsCount;
fgdGMM. sums= (double * *) new double * [componentsCount];
fgdGMM. prods= (double * * *) new double * * [componentsCount];
fgdGMM. inverseCovs= (double * * *) new double * * [componentsCount];
bgdGMM. model=new double [modelSize * componentsCount];
memset (bgdGMM. model, 0, sizeof (double) * modelSize * componentsCount);
bgdGMM. coefs=bgdGMM. model;
bgdGMM. mean=bgdGMM. coefs+componentsCount;
bgdGMM. cov=bgdGMM. mean+dimension * componentsCount;
bgdGMM. sums= (double * *) new double * [componentsCount];
```

```
bgdGMM. prods=（double＊＊）new double＊＊［componentsCount］；
bgdGMM. inverseCovs=（double＊＊）new double＊＊［componentsCount］；
for（Temi=0；Temi<componentsCount；Temi++）｛
fgdGMM. prods［Temi］=（double＊）new double＊［dimension］；
fgdGMM. inverseCovs［Temi］=（double＊）new double＊［dimension］；
fgdGMM. sums［Temi］=new double［dimension］；
bgdGMM. prods［Temi］=（double＊）new double＊［dimension］；
bgdGMM. inverseCovs［Temi］=（double＊）new double＊［dimension］；
bgdGMM. sums［Temi］=new double［dimension］；｝
for（Temi=0；Temi<componentsCount；Temi++）｛
for（Temj=0；Temj<dimension；Temj++）｛
fgdGMM. prods［Temi］［Temj］=new double［dimension］；
fgdGMM. inverseCovs［Temi］［Temj］=new double［dimension］；
bgdGMM. prods［Temi］［Temj］=new double［dimension］；
bgdGMM. inverseCovs［Temi］［Temj］=new double［dimension］；｝｝
maskCount=CountMaskFGD（mask，Width，Height）；
K－means（tempData，mask，componentsCount，dimension，maskCount，&bgdGMM，&fgdGMM，
Width，Height）；//对象或背景像素聚类，见程序 7－1
BYTE＊compIdxs=newBYTE［Width＊Height］；
memset（compIdxs，0，sizeof（BYTE）＊Width＊Height）；
double beta=CalcBeta（tempData，Width，Height，dimension）；//计算平均值，见程序 9－1
double＊leftW=new double［Height＊Width］；
double＊upleftW=new double［Height＊Width］；
double＊upW=new double［Height＊Width］；
double＊uprightW=new double［Height＊Width］；
memset（leftW，0，sizeof（double）＊Height＊Width）；
memset（upleftW，0，sizeof（double）＊Height＊Width）；
memset（upW，0，sizeof（double）＊Height＊Width）；
memset（uprightW，0，sizeof（double）＊Height＊Width）；
CalcWeights（tempData，leftW，upleftW，upW，uprightW，beta，gamma，Width，Height，dimension）；//
计算边权重，见程序 9－2
for（Temi=0；Temi<iternumber；Temi++）｛ GCGraph<double>graph；
AssignGMMsComponent（tempData，mask，&bgdGMM，&fgdGMM，compIdxs，Width，Height，
dimension）；
Learned _ Gaussianparameter（tempData，mask，&bgdGMM，&fgdGMM，compIdxs，Width，Height，
dimension）；//高斯函数参数估计，见程序 7－2
ConstructGraph（graph，tempData，mask，compIdxs，&bgdGMM，&fgdGMM，gamma，beta，leftW，
upleftW，upW，uprightW，Width，Height，dimension）；//图构建，见程序 9－3
EstimateSegmentation（graph，mask，Width，Height）；//一次割，见程序 9－4
maskCount=CountMaskFGD（mask，Width，Height）；
K－means（tempData，mask，componentsCount，dimension，maskCount，&bgdGMM，&fgdGMM，
Width，Height）；//对象或背景像素聚类，见程序 7－1｝
for（Temi=0；Temi<Width＊Height；Temi++）｛
if（mask［Temi］=GC _ PR _ BGD）mask［Temi］=GC _ BGD；｝
for（Temi=0；Temi<componentsCount；Temi++）/＊释放内存＊/｛
for（Temj=0；Temj<dimension；Temj++）｛
delete［］fgdGMM. prods［Temi］［Temj］；delete［］fgdGMM. inverseCovs［Temi］［Temj］；
delete［］bgdGMM. prods［Temi］［Temj］；delete［］bgdGMM. inverseCovs［Temi］［Temj］；｝
```

```
delete [] fgdGMM. prods [Temi]; delete [] fgdGMM. inverseCovs [Temi];
delete [] bgdGMM. prods [Temi]; delete [] bgdGMM. inverseCovs [Temi];
delete [] fgdGMM. sums [Temi]; delete [] bgdGMM. sums [Temi];}
delete [] fgdGMM. prods; delete [] fgdGMM. inverseCovs; delete [] bgdGMM. prods;
delete [] bgdGMM. inverseCovs; delete [] fgdGMM. sums; delete [] bgdGMM. sums;
delete [] fgdGMM. model; delete [] bgdGMM. model; delete [] compIdxs; delete [] upW;
delete [] uprightW; delete [] leftW; delete [] upleftW; return FUN_OK;}
```

9.4.3 对象提取算法分析

基于图论的对象提取模型在视觉感知和观察者的先验知识的共同作用下，将对象提取问题转化为图割问题。依据对象表示模式，基于图论的对象提取算法虽然分为 GraphCut、OneCut 和 GrabCut 三种，但仍具有以下共性：

（1）三种算法均建立在图像视觉感知和对象先验知识的共同作用下，实现对象背景分离。它们具有相同的对象提取图结构。

（2）三种算法的对象提取能量泛函综合考虑了图像低层特征和对象先验知识。假设对象轮廓邻域像素的灰度/颜色存在显著差异，其图像低层特征提供了对象轮廓像素级别的定位精度，对象先验知识提供了像素两类模式划分依据，三种算法均假设对象与背景亮度/颜色存在明显视觉差异，两类模式具有线性可分性。

（3）能量泛函的求解均采用最大流算法。

GraphCut、OneCut 和 GrabCut 三种算法之间的区别主要表现在人机交互方式、对象模式表示、系统运行时间和对象提取效果等方面，如表 9-1 所示。

表 9-1 GraphCut、OneCut 和 GrabCut 之比较

提取算法	适合图像	标注	模式	迭代次数	优化方法
GraphCut	二值、灰度图像	正确局部标注	局部直方图	1	最大流算法
OneCut	二值、灰度、彩色图像		高斯混合模式		
GrabCut		奇异完备标注		多次	

在人机交互方式方面，OneCut 和 GraphCut 都采用正确局部标注。在该人机交互方式下，虽然不需要更新对象模式参数，但参数估计的有效性敏感于人机交互量，标注的像素越多，参数估计有效性越高；反之，参数估计有效性降低。奇异完备标注相对于正确局部标注交互量少，仅需在对象外围标注一个简单的外接闭曲线，将曲线内外像素分别标注为不同类别。但其标注像素集中存在奇异样本，为了去除奇异样本，工程上常常采用 EM 算法迭代估计对象模式参数。

在对象模式表示方面，GraphCut 采用局部直方图表示对象模式，该模式计算简单，易于理解。但局部直方图根据灰度/颜色等级描述了标注像素的灰度/颜色分布，忽略了标注像素间的空间特性。OneCut 和 GrabCut 算法将对象表示为高斯混合模式，该模式将对

象视为一个或者几个区域的有机构成，结合区域灰度/颜色服从高斯分布，将对象灰度/颜色分布模式表示为几个高斯分布的线性加权。该模式不仅反映了区域灰度/颜色的视觉相似性，而且结合对象结构弥补了局部直方图的不足。

在系统运行时间方面，三种算法的系统运行时间主要取决于对象模式参数估计。OneCut 和 GraphCut 采用正确局部标注，对象和背景灰度/颜色分布参数一次估计可多次使用，因此，对象提取能量泛函的优化仅仅使用一次最大流算法，同时局部直方图计算只需扫描一次标注像素即可，其运行成本相对较低。高斯混合模式中含有大量的参数，如视觉区域个数、面积比重、每个视觉区域像素分布的均值矢量和协方差等。对象区域个数及面积计算常常运用 K-means 算法对标注像素进行多次迭代计算，区域均值矢量和协方差计算也需要多次扫描标注像素。多次扫描标注像素估计模式参数的计算成本较高，因此，在系统运行时间上 GraphCut 优于 OneCut。GrabCut 算法采用奇异完备标注，标注的对象像素中存在部分背景，这导致对象模式参数估计的样本存在奇异样本。为了去除奇异样本对对象模式参数估计的负面影响，学者们采用多次迭代提高参数估计准确率，致使系统运行时间较长。

对象提取效果不仅依赖于算法本身，而且取决于使用的图像特征。GraphCut、OneCut 和 GrabCut 算法均建立在图像视觉感知和对象先验知识共同作用的基础上，构建了相同的对象提取图结构。能量泛函综合考虑了图像低层特征和对象先验知识，假设对象轮廓邻域像素的灰度/颜色存在显著差异，利用对象轮廓邻域像素的差异提供了对象轮廓像素级别的定位精度。三种算法唯一不同的是对象模式表示方法，其局部直方图和高斯混合模式均能正确描述卡通图像的前景、背景灰度/颜色分布，但局部直方图敏感于图像纹理，所以对于具有纹理的自然图像，高斯混合模式优于局部直方图模型。OneCut 和 GrabCut 的对象提取效果优于 GraphCut。

相对于 GraphCut 和 OneCut，GrabCut 算法从人机交互方面大大降低了用户标注像素的数量和质量。从提取结果来看，GrabCut 将对象提取和对象模式参数估计融合在一个框架中，有利于从图像中提取对象。GrabCut 在人机交互方式和提取质量方面虽然具有明显的优势，但其对象提取能量泛函也是以图像低层特征为变量，如边缘和区域灰度/颜色分布。边缘主要表现了像素变化的快慢，区域灰度/颜色分布主要描述了图像区域灰度/颜色的一致性。图像中纹理在像素级别表现为灰度/颜色的微小变化，这些微小变化一方面引起边缘特征提取的负面影响，另一方面造成区域灰度/颜色分布的统计参数估计偏差，因此，GrabCut 提取的对象质量受限于区域纹理的复杂程度。同时，GrabCut 模型中的对象模式常常表示为固定个数的高斯函数加权和，不合适的高斯函数个数降低了对象灰度/颜色分布描述的准确性。对此，学者们分别从图像特征和高斯混合模型角度对 GrabCut 算法进行以下方面的改进：

（1）数字图像是自然场景的影像，场景实体内部的细节信息使得图像表现出丰富的纹理。图像的纹理信息在像素级别表现为灰度/颜色的微小变化，在小尺度感受野内呈现出一定的规律性。但纹理一方面导致弱边缘，降低了对象轮廓定位精度；另一方面，降低了对象灰度/颜色分布模式的可区分性。区域灰度/颜色的微小变化恶化了该区域灰度/颜色分布的一致性，降低了像素间的相关性，减少了高斯函数协方差阵的条件数。为了抑制纹理对对象提取的负面影响，学者们在 GrabCut 算法的基础上引入了超像素，提出了基于超像素的对象提取算法，即 SuperCut。超像素定义为图像中空间相邻，且灰度、颜色、纹理等低层特征相似的像素集合。超像素保留了语义对象的边界信息，将像素分割转化为区域级分割，一定程度上降低了纹理的负面影响。

（2）在 GrabCut 中，假设所有图像中对象和背景都是由固定个区域组成的，高斯混合模式表示为固定个高斯函数的加权和，忽略了对象结构复杂性（区域个数）对模式估计的负面影响。对此，学者们对标注像素进行自适应聚类，修正了高斯混合模式的高斯函数个数，使得对象模式自适应于图像内容。

对象提取图模型有效地描述了图像的低层特征和视觉效应。对象提取图的节点除了有效地表示像素灰度/颜色和纹理信息，还表示了观察者的先验知识——对象和背景模式；该图的边既描述了图像像素的空间近邻性、灰度/颜色的相似性，又刻画了像素与对象模式的匹配概率。图中节点直接相连接的边数一方面表示了人眼观察场景的视野大小，其边权重表示视野范围内像素灰度/颜色的视觉相似程度；另一方面表示了像素属于对象和背景的概率。对象提取能量泛函利用了图像边缘和对象灰度/颜色分布信息，保证了对象提取质量。能量泛函优化采用图论的最大流算法，保证了能量函数的全局最优。相对人工标记对象，三种算法在对象提取结果上也存在不理想的地方，其原因如下：

（1）对象提取能量泛函仅仅考虑原始图像低层特征，如像素灰度/颜色差异和统计分布，这些特征敏感于图像分析尺度。

（2）三种算法均假设对象和背景灰度/颜色分布存在显著差异。在现实中，对象灰度/颜色可能与背景差异较小，甚至重叠，这导致对象和背景模式差异较小，降低了模式的可分性。

（3）高斯混合模型中各个区域的面积占比表示高斯函数的权重系数，以面积占比为权重易导致小面积的对象提取质量较差，特别是纤细物体。

（4）对象提取结果敏感于初始标注。当位于闭曲线内部的背景像素个数多于闭曲线外部的背景像素个数时，难以从闭曲线内部像素集合中去除背景像素。

习题与讨论

9-1 基于图论的对象提取本质上是将对象提取转化为图分割。对于给定图像，试计算对象提取图的边集合基数，其中有多少条边描述了像素类别属性？有多少条边刻画了像素低层特征相似性？同时分析边权重描述了图像像素的哪些视觉特性。

9-2 基于图论的对象提取中常用的对象模式为局部直方图和高斯混合模式。①试分析两种模式表示对象的前提条件。②局部直方图模式常常用于描述灰度图像的对象亮度分布，该模式可以描述彩色图像的对象颜色分布吗？如果可以，建议给出技术路线。③对象高斯混合模式从颜色出发将对象表示为多个高斯分布函数的线性加权，工程上常常运用 K-means 算法将对象颜色进行分类，试结合高斯混合模型分析 K-means 的合理性。④分析对象表示为局部直方图或高斯混合模型各自的优缺点。

9-3 基于图论的对象提取模型中常常采用标注方法给出对象先验信息，工程上常常采用正确局部标注和奇异完备标注，试结合对象模式分析这两种标注方法的优缺点、不同标注下对象模式可表示方法及其参数统计估计。

9-4　基于图论的对象提取算法可以分为 GraphCut、OneCut 和 GrabCut，试分析比较 GraphCut、OneCut 和 GrabCut 算法之间的共性和差异性。

9-5　相比活动轮廓模型，基于图论的对象提取具有哪些优点？

参考文献

[1] Wang T，Yang J，Sen Q，et al. Global graph diffusion for interactive object extraction [J]. Information Sciences，2018，460-461：103-114.

[2] Tang M，Gorelick L，Veksler O，et al. GrabCut in one cut [C]. 2013 IEEE International Conference on Computer Vision，2013：1769-1776.

[3] Rother C，Kolmogorov V，Blake A. GrabCut：Interactive foreground extraction using iterated graph cuts [J]. ACM Transaction on Graph，2004，23（3）：309-314.

[4] Wu S，Nakao M，Matsuda T. SuperCut：Superpixel based foreground extraction with loose bounding boxes in one cutting [J]. IEEE Signal Process Letters，2017，24（12）：1803-1807.

[5] Heimowitz A，Keller Y. Image segmentation via probabilistic graph matching [J]. IEEE Transactions on Image Processing，2016，25（10）：4743-4752.

[6] 孟祥飞，王瑛，李超. 独立不同分布不确定变量中心极限定理证明及其应用 [J]. 上海交通大学学报，2019，53（10）：1230-1237.

[7] 寇冰煜，张燕，马凤丽. 中心极限定理的应用 [J]. 高师理科学刊，2019（5）：53-56.

[8] Carreira J，Sminchisescu C. Constrained parametric min-cuts for automatic object segmentation [C]. IEEE Computer Society Conference on Computer Vision and Pattern Recognition，2010：3241-3248.

[9] Carreira J，Sminchisescu C. CPMC：Automatic object segmentation using constrained parametric min-cuts [J]. IEEE Transaction on Pattern Analysian and Machine Intelligence，2012，34（7）：1312-1328.

[10] Das P，Veksler O. Semiautomatic segmentation with compact shapre prior [J]. iImage and Vision Computing，2009，27（1）：206-219.

[11] Egozi A，Keller Y，Guterman H. A probabilistic approach to spectral graph matching [J]. IEEE Transaction on Pattern Analysian and Machine Intelligence，2013，35（1）：18-27.

[12] Freedman D. Zhang T. Interactive graph cut based segmentation with shape priors [C]. IEEE Computer Society Conference on Computer Vision and Pattern Recognition，2005：755-762.

[13] Girshick R，Donahue J，Darrell T，et al. Rich feature hierarchies for accurate object detection and semantic segmentation [C]. IEEE Computer Society Conference on Computer Vision and Pattern Recognition，2014：580-587.

[14] Hariharan B，Arbeláez P，Girshick R，et al. Simultaneous detection and segmentation [C]. European Conference on Computer Vision，2014：297-312.

[15] Kuettel D. Ferrari V. Figure-ground segmentation by transferring window masks [C]. IEEE Conference on Computer Vision & Pattern Recognition，2012：558-565.

[16] Lempitsky V，Kohli P，Rother C，et al. Image segmentation with a bounding box prior [C]. IEEE International Conference on Computer Vision，2009：277-284.

[17] Leordeanu M，Hebert M. A spectral technique for correspondence problems using pairwise

constraints [C]. Tenth IEEE International Conference on Computer Vision, 2005: 1482—1489.

[18] Levinshtein A, Stere A, Kutulakos K N, et al. TurboPixels: Fast superpixels using geometric flows [J]. IEEE Transaction on Pattern Analysian and Machine Intelligence, 2009, 31 (12): 2290—2297.

[19] Lombaert H, Sun Y, Grady L, et al. A multilevel banded graph cuts method for fast image segmentation [C]. IEEE International Conference on Computer Vision, 2005: 259—265.

[20] Rosenfeld A, Weinshall D. Extracting foreground masks towards object recognition [C]. IEEE International Conference on Computer Vision, 2011: 1371—1378.

[21] Septimus A, Keller Y, Bergel I. A spectral approach to intercarrier interference mitigation in OFDM systems [J]. IEEE Transaction on Communications, 2014, 62 (8): 2802—2811.

[22] Van de Sande K E A, Gevers T, Snoek C G M. Evaluating color descriptors for object and scene recognition [J]. IEEE Transaction on Pattern Analysian and Machine Intelligence, 2010, 32 (9): 1582—1596.

[23] Veksler O. Star shape prior for Graph-Cut image segmentation [C]. 10th European Conference on Computer Vision, 2008: 454—467.

[24] Yang Q, Wang L, Ahuja N. A constant-space belief propagation algorithm for stereo matching [C]. IEEE Computer Society Conference on Computer Vision and Pattern Recognition, 2010: 1458—1465.

[25] Hu K, Zhang S, Zhao X. Context-based conditional random fields as recurrent neural networks for image labeling [J]. Multimedia Tools & Applications, 2019: 1—11.

[26] Everingham M, Van Gool L, Williams C K I, et al. The PASCAL visual object classes challenge [J]. International Journal of Computer Vision (IJCV), 2010, 88 (2): 303—338.

第10章 基于卷积神经网络的语义分割

语义对象提取通常是在个人先验知识的指导下，结合对象外在属性和内部结构将其从图像中分离出来。由于不同用户关注的对象各不相同，所以图像中的对象语义界定难以运用语言和数学模型对其作统一描述。为了简化对象语义的界定，学者们常常运用人机交互标注对象部分像素作为其先验信息，联合图像低层特征将图像分为若干个语义区域。魔术棒和随机游走算法根据用户标注的对象和背景"种子"，结合灰度/颜色的相似性分析未标注像素的语义标签；活动轮廓模型是在图像边缘或灰度/颜色统计特征的约束下演化用户标注的封闭曲线，直至曲线收敛到对象轮廓。图论模型联合图像分割和对象模式参数优化赋予像素语义标签。上述分割模型均是根据图像低层特征（灰度/颜色相似性、差异性、区域亮度/颜色分布及其统计特性），结合用户交互信息赋予图像像素标签，从而实现图像的二类分割——对象和背景。自然场景中的语义对象常常由不同部件（区域）组成，如图10-1中的车手主要由头盔、衣服及其中的文字组成。对象各部件间在像素级别上往往表现为不同的灰度、颜色和纹理，而部件内部像素在灰度/颜色方面表现为视觉相似性，在空间方面具有紧邻性。从语义上看，图10-1（a）中包含了车手、摩托车和背景等主要语义对象，语义分割结果如图10-1（b）所示。图10-1（b）中灰白色表示车手区域，灰黑色表示摩托车区域，黑色表示背景，白色表示各对象轮廓。从宏观上看，语义分割将图像像素经过分析处理输出一个语义类别矩阵，该矩阵元素指示了对应像素的类别。

图像低层特征通常是根据图像灰度/颜色变化和分布设计固定的卷积核，利用卷积核对逐像素作分析处理。固定卷积核可有效描述对象视觉区域内的相似性、空间分布的紧邻性、区域间灰度/颜色和纹理的差异性，但这些特征存在以下局限性：

（1）表达内容的局限性。图像低层特征一般以人眼在感受野内的视觉效应为出发点，利用固定卷积核提取图像感受野内灰度/颜色的变化和统计特性。其特征仅仅刻画了区域数据在某一角度的特性，不能描述多角度信息，如不同方向的边缘信息。

（2）表达能力的局限性。图像低层特征的尺度常常为固定值，忽略了不同感受野（尺度）像素变化和局部统计特性，这限制了多尺度信息的表示。

（3）高层信息表示的有限性。传统图像分割模型常常根据对象某方面的一致性作为对象高层信息，如对象灰度/颜色的相似性、对象几何属性的有限性和对象间灰度/颜色分布的差异性，而不能高效刻画多角度的高层信息，如对象形状、对象部件数量及部件空间分布。

157

 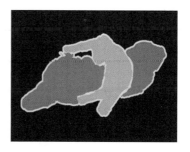

(a) 原始图像 (b) 语义分割结果

图 10-1 **图像语义分割**

随着计算机视觉步入深度学习，学者们分析了个人先验信息的获取过程，构建了机器智能模型。该模型不仅可以从海量的训练集中捕捉特定任务的多角度、多层次信息，还可以学习特征提取的卷积核。深度学习赋予机器智能强大的学习能力和高效的特征表达力。学者们将深度学习引入语义分割领域，构建了全卷积神经网络，实现了从图像像素级数据到抽象语义概念的信息提取，有利于从训练集中挖掘对象的不同尺度、角度的特征以及上下文信息。全卷积神经网络继承了卷积神经网络的图像特征提取能力和表达能力，同时有效地分割了图像中的特定对象。

10.1　卷积神经网络

20 世纪 60 年代，Hubel 和 Wiesel 等人在研究猫眼视觉效应时，发现猫脑皮层包含了大量局部敏感和方向选择的神经元。他们在模拟猫眼视觉的基础上构建了独特网络框架——卷积神经网络（Convolutional Neural Networks，CNN）。卷积神经网络可以从训练集中自动学习卷积核参数，使其从图像中提取伸缩、平移和旋转不变特征，弥补了人为传统固定卷积核的局限性，有效提升了特征分类能力。该网络的特点主要表现在局部感受野、权值共享和端到端结构等方面。

（1）局部感受野。

人类对外界新事物的认知可简化为从局部到整体的分析理解过程。该网络模拟了人类对新事物的认知机理，构建了从小视野到大视觉的多层结构。该结构采用级联的形式提取图像不同尺度特征信息，具有以下特性：

①低层卷积分析小尺度邻域灰度/颜色，获取其局部信息。该信息除了描述图像的主体特性，还包含了大量的细节信息，如纹理、弱边缘等灰度/颜色微小变化。其某一特征输出等效于运用小尺度卷积核提取的特征。

②中间卷积层主要对小尺度信息进行分析，提取相对较大尺度的特征信息。该特征信息在一定程度上去除了小尺度特征的细节信息，保留了它们的主体特性。中间卷积层是运用小尺度卷积核对上一层卷积层的输出特征图的分析处理，其等效于直接运用大尺度卷积核对图像进行分析。

③高层卷积主要对上一层卷积层的输出特征进行整合，得到图像的全局信息，并运用该信息对图像进行语义分割和模式识别。卷积神经网络高层神经元的连接方式与传统神经

网络相同，即全连接结构。

卷积神经网络的单个卷积层本质是对局部感受野的数据进行分析处理，所以低层和中间卷积层的神经元连接采用局部连接。中间卷积层分析的数据来源于前一卷积层的分析结果，其卷积层提取的特征尺度大于前一层。随着卷积层的层数增加，该网络实现了从细到粗尺度的特征提取。卷积神经网络采用级联结构将各卷积层连接起来，一方面简化了该网络的结构，有利于提升卷积核参数的学习；另一方面便于用户根据自身任务自适应选取适当尺度的特征。

（2）权值共享。

卷积神经网络中任意卷积层均运用多个卷积核函数从不同角度分析图像信息。每个卷积核提取了图像某角度的信息，称为特征图。多个卷积核的联合实现了图像深度特征的提取，其深度取决于同层卷积核的个数。图像某深度信息的提取共用一个卷积核，即权重共享技术，该技术模拟了人脑对不同时间和地点信号的平等处理能力。

（3）端到端结构。

传统的基于神经网络的模式识别技术可简单概括为根据人为结构化特征进行分类识别，其识别精度依赖于特征的有效性和数量。如果特征数量较少，导致负样本被误认为正样本；反之，正样本被误认为负样本。在传统神经网络中，不适当的特征可对分类识别产生负面影响，使得分类识别系统性能表现不佳。卷积神经网络对原始数据进行卷积运算得到适当尺度的特征，并利用其特征进行分类处理。它继承了传统神经网络的分类能力，弥补了基于人为结构化特征分类的局限性。为了从训练集中提取对象深层信息，卷积神经网络采用端到端结构。该结构具有以下特性：

①在训练过程中，卷积神经网络根据任务需要调整网络中所有参数，如局部连接的卷积层参数和全连接层网络的权重。参数的调整和更新旨在使网络的输出误差控制在合理范围内，其中卷积层参数更新有助于网络自主学习不同尺度、不同深度的特征提取；全连接层网络的权重更新实现了抽象特征的有效组织和表达，提升了适当尺度特征对具体任务执行的有效性。

②卷积神经网络不需要结构化图像或数据特征，通过端到端的结构直接进行分类。卷积神经网络中每个卷积层均由多个卷积核构成，不同的卷积核描述图像和数据的角度不同，所以卷积神经网络的卷积层从多视角提取相同感受野的信息。

③卷积神经网络一般包含多个卷积层，各层表示的特征尺度不同。随着卷积神经网络结构规模的增大，一方面，卷积层的层数越多，该网络提取图像或数据特征的能力就越强；另一方面，若每层卷积核个数较多，则可从较多视角提取图像或数据特性，实现特征的深度表示。

10.1.1　卷积神经网络结构

卷积神经网络的目的是根据具体任务自动提取解决问题的特征，弥补了人为结构化特征的局限性。图像视觉特征主要表现为邻域像素灰度/颜色的差异性和相似性，为了提取这些特性，常常运用卷积运算对图像灰度/颜色进行分析处理，提取的特征取决于卷积核参数及其尺寸大小。卷积神经网络在特征提取方面具有以下特点：

（1）卷积神经网络继承了传统特征提取的优点，并结合卷积层的级联结构实现了从由小到大感受野的数据中提取相应尺度特征。

（2）卷积神经网络的输入层直接输入原始图像数据，避免了传统神经网络对图像的复杂预处理和结构化特征提取。

（3）卷积神经网络的输出层继承了传统前馈神经网络的分类识别能力，将最后卷积层的输出作为特征，并将其转化为具体任务需要的数据结构，并执行相应的分类识别任务。

为了从输入图像中提取解决具体任务的多层次、多尺度特征，卷积神经网络在传统神经网络的基础上增加了多个卷积层（Convolutional Layer）和池化层（Pooling Layer）。目前最简单的卷积神经网络是银行手写数字识别网络，该网络主要由 1 个输入层、2 个卷积层、2 个池化层、1 个全连接层和 1 个输出层级联构成，如图 10—2 所示。

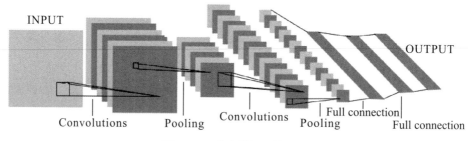

图 10—2　卷积神经网络结构

（1）卷积层（Convolutions）。

卷积层旨在从给定数据中提取不同角度的信息，是卷积神经网络优于传统神经网络的核心之处。卷积层模拟人脑观测新事物的生理和认知过程，描述了不同感受野内图像灰度/颜色的变化幅度、变化方向及其分布的统计特性。在技术上，该层主要运用卷积运算对感受野的图像灰度/颜色进行分析处理，因此卷积层又称为特征提取层，其输入结果取决于卷积核的参数和尺寸大小。

在图像处理中，卷积核被表示为参数矩阵，其矩阵元素分布反映了该卷积核提取的特征。在图像结构化特征提取的过程中，卷积核元素是相应数学物理模型离散化的结果。例如，图像边缘检测的卷积核是利用微分算子表示像素变化，微分算子的离散化处理构成了卷积核各元素，由微分的极限定义可知，图像边缘检测的卷积核元素之和为 0。在图像平滑处理中，假设感受野内的像素灰度/颜色来自同一总体分布的样本，根据数理统计可知，样本均值可无偏估计总体期望。因此，在基于数理统计的图像平滑算法中，卷积核的所有元素相等并且元素之和为 1。从视觉对感受野内不同邻域像素的关注程度出发，运用高斯函数模拟人眼视觉对空间近邻的敏感程度设计图像高斯滤波，其高斯滤波核函数的元素关于中心元素对称，且所有元素之和为 1。

为了提取不同角度的特征，卷积神经网络常常采用多个卷积核，任一卷积核只负责提取某特定视角的局部信息，不同的卷积核提取不同视角的局部信息，这也表明了卷积神经网络的特征提取可认为是结构化特征提取的扩展。在银行手写数字识别的网络中，第 1 个卷积层（在图 10—2 中连接输入层）采用了 6 个 5×5 的卷积核，这表明该层从 6 个角度表示手写数字的局部特征。第 2 个卷积层采用了 16 个 5×5 的卷积核提取大尺度特征，该层对第 1 个卷积层的任意角度局部特征进行细化，即将每个特征描述的角度细分为 16 个微小角度，实现了从 96 个角度表示手写数字的局部特征，同时增大了特征提取的视野范围。

卷积神经网络的任一卷积层包含多个卷积核，每个卷积核借助权值共享覆盖整个输入论域，模拟了人脑认知事物时对不同时间和地点信号的平等对待。这种权值共享技术极大地减少了网络学习的卷积核数量，同时有利于相邻卷积层采用局部连接提取局部特性。

（2）池化层（Pooling）。

池化是卷积神经网络中另一个重要概念，它运用下采样对输入信息进行压缩，因此在卷积神经网络中池化层又称下采样层。在卷积神经网络中引入池化操作模拟大脑皮层，对输入特征信息进行维数约简，对卷积运算的特征进行紧凑化表示，防止过拟合现象。在卷积神经网络结构中，池化层一般采用间隔的方式嵌入卷积层，增加特征尺度，并提高运算速度。

池化层最重要的特点是平移不变性，目前池化操作主要有平均池化（Average Pooling）和最大池化（Max Pooling）。平均池化即邻域特征均值表示，最大池化即邻域特征的最大值。两种池化各有优点，平均池化可以保留更多的背景信息，最大池化能保留更多的纹理信息。在卷积神经网络结构设计过程中，一般将平均池化和最大池化交替使用。两种池化方式均是对输入数据划分出 2×2 的区块，然后对每个区块中的 4 个数取平均值或最大值，这样处理仅仅保留了特征图 25% 的数据量，大大降低了后续计算量，实现了特征维数约简。池化层的下采样技术虽然损失了信息，但不会牺牲卷积神经网络的分类识别能力。具体来说，卷积神经网络的池化层有以下作用：

①特征不变性。池化运算促使卷积神经网络集中关注某尺度特征是否存在，而不是特征的具体位置，这样就保证了特征尺度不变性，提高了可区分性。

②特征降维。池化运算相当于维数约简，可以使网络获得更大视野的特征，同时减小下一层输入维数、计算量和参数个数，防止过拟合。

（3）全连接层（Full connection）。

全连接层一般放在卷积神经网络的最后，其主要目的是重组卷积层提取的全部局部特征，同时将已经学习到的特征映射到其具体的样本标记空间，从而最终实现目标分类。换言之，卷积神经网络中的全连接层是将前面多次级联的卷积层和池化层所提取出的特征转化为高层的语义特征。全连接层的每个神经元与上层的所有神经元连接，将特征转化成一维向量。全连接层在整个卷积神经网络中起到"分类器"的作用。如果说卷积层和池化层等操作是将原始数据映射为特征空间，降低了数据维度，那么全连接层则是将特征映射到样本标记空间，获得识别结果。与传统神经网络一样，全连接层构成了一个具有高度抽象能力的非线性函数，主要负责对信息进行综合处理。

在卷积神经网络中，卷积层和池化层的组合可以在隐藏层多次出现，如图 10-2 所示出现两次。实际上卷积层和池化层出现的次数是根据模型的需要而定的，同时卷积层和池化层也可以灵活使用卷积层+卷积层或者卷积层+卷积层+池化层的组合。目前，卷积层和池化层的最佳层数选取缺乏理论支持。

10.1.2　卷积神经网络激活函数

卷积神经网络的分类识别能力与传统神经网络一样，均依赖于特征的可分性，虽然适当尺度的特征有利于提高网络分类能力。在实际工程中，解决具体分类识别问题的特征尺度常常是未知的，为了从输入数据中提取适当尺度特征，卷积神经网络采用多个卷积层级联的结构。但随着卷积层级联层数的增多，其网络训练容易出现梯度消失，使得网络参数无法得到有效更新。为了缓解此类问题，目前常常根据网络运行过程中各个神经元状态及其转化条件，在网络中引入激活函数。

在深度学习神经网络中，每个神经元存在激活和未激活两种状态。加拿大蒙特利尔大学的 Bengio 教授定义了激活函数，即几乎处处可导的非线性映射。激活函数的非线性有助于增加网络的非线性表达能力，解决实际中的非线性分类问题。卷积操作本质上是线性运算，如果没有将卷积结果输入到激活函数而是直接输入到下一个卷积层，则网络的全连接层输出等效于序列线性运算的叠加，其结果仍是输入数据的线性映射，无法形成复杂函数。为了使神经网络执行复杂任务，激活函数是必不可少的。激活函数本质上模拟了生物神经元对输入信号进行内部处理的过程，使得单个人工神经元具有了一定的非线性能力，其输出作为后续层神经元的输入，从而使得整个神经网络模型具有了强大的抽象能力。神经网络的分层结构将激活函数的非线性作用反复叠加，从而得以学习复杂的知识。在网络中激活函数应具有以下性质：

（1）非线性。线性激活函数对于深层神经网络没有任何作用，因为卷积运算是对局部感受野数据进行线性处理，多次级联后，虽然可以逐层增加感受野大小，但其响应仍然为输入数据的线性变换，此时多个卷积层的级联处理结果等效于单个卷积层的处理结果。

（2）单调且可微。为了方便网络参数训练，激活函数必须具有可微性。同时为了保证网络训练过程中误差函数具有全局最优解，单调的激活函数有利于确保单层神经网络误差函数的凸性，从而使训练误差函数具有收敛性。

（3）激活函数应回避饱和区域。如果激活函数存在饱和的区间段，则该区域激活函数的梯度近似为 0。该区域内的输入数据不会导致输出误差的变化，使得网络参数学习早熟。

（4）激活函数在原点邻域具有线性。这一要求有助于简化网络参数的初始设置。如果参数初始化为接近 0 的随机值，则可对参数进行调整和更新。

生物神经元对输入信号进行非线性处理，为了模拟这一处理过程，在卷积神经网络中引入激活函数。目前使用的激活函数可分为 S 型饱和函数、ReLU 系列函数和 Swish 函数。

（1）S 型饱和函数。

S 型饱和函数主要有 Sigmoid 函数和双曲正切函数 $\tanh(x)$ 两种形式。Sigmoid 函数是传统神经网络的经典激活函数，其数学表达式为

$$S(x) = [1 + \exp(-x)]^{-1} \tag{10-1}$$

Sigmoid 函数将任意实数归一化到（0,1），具有很强的非线性能力。特别地，该函数将较小的负实数映射成 0，将较大的正实数映射成 1。由于 Sigmoid 函数能够有效地表达"激活"意思，即未激活状态为 0，完全饱和为 1，因此 Sigmoid 函数曾被广泛应用。但随着人工神经网络在各个领域的应用，人们逐渐发现 Sigmoid 函数作为激活函数存在以下局限性：

①易于饱和。目前主流的神经网络训练算法是交替执行误差的正向传播和参数调整的

反向传播，反向传播通过计算损失函数的梯度流来更新网络权重。首先需要计算网络输出层的损失，然后将损失不断向上一层网络传递，根据链式法则计算出当前层的梯度，沿着梯度的反向传播更新网络参数，以达到降低网络总损失的目的。在反向传播过程中，后层梯度是以乘性方式传递到前层的，当层数较多时，传到第一层的梯度非常小，其参数不能进行有效更新，产生梯度消失现象。当输入数据非常大或者非常小时，Sigmoid 函数容易饱和，其导数值趋于 0，此时 Sigmoid 函数梯度变化非常平缓，通过链式法则反向传播的梯度也趋于 0，使得网络的参数更新缓慢，甚至失败。

②中心值非 0。Sigmoid 函数的输出是非 0 均值，这会导致后层神经元的输入是非 0 均值信号。

③参数初始化。Sigmoid 函数易于饱和，这增加了参数初始化的负担。如果初始化参数过大，则 Sigmoid 函数梯度饱和，导致网络无法训练。

④计算成本高。由于 Sigmoid 函数中含有指数函数，在计算机中常常根据泰勒级数展开，将指数函数转化为幂级数求和，而幂运算的计算成本较高。

为了弥补 Sigmoid 函数中心值非 0 的局限性，学者们引入了双曲正切函数 $\tanh(x)$，该函数是将 Sigmoid 函数向下平移和伸缩后的结果，其数学表达式为

$$\tanh(x) = \frac{\exp(x) - \exp(-x)}{\exp(x) + \exp(-x)} \tag{10-2}$$

双曲正切函数形状与 Sigmoid 函数相似，同样具有很好的非线性能力。该函数的值域为 $(-1, +1)$，其均值接近于零。输出 0 均值使得 $\tanh(x)$ 作为激活函数使神经网络在训练时更容易收敛，但该函数依然存在梯度消失和计算成本高的问题。

（2）ReLU 系列函数。

生物学研究发现了生物神经元在工作过程中具有稀疏性。从信号学角度来看，神经元在同一时刻只会对少部分输入信号进行选择性响应，而大量信号被刻意屏蔽。根据这一认知现象，Alex 在 2012 年提出了修正线性单元（Rectified Linear Unit，ReLU）函数，并将此函数作为神经元激活函数，其定义为

$$ReLU(x) = \max(x, 0) = \begin{cases} x, & x > 0 \\ 0, & x \leqslant 0 \end{cases} \tag{10-3}$$

相比 Sigmoid 系列函数，修正线性单元函数具有以下特性：

①单侧抑制。修正线性单元函数将负输入（$x \leqslant 0$）映射为 0，而维持正输入 $x > 0$ 不变性，使得输出响应具有单侧抑制能力。

②稀疏激活。修正线性单元函数将负输入（$x \leqslant 0$）映射为 0，增加了该层输出数值的稀疏性，提升了特征的代表性和泛化能力。

③在一定程度上解决了学习过程的梯度消失问题。修正线性单元函数正输入的函数梯度恒为 1，抑制了学习过程的梯度消失问题。在实际运算中，修正线性单元函数对输入信号与 0 取最大值操作，计算速度快，使得网络运算速度远远高于 Sigmoid 函数和双曲正切函数 $\tanh(x)$。

在神经网络训练过程中，修正线性单元函数输入为负数的可能性较大，换言之，该函数绝大部分输出为 0。此时，训练误差梯度无法反向传播至修正线性单元的输入中，导致神经元的参数无法更新形成"神经元死亡"现象。为了改善修正线性单元的死亡特性，学

者们提出了带泄露线性整流函数（Leaky ReLU，LReLU），该函数定义为

$$LReLU(x) = \begin{cases} x, & x > 0 \\ \lambda x, & x \leqslant 0 \end{cases} \quad (10-4)$$

当输入值为负时，带泄露线性整流函数的梯度为一个常数而不是 0，解决了修正线性单元函数的"神经元死亡"现象。当输入值为正时，带泄露线性整流函数和修正线性单元函数保持一致。

（3）Swish 函数。

Swish 函数是 Google 于 2017 年提出的激活函数，该函数定义为

$$Sw(x) = x \cdot S(\beta x) = \frac{x}{1 + \exp(-\beta x)} \quad (10-5)$$

式中，β 为超参数。Swish 函数是介于线性函数和 ReLU 之间的平滑函数。经测试证明，Swish 函数适应于局部响应归一化，当全连接层的层数超过 40 层时，Swish 函数的局部响应效果优于其他激活函数；当全连接层的层数在 40 层之内时，与其他激活函数的性能差异不明显。

10.1.3　卷积神经网络的优缺点

传统神经网络（感知器和 BP 神经网络）的输入常常是结构化的数据特征，这就意味着在运用传统神经网络进行模式识别时，要求人为提取原始数据的特征并对其作显式数值表示。然而在工程实践中，数据的结构化特征提取和表示并不容易，并且特征提取独立于分类识别，同时不适当的特征可能导致分类失败。

为了弥补传统神经网络分类识别的局限性，卷积神经网络在传统的神经网络分类识别能力的基础上增加了系列卷积和池化操作，使得卷积神经网络具有以下优点：

（1）卷积神经网络可从输入图像或数据中自动提取多尺度、多角度特征。该网络有机结合了特征提取和分类识别，两者相辅相成，前者为后者提供了分类依据，后者为前者提供了解决具体任务的特征属性。

（2）卷积神经网络借助训练学习方法隐式地从训练数据中提取特征，避免特征的显式表示，这是卷积神经网络有别于传统神经网络之所在。

在网络结构上，卷积神经网络更接近于大脑皮层的生物神经网络，该网络在卷积层上利用权值共享模拟了人脑认知事物时对不同时间和地点信号的平等对待，同时降低了网络结构的复杂性，有助于在训练过程中进行并行学习。卷积神经网络在图像语义分割方面具有以下优点：

（1）图像语义描述模糊化。传统的图像语义分割技术需要对图像内容或对象的像素和几何属性进行定量描述，并形成数字化的先验知识，其语义分割效果在一定程度上依赖于先验知识的准确性和可区分性。由于图像内容千变万化，定量描述其内容和对象的先验知识是不现实的。卷积神经网络将特征提取和分类识别有机融合，两者相互作用，使得卷积神经网络具有处理推理规则不明确问题的能力。该网络通过对海量样本进行训练学习，提取同类样本的共性和不同样本的差异性，这一特点降低了训练样本的要求，即使训练样本存在缺损和畸变，也不会对特征提取带来较大的负面影响。这使得卷积神经网络的容错能

力和自学习能力等优于传统网络。

（2）卷积神经网络结构简单。卷积神经网络依据具体任务提取和组织特征，并利用特征对图像进行语义划分。图像中多视角、多尺度的特征提取需要大量卷积核，这增加了网络结构的复杂性。但卷积神经网络可采用卷积层级联、局部感受野、权值共享和池化等技术，优化网络结构。在优化的网络结构中，卷积层级联融合局部感受野有助于网络从输入数据中提取不同尺度的特征；卷积层级后的池化简化了特征维数，提高了特征的概括能力；权值共享技术模拟了人脑认知新事物时对所有信号的平等对待，同时降低了网络结构的复杂性。

（3）卷积神经网络具有较强的泛化能力。卷积神经网络是一种深度监督学习的机器模型，具有极强的适应性。卷积神经网络结构上包含了多个卷积层和池化层，其卷积层运用了多个卷积核提取特征，有助于获得全面了解认知任务的有用信息；池化层执行了有用信息的维数约简，使网络可提取不同尺度的特征。卷积层和池化层的联合使得卷积神经网络可依据具体任务挖掘特征，提高特征的泛化和分类能力。

（4）卷积神经网络具有较强的语义描述能力。传统图像语义分割常常借助先验知识对图像进行定性分析，具有较大的主观性。卷积神经网络运用深度学习算法从海量训练集中挖掘同类样本的共性以及类间样本的差异性，并且从不同的角度和尺度方面定量描述这些共性和差异，提高了语义描述能力，有效地避免了传统人工特征提取的不足。

卷积神经网络共享卷积核，可有效处理高维数据，但当网络层次太多时，训练时误差反向传播对靠近输入层的参数更新缓慢，同时训练结果收敛于局部最小值而非全局最小值；网络卷积层可以自动提取特征，但提取的特征缺乏明确的物理含义，换言之，训练者并不知道卷积层提取什么特征，这使得卷积神经网络在特征提取方面成为难以解释的"黑箱模型"；网络池化层会丢失大量有价值的信息，忽略局部与整体之间的关联性；该网络学习时需要大量的训练样本，其样本容量决定了网络分类识别的准确度。

10.2　卷积神经网络的训练

卷积神经网络可以从输入的图像或数据中提取适当特征，并利用特征分类识别。卷积神经网络本质上是将输入的图像或数据映射为模式分类，但其映射关系不需要任何精确的数学表达式，只需要利用已知模式对卷积神经网络加以训练，得到稳定的网络权重。卷积神经网络一般由多个卷积层、多个池化层和全连接层构成，其中卷积层需要多个卷积核，且每个卷积核矩阵元素均为未知，同时全连接层包含大量的未知连接权重。只有当卷积神经网络的任意卷积核矩阵元素和全连接层连接权重确定时，该网络才能高效、正确地执行分类识别。从神经网络应用角度来看，网络参数确定的方式大致可分为无监督和有监督两种：

（1）无监督的参数确定方式主要用于聚类分析的神经网络，其网络参数依据待聚类数据的自然分布自适应确定，无须训练样本。

（2）有监督的参数确定方式主要用于模式识别的神经网络，其参数的确定需要对海量训练样本进行监督学习。在训练样本类别已知的条件下，联合类内样本相似性和类间样本可分离程度确定网络参数。

卷积神经网络常常采用监督的参数学习方式，其训练过程主要分为两个阶段：一是信号的正向传播，即输入数据经过若干卷积层+激活函数、若干池化层、全连接层、输出层的传播过程；二是误差的反向传播，信号正向传播结果与预期之间的差异定义为误差，误差将经过输出层、全连接层、若干池化层、若干卷积层的传播过程，该过程又称为误差反向传播。在工程实践中，卷积神经网络训练的具体过程如下：

（1）网络参数初始化。卷积神经网络的未知参数较多，不可能采用人工方法对网络参数进行初始化处理，在工程上常常采用随机分布赋予初始权重。

（2）训练集数据经过卷积层、池化层和全连接层的正向计算网络输出层响应。

（3）计算卷积神经网络输出层响应与预期值间的误差。

（4）如果误差大于设置的阈值，则将误差反向依次经过全连接层、若干池化层和卷积层进行分析处理。如果误差等于或小于期望值，则训练结束。

（5）误差反向分析，更新卷积神经网络全连接层权重和各卷积层的卷积核参数，并返回（2）。

10.2.1　参数初始化

卷积神经网络训练学习速率不仅取决于样本容量，而且依赖于初始化参数。理想的初始化参数虽然可使网络训练事半功倍，但不合适的初始化参数会对卷积神经网络学习收敛速率产生负面影响。如果初始化参数过大，则训练过程中网络输出层误差相对于参数的梯度很大，利用梯度下降算法参数更新幅度较大，导致输出层误差在其最小值附近震荡；如果初始化参数过小，则输出层误差相对于参数的梯度很小，参数更新幅度较小，导致输出层误差收敛缓慢，或者收敛于某个局部的极小值。若所有参数初始为任意小的正常数，则误差反向传播时梯度值处处相同，导致网络参数训练陷入局部最优，使得网络无法继续训练。

为了防止不合适的初始化参数对训练产生负面影响，学者们提出了随机初始化、Xavier初始化和MSRA初始化等方案。

（1）随机初始化。

随机初始化是一种最简单的神经网络参数初始化算法。该算法首先假设连接权重和卷积核参数的初始值服从同一分布，如均匀分布$\omega \sim U(-0.01,0.01)$或者高斯分布$\omega \sim N(0,0.01)$，然后随机产生一组值作为初始参数。随机初始化的参数对网络训练的效果与网络层数有关，深层次网络可能会出现梯度弥散问题，使得网络前几层训练收敛缓慢，同时恶化了深层次网络的泛化能力。

（2）Xavier初始化。

为了避免不合适的初始化参数导致训练梯度爆炸或消失，学者们从神经元激活函数出发，要求神经元激活函数在初始化参数时具有以下特性：

①各层神经元激活函数输出均值保持为0。

②各层神经元激活函数输出方差应保持不变，即正向传播时每层的激活函数输出方差保持不变，反向传播时每层的梯度值方差保持不变。

假设某卷积神经网络具有以下特点：

①各层网络参数W是独立同分布的，且其均值为0。

②各层输入 x 是独立同分布的，且其均值为 0。

③网络参数 W 和输入 x 相互独立。

设某卷积神经网络第 l 层激活函数为原点对称线性函数，如双曲正切函数。该层神经元个数为 n^l，参数为 W^l，当该层输入数据为 x^{l-1} 时，输出为 x^l，即

$$x^l = W^l x^{l-1} + b^l$$

其方差为

$$
\begin{aligned}
\operatorname{var}(x^l) &= \operatorname{var}\sum_{i=1}^{n^l}(\omega_i^l x_i^{l-1}) = \sum_{i=1}^{n^l}\operatorname{var}(\omega_i^l x_i^{l-1}) \\
&= \sum_{i=1}^{n^l}\{[E(\omega_i^l)]^2\operatorname{var}(x_i^{l-1}) + [E(x_i^{l-1})]^2\operatorname{var}(\omega_i^l) + \operatorname{var}(\omega_i^l)\operatorname{var}(x_i^{l-1})\} \\
&= \sum_{i=1}^{n^l}\operatorname{var}(\omega_i^l)\operatorname{var}(x_i^{l-1}) \\
&= n^l\operatorname{var}(\omega^l)\operatorname{var}(x^{l-1})
\end{aligned}
\tag{10-6}
$$

在卷积神经网络训练过程中，为了使误差正向传播的每层输出方差保持不变，即第 $l-1$ 层输出方差等于第 l 层输出方差，$\operatorname{var}(x^{l-1}) = \operatorname{var}(x^l)$，则有

$$\operatorname{var}(\omega^l) = \frac{1}{n^l} \tag{10-7}$$

由 l 层的反向传播：

$$
\begin{cases}
\dfrac{\partial E}{\partial x^{l-1}} = \sum_{i=1}^{n}\dfrac{\partial E}{\partial x^l}\omega^l \\[2mm]
\operatorname{var}\left(\dfrac{\partial E}{\partial x^{l-1}}\right) = n^l\operatorname{var}\left(\dfrac{\partial E}{\partial x^l}\right)\operatorname{var}(\omega^l) \\[2mm]
\operatorname{var}\left(\dfrac{\partial E}{\partial x^l}\right) = \operatorname{var}\left(\dfrac{\partial E}{\partial x^l}\right)\prod_{k=1}^{l}n^k\operatorname{var}(\omega^k)
\end{cases}
\tag{10-8}
$$

可以得到 $\operatorname{var}(\omega^l) = \dfrac{1}{n^l}$。

卷积神经网络中，第 l 层输入神经元和输出神经元的个数不一定总是相同的，因此取二者的调和平均作为最终方差：

$$\operatorname{var}(\omega^l) = \frac{2}{n^l + n^{l+1}} \tag{10-9}$$

假设卷积神经网络初始化参数服从均匀分布，其初始化的范围是 $[-a，a]$，该分布方差为 $\dfrac{a^2}{3}$，则 Xavier 初始化方法使网络参数初始化服从 $[-a，a]$ 区间内的均匀分布：

$$\omega \sim U\left[-\sqrt{\frac{6}{n^l + n^{l+1}}}，\sqrt{\frac{6}{n^l + n^{l+1}}}\right] \tag{10-10}$$

Xavier 初始化方法是基于原点对称的线性激活函数推导而来的，不适用于 Sigmoid 和 ReLU 激活函数。

（3）MSRA 初始化。

Xavier 初始化方法中假设条件为激活函数是关于 0 对称的，而常用的 ReLU 激活函

数并不能满足该条件。学者们提出了 MSRA 初始化参数，使得：

①各层神经元输出均值要保持为 0。

②各层神经元输出方差应该保持不变。

假设某卷积神经网络具有以下特点：

①各层网络参数 W 是独立同分布的，且其均值为 0。

②各层输入 x 是独立同分布的，且其均值为 0。

③网络参数 W 和输入 x 相互独立。

设某卷积神经网络第 l 个卷积层激活函数为 ReLU 函数，该层的神经元个数为 n_l，参数为 W_l，当该层输入数据为 x_l 时，此输入也是第 $l-1$ 层激活函数输出值，则该卷积层输出为

$$y_l = W_l x_l + b_l$$

输出 y_l 的方差为

$$\text{var}[y_l] = n_l \text{var}[W_l x_l]$$

假设 $E(W_l) = 0$，则有

$$
\begin{aligned}
\text{var}[y_l] &= n_l [E(W_l^2) \cdot E(x_l^2) - E^2(W_l) \cdot E^2(x_l)] \\
&= n_l [E(W_l^2) \cdot E(x_l^2) - 0 \cdot E^2(x_l)] \\
&= n_l [E(W_l^2) \cdot E(x_l^2) - E^2(W_l) \cdot E(x_l^2)] \\
&= n_l [E(W_l^2) - E^2(W_l)] \cdot E(x_l^2) \\
&= n_l \text{var}[W_l] \cdot E(x_l^2)
\end{aligned}
\tag{10-11}
$$

由于激活函数为 $ReLU(\cdot)$，即 $x_l = \max(0, y_{l-1})$，第 $l-1$ 层激活函数不可能均值为 0。初始化时参数均值为 0，由于参数 W 和输入 x 相互独立，则有

$$E(y_l) = E(W_l x_l) = E(x_l) \cdot E(W_l) = 0$$

设 W 关于 0 对称，则 y_l 在 0 附近也是对称分布的。根据 $x_l = \max(0, y_{l-1})$，只有当 $y_{l-1} > 0$ 时，x_l 才有值，且 y_l 在 0 附近也是对称分布的，则有

$$E(x_l^2) = \frac{1}{2} E(y_{l-1}^2) = \frac{1}{2}[E(y_{l-1}^2) - E(y_{l-1})] = \frac{1}{2}\text{var}[y_{l-1}]$$

将上式代入（10-11）式，得

$$\text{var}[y_l] = \frac{1}{2} n_l \text{var}[W_l] \cdot \text{var}[y_{l-1}]$$

将所有层的方差累加，得

$$\text{var}[y_L] = \text{var}[y_l] \prod_{l=2}^{L} \frac{1}{2} n_l \text{var}[W_l]$$

为了使卷积神经网络的每层输出方差保持不变，则有

$$\frac{1}{2} n_l \text{var}[W_l] = 1$$

可得到 W 的方差为 $\sqrt{\dfrac{2}{n_l}}$，则初始化参数 W 应服从

$$W \sim N(0, \sqrt{\frac{2}{n_l}}), W \sim U[-\sqrt{\frac{6}{n_l}}, \sqrt{\frac{6}{n_l}}] \tag{10-12}$$

10.2.2　正向传播

卷积神经网络训练的误差正向传播是指输入数据经过若干卷积层、若干池化层、全连接层和输出层的传播过程。正向传播过程包括：从输入层或池化层到卷积层的卷积处理，即卷积层的正向传播；从卷积层到池化层的池化操作——池化层的正向传播；全连接层的分类操作，即全连接层的正向传播。

（1）卷积层的正向传播。

卷积层的正向传播是对输入数据进行卷积处理。依据输入数据来源不同，卷积层的正向传播为输入层到若干卷积层和池化层（隐藏层）直至最后一个卷积层。如果输入图像样本是黑白图像，那么输入层数据为矩阵 $\boldsymbol{X}$，其矩阵元素对应图像灰度，卷积核为矩阵 $\boldsymbol{W}$。如果输入为 RGB 彩色图像，则输入数据可看作 3 维张量，该张量是由图像 R、G 和 B 分量构成的 3 个矩阵，卷积核也可认为是由 3 个子矩阵组成的张量 $\boldsymbol{W}$。同样，对于更高维图像，如 3D 彩色图像，输入可以是 4 维或 n 维的张量 $\boldsymbol{X}$，卷积核为高维的张量 $\boldsymbol{W}$。

若卷积神经网络的一个卷积核参数为 $\boldsymbol{W}$，其输入数据 $\boldsymbol{a}^1$ 经卷积核激活函数 f 处理后，输出 $\boldsymbol{a}^2$ 为

$$\boldsymbol{a}^2 = f(\boldsymbol{z}^2) = f(\boldsymbol{a}^1 * \boldsymbol{W}^2 + b^2) \tag{10-13}$$

式中，上标表示网络层数，b 表示激活函数的偏置量，$*$ 表示卷积运算。为了便于统一描述卷积神经网络的卷积运算，需要定义以下参数：

①卷积核个数 k。

②卷积核子矩阵大小，工程上卷积核子矩阵一般为方阵。

③填充大小，为了更好地识别图像边缘，常常对输入矩阵外围填充若干 0。

④步幅，即卷积运算偏移像素个数。

设某卷积神经网络的池化（藏隐）层的输出为 $\boldsymbol{a}^{l-1}$，该输出数据经卷积处理和激活函数 f 处理后的结果 $\boldsymbol{a}^l$ 为

$$\boldsymbol{a}^l = f(\boldsymbol{z}^l) = f(\boldsymbol{a}^{l-1} * \boldsymbol{W}^l + b^l) \tag{10-14}$$

若池化层的输出为 M 个 $\boldsymbol{a}^{l-1}$，经某卷积核计算后得到 M 个子矩阵的张量 $\boldsymbol{a}^l$，其结果表示为

$$\boldsymbol{a}^l = f(\boldsymbol{z}^l) = f\left(\sum_{k=1}^{M} \boldsymbol{z}_k^l\right) = f\left(\sum_{k=1}^{M} \boldsymbol{a}_k^{l-1} * \boldsymbol{W}_k^l + b_k^l\right) \tag{10-15}$$

（2）池化层的正向传播。

卷积层提取的特征作为输入传到池化层。池化处理的目的就是缩小概括输入矩阵，降低数据维度和避免过拟合。如输入 $N \times N$ 矩阵，池化窗口为 $m \times m$，则输出矩阵大小为 $\dfrac{N}{m} \times \dfrac{N}{m}$。

工程上常见的池化方式主要有最大池化、均值池化和随机池化。最大池化是选取池化窗口内所有特征元素的最大值，该方法减少了因卷积层参数误差造成的估计均值偏移，更多地保留了图像纹理信息。均值池化是选取池化窗口内所有特征的平均值，更多地保留图像背景信息。随机池化是对池化窗口内的特征数值按照其值的大小赋予概率值，依概率进

行亚采样，该方法确保了特征中不是最大激励的神经元也能够被利用。

（3）全连接层的正向传播。

输入图像数据经过系列卷积和池化处理后输入到全连接层，其结果为

$$a^l = f(z^l) = f(a^{l-1} * W^l + b^l) \tag{10-16}$$

此处激活函数一般采用 $softmax(\cdot)$，全连接层的正向传播与传统神经网络相同。

（4）正向传播算法。

输入：训练样本，神经网络层数、隐藏层的类型和各层的神经元个数，卷积核个数、卷积核子矩阵大小、填充大小和步幅，池化窗口大小和池化方式（最大池化、均值池化和随机池化），全连接层激活函数。

输出：卷积神经网络的输出 a^l。

①根据卷积核子矩阵大小，填充图像边界得到输入张量 a^1。

②初始化所有隐藏层的参数 W, b。

③for $i=2$ to $l-1$：

如果第 i 层是卷积层，则输出为

$$a^i = ReLU(z^i) = ReLU(a^{i-1} * W^i + b^i)$$

如果第 i 层是池化层，则输出为

$$a^i = pool(a^{i-1})$$

如果第 i 层是全连接层，则输出为

$$a^i = f(z^i) = f(a^{i-1} * W^i + b^i)$$

④对于输出层第 l 层：

$$a^l = softmax(z^l) = softmax(a^{l-1} * W^l + b^l)$$

10.2.3 反向传播

当卷积神经网络输出大于收敛阈值时，需进行反向传播。首先计算正向传播结果与期望值间的误差，然后误差经过全连接层、若干池化层和若干卷积层逐层返回，最后更新网络参数。该过程的主要目的是修正卷积神经网络对训练样本的输出结果和期望的误差，并调整参数。卷积神经网络训练的反向传播涉及两个基本问题，即误差反向传播和参数调整，前者主要包括卷积层、池化层、全连接层的误差反向传播，后者一般采用梯度下降算法。

（1）各层误差。

计算输出层的误差 δ^L：

$$\delta^L = \frac{\partial J(W,b)}{\partial z^l} = \frac{\partial J(W,b)}{\partial a^l} \odot f'(z^L) \tag{10-17}$$

式中，$\odot$ 表示对应元素乘积运算。

利用数学归纳法，运用第 $l+1$ 层误差 $\delta^{l+1}(l<L)$ 可计算第 l 层误差 δ^l：

$$\delta^l = \left(\frac{\partial z^{l+1}}{\partial z^l}\right)^T \delta^{l+1} = (W^{l+1})^T \delta^{l+1} \odot f'(z^L) \tag{10-18}$$

根据各层误差，计算网络参数 W, b 梯度：

$$\begin{cases} \dfrac{\partial J(\boldsymbol{W},b)}{\partial \boldsymbol{W}^l} = \boldsymbol{\delta}^l \, (\boldsymbol{a}^{l-1})^{\mathrm{T}} \\ \dfrac{\partial J(\boldsymbol{W},b)}{\partial b^l} = \boldsymbol{\delta}^l \end{cases} \tag{10-19}$$

（2）池化层的反向传播。

卷积神经网络训练时，由于在正向传播过程中采用了池化操作对卷积特征进行下采样，所以在误差反向传播时必须把池化层的所有误差子矩阵 $\boldsymbol{\delta}^l$ 进行上采样，还原池化前大小。池化层的误差反向传播也称为上采样（up sample）。

假设卷积神经网络的池化窗口为 2×2。第 l 层的第 k 个误差子矩阵 $\boldsymbol{\delta}^l$ 为

$$\boldsymbol{\delta}^l = \begin{bmatrix} \delta_{11} & \delta_{12} \\ \delta_{21} & \delta_{22} \end{bmatrix}$$

由于特征池化区域为 2×2，所以该误差子矩阵还原后的大小可表示为

$$\begin{bmatrix} 0 & 0 & 0 & 0 \\ 0 & \delta_{11} & \delta_{12} & 0 \\ 0 & \delta_{21} & \delta_{22} & 0 \\ 0 & 0 & 0 & 0 \end{bmatrix}$$

如果该卷积神经网络采用最大池化，其正向传播时最大值位置分别是左上、右下、右上、左下，则该误差子矩阵可还原为

$$\begin{bmatrix} \delta_{11} & 0 & 0 & 0 \\ 0 & 0 & 0 & \delta_{12} \\ 0 & \delta_{21} & 0 & 0 \\ 0 & 0 & \delta_{22} & 0 \end{bmatrix}$$

如果该卷积神经网络采用均值池化，则该误差子矩阵还原后为

$$\begin{bmatrix} \dfrac{\delta_{11}}{4} & \dfrac{\delta_{11}}{4} & \dfrac{\delta_{12}}{4} & \dfrac{\delta_{12}}{4} \\[2ex] \dfrac{\delta_{11}}{4} & \dfrac{\delta_{11}}{4} & \dfrac{\delta_{12}}{4} & \dfrac{\delta_{12}}{4} \\[2ex] \dfrac{\delta_{21}}{4} & \dfrac{\delta_{21}}{4} & \dfrac{\delta_{22}}{4} & \dfrac{\delta_{22}}{4} \\[2ex] \dfrac{\delta_{21}}{4} & \dfrac{\delta_{21}}{4} & \dfrac{\delta_{22}}{4} & \dfrac{\delta_{22}}{4} \end{bmatrix}$$

第 l 层误差子矩阵 $\boldsymbol{\delta}^l$ 经池化层反向传播到第 $l-1$ 层的误差 $\boldsymbol{\delta}_k^{l-1}$ 为

$$\boldsymbol{\delta}_k^{l-1} = \left(\frac{\partial \boldsymbol{a}_k^{l-1}}{\partial \boldsymbol{z}_k^{l-1}} \right)^{\mathrm{T}} \frac{\partial J(\boldsymbol{W},b)}{\partial \boldsymbol{a}_k^{l-1}} = upsample(\boldsymbol{\delta}_k^l) \odot f'(\boldsymbol{z}_k^{l-1}) \tag{10-20}$$

式中，$upsample(\cdot)$ 表示上采样函数，实现了池化误差放大或重新分配。若采用张量表示，则（10-20）式可简写为

$$\boldsymbol{\delta}^{l-1} = upsample(\boldsymbol{\delta}^l) \odot f'(\boldsymbol{z}^{l-1})$$

由于池化操作没有参数，所以计算误差函数的梯度。

（3）卷积层的反向传播。

卷积层信号和误差的传播均是利用卷积操作来实现的，该层与输入数据或特征通常是

局部连接，因此分析卷积层的误差反向传播需要确定与前一层的连接节点。由卷积层的正向传播（10－14）式可知，第 l 层的误差为

$$\boldsymbol{\delta}^l = \frac{\partial J(\boldsymbol{W},b)}{\partial \boldsymbol{z}^l} = \left(\frac{\partial \boldsymbol{z}^{l+1}}{\partial \boldsymbol{z}^l}\right)^{\mathrm{T}} \frac{\partial J(\boldsymbol{W},b)}{\partial \boldsymbol{z}^{l+1}} = \left(\frac{\partial \boldsymbol{z}^{l+1}}{\partial \boldsymbol{z}^l}\right)^{\mathrm{T}} \boldsymbol{\delta}^{l+1} \tag{10－21}$$

式中，

$$\boldsymbol{z}^l = \boldsymbol{a}^{l-1} * \boldsymbol{W}^l + b^l = f(\boldsymbol{z}^{l-1}) * \boldsymbol{W}^l + b^l$$

同理可得第 $l-1$ 层的误差为

$$\boldsymbol{\delta}^{l-1} = \left(\frac{\partial \boldsymbol{z}^l}{\partial \boldsymbol{z}^{l-1}}\right)^{\mathrm{T}} \boldsymbol{\delta}^l = \boldsymbol{\delta}^l * \mathrm{rot}180(\boldsymbol{W}^l) \odot f'(\boldsymbol{z}^{l-1}) \tag{10－22}$$

（10－22）式与（10－18）式在形式上是相似的，唯一区别是含有卷积的式子求导时卷积核被翻转180°。假设某卷积神经网络的某卷积层（第 l 层）输入一个 3×3 矩阵 $\boldsymbol{a}^{l-1}$，卷积核 $\boldsymbol{W}^1$ 是一个 2×2 矩阵，则该卷积层输出一个 2×2 的矩阵 $\boldsymbol{z}^l$，则有

$$\boldsymbol{a}^{l-1} * \boldsymbol{W}^l = \boldsymbol{z}^l$$

其矩阵表示为

$$\begin{bmatrix} a_{11} & a_{12} & a_{13} \\ a_{21} & a_{22} & a_{23} \\ a_{31} & a_{32} & a_{33} \end{bmatrix} * \begin{bmatrix} \omega_{11} & \omega_{12} \\ \omega_{21} & \omega_{22} \end{bmatrix} = \begin{bmatrix} z_{11} & z_{12} \\ z_{21} & z_{22} \end{bmatrix}$$

由卷积的定义可得

$$\begin{cases} z_{11} = a_{11}\omega_{11} + a_{12}\omega_{12} + a_{21}\omega_{21} + a_{22}\omega_{22} \\ z_{12} = a_{12}\omega_{11} + a_{13}\omega_{12} + a_{22}\omega_{21} + a_{23}\omega_{22} \\ z_{21} = a_{21}\omega_{11} + a_{22}\omega_{12} + a_{31}\omega_{21} + a_{32}\omega_{22} \\ z_{22} = a_{22}\omega_{11} + a_{23}\omega_{12} + a_{32}\omega_{21} + a_{33}\omega_{22} \end{cases}$$

假设矩阵 z 表示反向传播误差：

$$z = \begin{bmatrix} \delta_{11} & \delta_{12} \\ \delta_{21} & \delta_{22} \end{bmatrix}$$

该卷积层的输入误差 ∇z_a 为

$$\nabla \boldsymbol{z}_a = \begin{bmatrix} \nabla a_{11} & \nabla a_{12} & \nabla a_{13} \\ \nabla a_{21} & \nabla a_{22} & \nabla a_{23} \\ \nabla a_{31} & \nabla a_{32} & \nabla a_{33} \end{bmatrix}$$

$$= \begin{bmatrix} \delta_{11}\omega_{11} & \delta_{11}\omega_{12} + \delta_{12}\omega_{11} & \delta_{12}\omega_{12} \\ \delta_{11}\omega_{21} + \delta_{21}\omega_{11} & \delta_{11}\omega_{22} + \delta_{12}\omega_{21} + \delta_{21}\omega_{12} + \delta_{22}\omega_{11} & \delta_{12}\omega_{22} + \delta_{22}\omega_{12} \\ \delta_{21}\omega_{21} & \delta_{21}\omega_{22} + \delta_{22}\omega_{21} & \delta_{22}\omega_{22} \end{bmatrix}$$

该误差的计算可表示为如下卷积形式：

$$\nabla \boldsymbol{z}_a = \begin{bmatrix} \nabla a_{11} & \nabla a_{12} & \nabla a_{13} \\ \nabla a_{21} & \nabla a_{22} & \nabla a_{23} \\ \nabla a_{31} & \nabla a_{32} & \nabla a_{33} \end{bmatrix} = \begin{bmatrix} 0 & 0 & 0 & 0 \\ 0 & \delta_{11} & \delta_{12} & 0 \\ 0 & \delta_{21} & \delta_{22} & 0 \\ 0 & 0 & 0 & 0 \end{bmatrix} * \begin{bmatrix} \omega_{22} & \omega_{21} \\ \omega_{12} & \omega_{11} \end{bmatrix}$$

上式表明卷积的反向传播仅仅将卷积核上下翻转一次，再左右翻转一次即可。

在训练过程中，为了减少网络输出与期望之间的差异，学者们常常利用误差计算网络

参数梯度，从而调整网络参数 $\boldsymbol{W}, b$。对于全连接层，由于其输出 $\boldsymbol{z}^l$ 为输入特征 $\boldsymbol{a}^{l-1}$ 与网络参数 $\boldsymbol{W}, b$ 的线性运算：

$$\boldsymbol{z}^l = \sum d^{l-1} \boldsymbol{W}^l + b \tag{10-23}$$

所以 $\boldsymbol{W}, b$ 的梯度可利用（10-19）式进行计算。

卷积层输出 $\boldsymbol{z}^l$ 与输入特征 $\boldsymbol{a}^{l-1}$、网络参数 $\boldsymbol{W}, b$ 之间的关系为

$$\boldsymbol{z}^l = \boldsymbol{a}^{l-1} * \boldsymbol{W}^l + b$$

在误差反向传播过程中有

$$\frac{\partial J(\boldsymbol{W}, b)}{\partial \boldsymbol{W}^l} = \boldsymbol{a}^{l-1} * \boldsymbol{\delta}^l \tag{10-24}$$

假设某卷积神经网络的某卷积层（第 l 层）输入为 4×4 矩阵 $\boldsymbol{a}$，卷积核 $\boldsymbol{W}^l$ 为 3×3 矩阵，则该卷积层输出一个 2×2 的矩阵 $\boldsymbol{z}^l$。反向传播时，该卷积层梯度误差为 2×2 的矩阵 $\boldsymbol{\delta}$，可得

$$
\begin{cases}
\dfrac{\partial J(\boldsymbol{W}, b)}{\partial \boldsymbol{W}^l_{11}} = a_{11}\delta_{11} + a_{12}\delta_{12} + a_{21}\delta_{21} + a_{22}\delta_{22} \\[2mm]
\dfrac{\partial J(\boldsymbol{W}, b)}{\partial \boldsymbol{W}^l_{12}} = a_{12}\delta_{11} + a_{12}\delta_{12} + a_{22}\delta_{21} + a_{23}\delta_{22} \\[2mm]
\dfrac{\partial J(\boldsymbol{W}, b)}{\partial \boldsymbol{W}^l_{33}} = a_{33}\delta_{11} + a_{34}\delta_{12} + a_{43}\delta_{21} + a_{44}\delta_{22}
\end{cases}
$$

整理成矩阵形式后可得

$$
\frac{\partial J(\boldsymbol{W}, b)}{\partial \boldsymbol{W}^l} =
\begin{bmatrix}
a_{11} & a_{12} & a_{13} & a_{14} \\
a_{21} & a_{22} & a_{23} & a_{24} \\
a_{31} & a_{32} & a_{33} & a_{34} \\
a_{41} & a_{42} & a_{43} & a_{44}
\end{bmatrix}
*
\begin{bmatrix}
\delta_{11} & \delta_{12} \\
\delta_{21} & \delta_{22}
\end{bmatrix}
$$

因此卷积核 $\boldsymbol{W}$ 的梯度可表示为

$$\frac{\partial J(\boldsymbol{W}, b)}{\partial \boldsymbol{W}^l_{pq}} = \sum_i \sum_j \boldsymbol{\delta}^l \boldsymbol{a}^{l-1}_{i+p-1, j+q-1} \tag{10-25}$$

卷积神经网络各层误差 $\boldsymbol{\delta}^l$ 为高维张量，b 的梯度常常为 $\boldsymbol{\delta}^l$ 的各个子矩阵对应项求和得到的向量，即

$$\frac{\partial J(\boldsymbol{W}, b)}{\partial b^l} = \sum_{uv} (\boldsymbol{\delta}^l)_{uv} \tag{10-26}$$

（4）反向传播算法。

输入：批量训练样本 $\boldsymbol{a}^1$，神经网络层数 L、隐藏层的类型和各层的神经元个数，卷积核个数、卷积核子矩阵大小、填充大小和步幅，池化窗口大小和池化方式（最大池化或均值池化），全连接层激活函数，梯度下降法的迭代步长 a、最大迭代次数 max 和收敛阈值 ε。

输出：卷积神经网络的各隐藏层与输出层 $\boldsymbol{W}, b$。

①初始化各隐藏层与输出层的 $\boldsymbol{W}, b$。

②for $iter = 1$ to max：

for $i = 1$ to m：

将卷积神经网络输入图像样本 $\boldsymbol{a}^1$ 设置为张量 $\boldsymbol{x}_i$。

for j = 2 to L - 1//正向传播

如果当前是全连接层，则有

$$a^{i,j} = f(z^{i,j}) = f(a^{i,j-1} * W^i + b^j)$$

如果当前是卷积层，则有：

$$a^{i,j} = f(z^{i,j}) = f(a^{i,j-1} * W^j + b^j)$$

如果当前是池化层，则有

$$a^{i,j} = pool(a^{i,j-1})$$

对于输出层（第 L 层），则有

$$a^{i,L} = softmax(z^{i,L}) = softmax(a^{i,L} * W^L + b^L)$$

计算输出层的 $\delta^{i,L}$。

for j = L - 1 to 1//反向传播

如果当前是全连接层，则有

$$\delta^{i,j} = (W^{j+1})^{\mathrm{T}} \delta^{i,j+1} \odot f'(z^{i,j})$$

如果当前是卷积层，则有

$$\delta^{i,j} = \delta^{i,j+1} * \mathrm{rot}180(W^{j+1}) \odot f'(z^{i,j})$$

如果当前是池化层，则有

$$\delta^{i,j} = upsample(\delta^{i,j+1}) \odot f'(z^{i,j})$$

for j = 2 to L//参数更新

如果当前是全连接层，则有

$$\begin{cases} W^j = W^j - \alpha \sum_{i=1}^{m} \delta^{i,j} (a^{i,j-1})^{\mathrm{T}} \\ b^j = b^j - \alpha \sum_{i=1}^{m} \delta^{i,j} \end{cases}$$

如果当前是卷积层，对于每一个卷积核有

$$\begin{cases} W^j = W^j - \alpha \sum_{i=1}^{m} a^{i,j-1} * \delta^{i,j} \\ b^j = b^j - \alpha \sum_{i=1}^{m} \sum_{u,v} (\delta^{i,j})_{u,v} \end{cases}$$

如果所有 W, b 的变化值都小于 ε，则跳出迭代循环到（3）。

③输出各隐藏层与输出层的 W, b。

10.3　全卷积神经网络

卷积神经网络可根据具体任务自动提取解决问题的特征，弥补了人为结构化特征的局限性。图像视觉特征表现为局部灰度/颜色的差异性和相似性，为了提取这些特征，常常运用卷积运算对其进行分析处理，结合卷积层的级联结构，实现了从各层局部感受野的数据中提取不同尺度特征。低层卷积对较小的感受野像素灰度/颜色的差异性和相似性进行描述；而高层卷积对较大的感受野像素灰度/颜色进行分析，获取其抽象特征。网络输出层将卷积层的分析结果进行融合处理，转化为具体任务需要的数据结构，并执行分类识别任务。卷积神经网络继承了传统神经网络的分类识别能力，增加了系列卷积和池化结构，实现了多尺度、多视角特征的自动提取。

图像分割本质上是根据特征分析图像像素类别。为了继承卷积神经网络强大的特征提取和分类识别能力，学者们提出了基于卷积神经网络的图像语义分割。该分割技术首先将图像块作为分析基元，并将分析基元作为训练集；其次训练卷积神经网络参数，从训练集中挖掘相同语义标签基元灰度/颜色分布的共性和不同标签的差异性；最后对输入图像的分析基元进行标签判断。相比于传统的语义分割技术，基于卷积神经网络的图像语义分割技术将特征提取和语义标签融合为一体，使得图像特征提取和语义分析相辅相成，提高了语义分割的准确率。但该技术以图像分析基元为对象，丢失了图像对象像素级别的细节信息，不能逐像素分析语义标签和准确地定位对象轮廓。同时，卷积神经网络对图像像素级别的分类存在以下难点：

（1）存储开销较大。该技术以图像块作为分析基元，要求逐像素扫描提取图像中所有的分析基元，并存储在系统中。图像像素数以万计甚至百万计，这需要较大的存储空间存储其分析基元。

（2）计算效率低下。基于卷积神经网络的图像语义分割中，分析基元往往是人为固定划分，破坏了图像视觉区域的结构信息，同时易导致图像视觉区域的分析基元重复运算，大大增加了计算复杂度，降低了计算效率。

（3）分割精度受限于分析基元大小。为了实现图像逐像素的语义标签识别，工程上常常将图像分析基元设置较小尺寸，如 3×3 或 5×5 窗口大小。虽然分析基元尺寸较小，依据其基元灰度/颜色分布可有助于分析该基元属性，但忽略了灰度/颜色的差异，降低了逐像素语义标签识别的精度。

10.3.1　全卷积神经网络结构

卷积神经网络的全连接层整合了适当尺度特征，实现了特征约简。这虽然有利于图像模式分类，但忽略了图像分割像素级精度。为了继承卷积神经网络强大的特征提取和分类识别能力，同时实现图像逐像素分类标签识别，学者们分析了卷积神经网络的内部结构，提出了全卷积神经网络。该网络利用反卷积层替换卷积神经网络的全连接层，保留了卷积神经网络的卷积层和池化层，继承了特征的提取和组织能力。网络的反卷积层将卷积神经网络中最后一个卷积层的特征进行上采样构成特征热图，以特征热图为分析对象，对图像逐像素标签识别。

以传统卷积神经网络为例，该网络前五层均为级联的卷积层＋池化层，其中各池化层的分析窗口尺寸为 2×2，后三层为全连接层。利用该卷积神经网络对输入图像进行第一次卷积和池化（conv1＋pool1）处理后，其特征图的长宽均为输入图像的 1/2，此图称为 1/2 尺度的特征图；第二次卷积和池化（conv2＋pool2）对第一次卷积和池化的特征图进行特征提取和池化，其特征图的长宽均为输入图像的 1/4，此图称为 1/4 尺度的特征图；第三次卷积和池化（conv3＋pool3）处理后得到 1/8 尺度的特征图；第四次卷积和池化（conv4＋pool4）处理后得到 1/16 尺度的特征图；第五次卷积和池化

（conv5＋pool5）处理后特征图的长宽均为输入图像的 1/32。全卷积神经网络在此基础上利用上采样技术逐层还原特征图尺寸，得到不同尺寸的特征热图，其结构如图 10－3 所示。

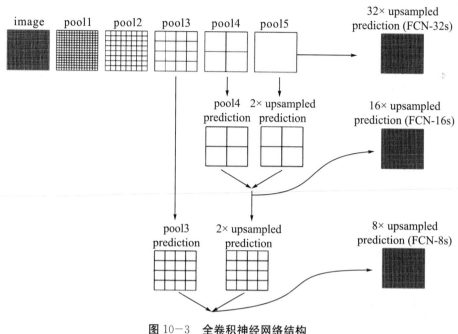

图 10－3　全卷积神经网络结构

全卷积神经网络中不同卷积和池化层处理后，其特征图的分辨率随层数增加而逐渐降低，前几层的特征图分辨率较高，像素点的定位比较准确；后几层的特征图分辨率较低，像素点的分类比较准确。为了继承不同尺度的特征图对图像像素进行语义划分，学者们将高分辨率的特征图和低分辨率的特征图有机结合，从而提高图像语义分割的精度和准确度。具体结合过程如下：

（1）对第五次卷积和池化（conv5＋pool5）处理后的 1/32 尺度的特征图进行上采样处理。为了将该特征图还原为输入图像的分辨率，对该图进行 32 倍的上采样，得到 FCN－32s 特征热图。FCN－32s 特征热图提高了特征图的空间分辨率，但其定位精度较差，如果根据该特征热图进行语义划分，则精度仅为 16 个像素。

（2）为了提高 FCN－32s 特征热图的语义分割精度，学者们利用 1/16 尺度的特征图弥补 FCN－32s 的精度，首先对 1/32 尺度的特征图进行 2 倍的上采样，得到 1/16 尺度的特征图；其次将它们逐元素求和，得到伪 1/16 尺度的特征图；最后对伪 1/16 尺度的特征图进行 16 倍的上采样，得到 FCN－16s 特征热图。FCN－16s 特征热图融合了所有 1/16 尺度的特征图信息，在一定程度上提高了 FCN－32s 的精度，但其特征定位的像素精度为 8 个像素，不能实现像素级精确定位。

（3）为了提高 FCN－16s 特征热图的语义分割精度，学者们利用 1/8 尺度的特征图弥补 FCN－16s 的精度，首先对伪 1/16 尺度的特征图进行 2 倍的上采样，得到 1/8 尺度的特征图；其次将它们逐元素求和，得到伪 1/8 尺度的特征图；最后对伪 1/8 尺度的特征图进行 8 倍上采样，得到 FCN－8s 特征热图。FCN－8s 特征热图融合了所有 1/8

尺度的特征图信息,在一定程度上进一步补充了 FCN-16s 的信息,提高了 FCN-16s 的精度。

10.3.2　全卷积神经网络的上采样

最初的全卷积神经网络主要用来进行图像语义分割,即对图像像素进行分类识别,从而实现图像语义分割。这要求对卷积层产生的特征热图上采样为原图大小。目前,上采样方法大致可分为插值上采样、反池化上采样和反卷积上采样。

(1) 插值上采样。

插值上采样就是对特征热图采用合适插值算法得到新的特征,在工程上常用线性插值法。该插值法是指用连接两个已知特征值的直线来确定一个未知的特征值。

假设特征热图存在 4 个相邻的特征值:$q_{11}=H(x_1,y_1)$,$q_{12}=H(x_1,y_2)$,$q_{21}=H(x_2,y_1)$,$q_{22}=H(x_2,y_2)$。运用插值算法构造新特征的计算过程如下:

对 x 方向进行线性插值,得到

$$\begin{cases} f(q_1) \approx \dfrac{x_2-x}{x_2-x_1}q_{11} + \dfrac{x-x_1}{x_2-x_1}q_{21} \\ f(q_2) \approx \dfrac{x_2-x}{x_2-x_1}q_{12} + \dfrac{x-x_1}{x_2-x_1}q_{22} \end{cases}$$

对 y 方向进行线性插值,得到

$$q = H(x,y) \approx \frac{y_2-y}{y_2-y_1}f(q_1) + \frac{y-y_1}{y_2-y_1}f(q_2)$$

综上所述,特征热图的线性插值结果为

$$\begin{aligned} H(x,y) = &\frac{(x_2-x)(y_2-y)}{(x_2-x_1)(y_2-y_1)}q_{11} + \frac{(x-x_1)(y_2-y)}{(x_2-x_1)(y_2-y_1)}q_{21} + \\ &\frac{(x_2-x)(y-y_1)}{(x_2-x_1)(y_2-y_1)}q_{12} + \frac{(x_1-x)(y-y_1)}{(x_2-x_1)(y_2-y_1)}q_{22} \end{aligned} \tag{10-27}$$

工程上,特征热图上采样常常利用相邻 4 个特征点插入新的元素,$x_2-x_1=1$,$y_2-y_1=1$。设待插入点 (x,y) 为相邻特征点的内点:

$$\begin{cases} \lambda_1 = \dfrac{x-x_1}{x_2-x_1} = x-x_1 \\ \lambda_2 = \dfrac{y-y_1}{y_2-y_1} = y-y_1 \end{cases}$$

则 (10-27) 式可简化为

$$H(x,y) = (1-\lambda_1)(1-\lambda_2)q_{11} + \lambda_1(1-\lambda_2)q_{21} + (1-\lambda_1)\lambda_2 q_{12} + \lambda_1\lambda_2 q_{22} \tag{10-28}$$

由 (10-28) 式可知,特征热图的插值上采样实现简单,无须训练。

(2) 反池化上采样。

在全卷积神经网络中,反池化上采样通常是指池化的逆过程。在该网络的卷积层中,池化操作是不可逆的,但为了增大特征热图的尺寸,在池化过程使用一组转换变量记录每个池化区域内池化的位置,结合位置信息对池化数据直接还原,其他位置填 0,从而一定程度上保护了原有结构。

（3）反卷积上采样。

在全卷积神经网络中，反卷积上采样通常认为是卷积的逆过程，但非数学意义上的反卷积，因为该网络反卷积上采样的目的是将特征热图的尺寸恢复为输入图像的分辨率，而非特征值的复原。

10.3.3　全卷积神经网络的优缺点

全卷积神经网络保留了卷积神经网络的卷积层和池化层，继承了卷积神经网络的特征提取和组织能力，弥补了全连接层特征约简不利于像素级的语义标识。其运用反卷积层将卷积神经网络的特征图进行上采样构成特征热图，以特征热图为分析对象对图像逐像素标签识别，避免了利用像素块对图像进行语义分割引起重复存储和卷积计算等问题。相比于卷积神经网络，该网络可以接受任意大小的输入图像，同时提高了图像像素级别的识别精度。

全卷积神经网络利用反卷积改善了图像语义分割精度，但网络中池化处理引起的信息损失并不能由上采样得以完全恢复。其中 FCN－8s 特征热图是 1/8 尺度的特征进行 8 倍上采样得到的，虽然在一定程度上补充了 FCN－16s 的信息，但其特征定位精度较差，如果运用该特征热图对图像进行语义分割，其精度为 4 个像素。全卷积神经网络利用深度学习方法对海量训练样本进行学习得到的网络参数充分考虑了大量样本的共性，其泛化能力强于人为特征的泛化能力。在现实中，用于学习的样本容量是有限的，对于小样本特征的稳定性和可区分性仍需进一步研究。

习题与讨论

10－1　从网络结构上分析卷积神经网络相对于传统网络（BP）的优点。

10－2　卷积神经网络可从输入图像或数据中自动提取多尺度、多角度特征，该网络提取的特征角度和尺度与哪些因素有关？

10－3　卷积神经网络中常用的池化操作主要有最大池化、均值池化和随机池化。最大池化保留了图像的纹理信息；均值池化保留了图像的背景信息；随机池化保证了特征中不是最大激励的神经元也能够被利用，消除了非极大值的负面影响。三种池化各有优点，试分析不同池化对图像分割准确度的影响。

10－4　卷积神经网络具有强大的特征提取和分类识别能力，从网络结构上看，这些能力主要体现在何处？

10－5　为什么卷积神经网络需要大量的训练样本？

参考文献

［1］王红霞，周家奇，辜承昊. 用于图像分类的卷积神经网络中激活函数的设计［J］. 浙江大学学报（工学版），2019（7）：1363－1373.

［2］王灵矫，李乾，郭华. 基于 Swish 激活函数的人脸情绪识别的深度学习模型研究［J］. 图像与信号处理，2019，8（3）：110－120.

［3］刘小文，郭大波，李聪. 卷积神经网络中激活函数的一种改进［J］. 测试技术学报，2019，33（2）：121－125.

［4］黄毅，段修生，孙世宇. 基于改进 sigmoid 激活函数的深度神经网络训练算法研究［J］. 计算机测量与控制，2017（2）：126－129.

［5］贺扬，成凌飞，张培玲，等. 一种新型激活函数：提高深层神经网络建模能力［J］. 测控技术，2019，38（4）：55－58，63.

［6］王双印，滕国文. 卷积神经网络中 ReLU 激活函数优化设计［J］. 信息通信，2018（1）：42－43.

［7］刘宇晴，王天昊，徐旭. 深度学习神经网络的新型自适应激活函数［J］. 吉林大学学报（理学版），2019，57（4）：857－859.

［8］Liu F，Lin G，Shen C. CRF learning with CNN features for image segmentation［J］. Pattern Recognition，2015，48（10）：2983－2992.

［9］Long J，Shelhamer E，Darrell T. Fully convolutional networks for semantic segmentation［J］. IEEE Transactions on Pattern Analysis and Machine Intelligence，2015，39（4）：640－651.

［10］Pan H，Wang B，Jiang H. Deep learning for object saliency detection and image segmentation［J］. IEEE Transactions on Neural Networks & Learning Systems，2015，27（6）：1135－1149.

［11］Guo Z，Li X，Huang H. Deep learning-based image segmentation on multimodal medical imaging［J］. IEEE Transactions on Radiation and Plasma Medical sciences，2019：162－169.

［12］Mauch L，Wang C，Yang B. Subset selection for visualization of relevant image fractions for deep learning based semantic image segmentation［J］. Journal of the Franklin Institute，2018，355（4）：1931－1944.

［13］Kurama V，Alla S，Rohith V K. Image semantic segmentation using deep learning［J］. International Journal of Image，Graphics and Signal Processing，2018，10（12）：1－10.

［14］Moeskops P，Wolterink J M，Velden B V D. Deep Learning for Multi-task Medical Image Segmentation in Multiple Modalities［C］. International Conference on Medical Image Computing and Computer-Assisted Intervention. Springer International Publishing，2016：478－486.

［15］Jifara W，Jiang F，Rho S. Medical image denoising using convolutional neural network：a residual learning approach［J］. Journal of supercomputing，2019，75（2）：704－718.

［16］Wu H，Liu Q，Liu X. A review on deep learning approaches to image classification and object segmentation［J］. Computers，Materials and Continua，2019，58（2）：575－597.

［17］Jaime G G，Juan D G T，Manuel J B. Segmentation of multiple tree leaves pictures with natural backgrounds using deep learning for image-based agriculture applications［J］. Applied Sciences，2019，202（10）：1－15.

［18］Mittal A，Hooda R，Sofat S. Lung field segmentation in chest radiographs：a historical review，current status，and expectations from deep learning［J］. Iet Image Processing，2017，11（11）：

937—952.

[19] Vo N, Kim S H, Yang H J. Text line segmentation using a fully convolutional network in handwritten document images [J]. Iet Image Processing, 2018, 12 (3): 438—446.

[20] Strzelecki M, Kowalski J, Kim H, et al. A new CNN oscillator model for parallel image segmentation [J]. International Journal of Bifurcation and Chaos, 2008, 18 (7): 1999—2015.

[21] Geng H Q, Zhang H, Xue Y B. Semantic image segmentation with fused CNN features [J]. Optoelectronics Letters, 2017, 13 (5): 381—385.

[22] Jia F, Tai X C, Liu J. Nonlocal regularized CNN for image segmentation [J]. Inverse Problems and Imaging, 2020, 14 (5): 891—911.